四川省

畜禽遗传资源

李　强　朱　砺　何志平　主编

中国农业出版社
北　京

图书在版编目（CIP）数据

四川省畜禽遗传资源志/李强，朱砺，何志平主编．
北京：中国农业出版社，2024.12.
ISBN 978-7-109-32820-4

Ⅰ.S813.9

中国国家版本馆CIP数据核字第20240RH892号

四川省畜禽遗传资源志
SICHUAN SHENG CHUQIN YICHUAN ZIYUAN ZHI

中国农业出版社出版
地址：北京市朝阳区麦子店街18号楼
邮编：100125
责任编辑：张艳晶
版式设计：田晓宁　　责任校对：范　琳
印刷：北京中科印刷有限公司
版次：2024年12月第1版
印次：2024年12月北京第1次印刷
发行：新华书店北京发行所
开本：787mm × 1092mm　1/16
印张：20
字数：505千字
定价：198.00元

《四川省畜禽遗传资源志》

编委会

主　任：李宇飞　李春华

副主任：沈　丽　王　永　李学伟

委　员：蒋小松　赖松家　王继文　谢晓红　王顺海　徐　旭　舒长斌　余协中　周孝强　罗　俭　王　斌

编写组

主　编：李　强　朱　砺　何志平

副主编：刘汉中　罗晓林　张红平　杨朝武　王小强

参　编：李　亮　易　军　林亚秋　杨明显　姜延志　唐国庆　刘益平　赵小玲　杨世忠　官久强　陈仕毅　郭家中　李丛艳　沈林園　王万霞　杨舒慧　曹　伟　葛桂华

序 *Preface*

畜禽遗传资源是保护生物多样性、培育新品种、实现畜牧业可持续发展战略的物质基础，是重要的生物资源。四川省地域辽阔、民族众多，地理、生态、气候条件多样，孕育出繁殖力高的川中黑山羊、外形独特的金阳丝毛鸡、适应性强的九龙牦牛等一系列珍贵的畜禽遗传资源，是我国畜禽资源最为丰富的省区之一。这些遗传资源对丰富我国物种资源、保持生物多样性具有十分重要的意义。同时，这些畜禽遗传资源在畜牧生产中广泛应用，为改善国民膳食结构，保障畜产品有效供给和促进农民增收等做出了重要的贡献。

四川省历来重视畜禽遗传资源保护工作，近年来因受畜牧生产方式的较大转变和市场经济的影响，四川省加大了畜禽遗传资源保护力度，坚持把加强法制建设、完善管理机制、增强科技支撑、强化资金支持，作为推进畜禽资源保护工作的重要举措，成立了四川省畜禽遗传资源委员会，建立了一批省级畜禽遗传资源保种场、保护区和基因库，成效显著。按照农业农村部的部署，为查清和掌握四川省畜禽遗传资源最新现状，在四川省农业农村厅的主导下，四川省畜牧总站联合四川农业大学、四川省畜牧科学研究院、西南民族大学和四川省草原科学研究院等多家单位，组织全省畜牧专家建立了畜禽遗传资源普查团队，按照《四川省畜禽遗传资源普查方案》，深入各地采集数据、收集材料，从2021—2023年历时3年，对四川省畜禽遗传资源进行了全面的普查。摸清了全省23个畜种，127个畜禽资源，4个蜂资源的群体数量和分布情况；收集了80个畜禽遗传资源的特征特性数据；挖掘新畜禽遗传资源11个，培育畜禽新品种（配套系）4个。目前，四川省拥有国家认定的传统畜禽遗传资源80个，其中地方畜禽遗传资源62个，居全国第二位。

根据此次普查结果，专家团队精心整理编纂出《四川省畜禽遗传资源志》。全书按照每个资源的名称及类型、产区与分布、品种来源及形成历史、群体规模、体型外貌、体尺体重、生产性能、饲养管理、保护利用、评价与展望、影像资料等内容系统论述了四川畜禽遗传资源形成过程，客观反映了其自然生态条件、种质特征特性，翔实记载了畜禽遗传资源的最新现状，是一部体现当代学术水平、兼具科学价值和时代特色的专著。本书的出版必将为四川畜牧产业规划制订、畜禽资源合理开发利用、畜禽新品种培育提供科学依据，对促进四川乃至全国畜牧业可持续发展具有重要意义，也为从事畜牧科研、教学和生产的畜牧工作者提供有益参考。

值此本书出版之际，谨向所有参与畜禽遗传资源普查和本书编纂的同志致以诚挚的感谢和热烈的祝贺！诚挚希望社会各界继续关注和支持四川畜禽遗传资源保护与利用事业，在新的时代背景下，让我们携手共创四川畜牧业更加辉煌的明天！

王永

2024年12月

前言 Introduction

四川省位于中国西南部，地域广阔，地形复杂多样，包含横断山脉、川西北高原、成都平原、盆周山区、秦巴山区等多个地理单元。复杂的地貌及高海拔落差，形成了多样的气候和复杂的生态系统，孕育出丰富的畜禽遗传资源。这些畜禽遗传资源不仅是培育畜禽新品种（配套系）的重要素材，也是肉、蛋、奶产品的主要来源，一些畜禽资源还是当地重要的生产、交通和运输工具。

畜禽遗传资源属于可变和可更新资源，始终处于动态变化中，正确评估各个时期的畜禽遗传资源状况，具有重要的现实意义和深远的历史意义。新中国成立后，我国曾先后开展了2次畜禽遗传资源调查。20世纪70年代末，第一次全国畜禽遗传资源调查时，四川省搜集、整理、发掘地方优良品种38个，首次编辑出版了《四川家畜家禽品种志》。20世纪90年代，全国畜禽遗传资源多样性补充调查，四川省又发掘出畜禽品种（类群）35个。2005—2008年，开展了第二次全国畜禽遗传资源调查，经过3年努力，四川省共收集、整理出73个畜禽品种（类群），其中猪7个、牛16个、马4个、驴3个、羊18个、鸡13个、鸭4个、鹅3个、兔5个，编辑出版了《四川畜禽遗传资源志》。

近年来，随着四川省畜牧业加快转型升级，规模化养殖快速发展，农村散养户加速退出，传统养殖模式下的地方品种受到了很大影响。同时，四川省畜牧科技工作者先后发掘出了金川牦牛、广元灰鸡和昌台牦牛等新资源，培育出了天府肉猪、川藏黑猪、蜀宣花牛、简州大耳羊、大恒699肉鸡、川白獭兔等新品种（配套系）。畜禽遗传资源的种类、数量和分布都发生了较大变化。

按照农业农村部的部署，在四川省农业农村厅的主导下，2021—2023年，四川省畜牧总站组织全省有关科技人员按照《四川省畜禽遗传资源普查方案》对四川省畜禽遗传资源进行了全面普查。经过3年努力，挖掘、收集、整理出87个畜禽品种（类群），其中猪12个、牛17个、羊22个、马3个、驴1个、鸡18个、鸭4个、鹅3个、兔5个、蜂2个。特别值得关注的是，在资阳市雁江区重新发现了之前调查中未发现的豪杆嘴型内江猪（伍隍猪）。

《四川省畜禽遗传资源志》是在第三次全国畜禽遗传资源普查形成材料的基础上，经系统整理、归类编著的一部专著。全书共分猪、牛、羊、马驴、禽、兔、蜂7个部分，系统地介绍了四川省地方畜禽品种、培育品种及类群的产地与分布、形成与变化、特征与特性、饲养管理、品种保护、评价和利用等情况，全面、客观地反映了四川省畜禽遗传资源的最新状况，为畜禽遗传资源的科学保护与合理利用提供了基础材料，可供畜牧科研、教学、生产等单位有关人员使用、参考。

鉴于时间和条件有限，书中难免有疏漏，诚请读者谅解、指正。

编　　者

目录 contents

猪

概述 1

地方品种

成华猪 2
雅南猪 6
内江猪 10
内江猪（豪杆嘴型） 14
湖川山地猪[盆周山地猪（青峪猪）] 17
湖川山地猪（丫杈猪） 21
乌金猪（凉山猪） 25
藏猪（四川藏猪） 29

培育品种

天府肉猪 33
川藏黑猪 37
川乡黑猪 41
天府黑猪 44

牛

概述 47

地方品种

峨边花牛 48
平武牛 52
川南山地牛 55
巴山牛 58
三江牛 61
凉山牛 64
甘孜藏牛 68
空山牛 72
宜宾水牛 76
德昌水牛 79
九龙牦牛 82
麦洼牦牛 86
木里牦牛 90
金川牦牛 94
昌台牦牛 98
亚丁牦牛 102

培育品种

蜀宣花牛 106

羊

概述 111

地方品种

成都麻羊 112
川中黑山羊（金堂型） 116
川中黑山羊（乐至型） 119
川南黑山羊（自贡型） 122
川南黑山羊（江安型） 125
北川白山羊 128
古蔺马羊 131
板角山羊 134
白玉黑山羊 137
建昌黑山羊 140
美姑山羊 143
西藏山羊 146
南充黑山羊 149
西藏羊 152
欧拉羊 155

玛格绵羊 158
勒通绵羊 161
凉山黑绵羊 164
培育品种
雅安奶山羊 167
南江黄羊 170
凉山半细毛羊 173
简州大耳羊 176

马驴

概述 179
地方品种
甘孜马 180
建昌马 183
河曲马 186
川驴 189

禽

概述 193
地方品种
彭县黄鸡 194
峨眉黑鸡 198
四川山地乌骨鸡 201
旧院黑鸡 207
石棉草科鸡 210
金阳丝毛鸡 213
凉山岩鹰鸡 217
泸宁鸡 221
米易鸡 224
藏鸡 228
广元灰鸡 231
平武红鸡 234
羌山云朵鸡 237
黑水凤尾鸡 240
四川麻鸭 243
建昌鸭 246
开江麻鸭 250
四川白鹅 253
钢鹅 260
培育品种（配套系）
大恒 699 肉鸡 259
温氏青脚麻鸡 2 号 262
天府肉鸡 265
大恒 799 肉鸡 268
天府农华麻羽肉鸭 271
天府肉鹅 274

兔

概述 277
地方品种
四川白兔 278
培育品种
蜀兴 1 号肉兔 282
川白獭兔 286
天府黑兔 289
引入品种
齐卡肉兔 292

蜂

概述 297
地方品种
阿坝中蜂 298
巴塘中蜂 302

参考文献 306

致谢 310

猪 概述

四川养猪历史悠久，远在5 000年以前就已饲养家猪。从成都、内江、隆昌等地所发掘的东汉墓中发现有陶猪殉葬，说明距今约1 800年前四川养猪已很普遍。四川自然生态环境条件适宜，加上新中国成立后高度重视发展生猪养殖，使得四川长期保持全国养猪第一大省的地位。四川猪品种资源丰富，生产方向多元化。一方面，在漫长的农耕文明发展史中，培育出以内江猪、雅南猪、荣昌猪为代表的丘陵型猪种，以成华猪为代表的平原型猪种，以湖川山地猪（丫杈猪、盆周山地猪）和乌金猪（凉山猪）为代表的山地型猪种，以藏猪（四川藏猪）为代表的高原型猪种等7个原产于四川省的地方猪品种；另一方面，从20世纪90年代开始，为加快瘦肉型猪生产，先后大规模引进了大白猪、长白猪、杜洛克猪、巴克夏猪、皮埃西猪、斯格猪等品种（配套系），成为支撑四川省生猪产业快速发展的重要品种资源。

改革开放后，国家曾先后组织开展了两次全国畜禽遗传资源调查。随着我国畜牧生产方式的转变，生猪遗传资源状况发生了巨大变化。2021年至2023年农业农村部组织开展了第三次全国畜禽遗传资源普查，根据普查结果，原产于我省的内江猪、藏猪（四川藏猪）、成华猪、雅南猪、湖川山地猪（丫杈猪、盆周山地猪）、乌金猪（凉山猪）、荣昌猪群体数量达75.9万头。以地方猪品种为基础，导入引进品种血缘，自主培育出天府肉猪、川藏黑猪、川乡黑猪、天府黑猪4个新品种（配套系），群体数量达1.5万头。值得关注的是，在资阳市雁江区重新发现了之前调查中未发现的豪杆嘴型内江猪（伍隍猪），加上已被广泛运用于生猪生产的长白猪、大白猪和杜洛克猪等引进品种（配套系），进一步丰富了四川生猪遗传资源。

需要特别说明的是，历史上四川省隆昌地区一直是荣昌猪的主产区，第三次全国畜禽遗传资源普查发现该地区约有900头荣昌猪分布。随着国家级荣昌猪保种场和保护区落户重庆市荣昌区，荣昌猪保护的核心区域以荣昌地区为主，因此未将荣昌猪纳入本志书。

成 华 猪 CHENGHUA PIG

成华猪（Chenghua pig），属肉脂兼用型地方品种。

一、产地与分布

成华猪中心产区为成都市的彭州、邛崃等县（市、区），在成都市金堂县、绵阳市江油市、南充市蓬安县、广安市武胜县等地也有分布。

中心产区位于北纬30°12′—31°26′、东经103°04′—104°04′，海拔385～2 025m。年平均气温16.6℃，年平均降水量990mm，相对湿度82%。农作物主要有水稻、小麦、玉米、油菜、胡豆、豌豆、高粱等，碎米、米糠、麦麸等农副产品丰富，青绿多汁饲料如甘薯藤、豆科苗能常年供应。

二、品种形成与变化

（一）品种形成

成华猪饲养历史悠久，据考古研究，成都平原多处东汉墓葬中发掘出陶猪、石猪。据杨雄《蜀都赋》中“蜀人籴米肥猪”的记载推算，距今已有1 800多年的历史。在长期的品种形成过程中，当地群众注重体型外貌选择，喜欢颜面皱纹少、耳较小（俗称“金钱耳”）、头部较轻的猪，多选择背腰宽、平直，腹圆而略下垂（俗称“船底肚”），全身被毛黑色的个体；为缩短育肥期、提高商品率，喜养体型较小的猪种。在养殖方法上，采取直线育肥的方式，习惯用大米、细糠等精料催肥，促进了成华猪品种的形成和发展。

（二）群体数量及变化情况

据2011年版《中国畜禽遗传资源志·猪志》记载，1985年成华猪群体数量48.16万头，其中公猪5 500头，母猪47.61万头；1995年群体数量35.66万头，其中公猪657头，母猪35.5万头；至2005年存栏公猪80头，母猪4.6万头。据2021年第三次全国畜禽遗传资源普查结果，四川省成华猪群体数量2 691头，其中种公猪79头，能繁母猪797头。

三、品种特征与性能

（一）体型外貌特征

1. 外貌特征　成华猪全身被毛黑色。体型中等大小，体质强健，结构紧凑。头方正、中等大小，耳较小下垂，嘴筒长短适中，额面有皱纹。颈粗短，背腰宽、微凹陷，腹圆稍下垂，尾根低，臀部丰满。四肢较短，结实、直立。乳头6 ~ 7对，排列整齐、对称。

成华猪成年公猪

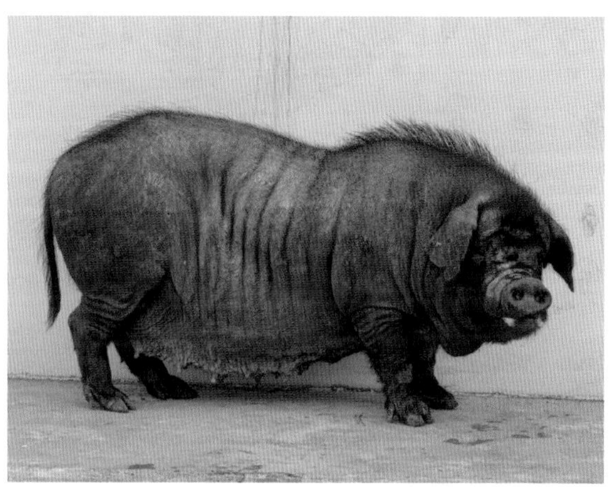
成华猪成年母猪

2. 体重和体尺　选择公猪24月龄以上，母猪在三胎或以上胎次且妊娠2个月左右测定。成华猪成年体重和体尺见表1。

表1　成华猪成年体重和体尺

性别	数量（头）	体重 (kg)	体长 (cm)	体高 (cm)	胸围 (cm)	腹围 (cm)
公	20	176.15±20.59	154.35±7.89	79.90±4.27	136.90±9.14	—
母	60	172.60±18.85	158.13±6.26	70.87±3.78	137.80±10.40	152.57±12.61

注：2022年由成都市畜禽遗传资源保护中心在彭州市测定，“—”表示缺省。

（二）生产性能

1. 生长发育性能　成华猪生长发育性能见表2，育肥性能见表3。

表2　成华猪生长发育性能

性别	数量（头）	初生重 (kg)	42日龄断奶重 (kg)	保育期末日龄	保育期末重 (kg)	120日龄体重 (kg)
公	15	0.96±0.14	8.73±1.31	77.46±5.94	21.21±7.35	35.59±6.45
母	15	0.83±0.24	7.69±1.66	81.93±8.78	23.25±6.91	35.05±7.02

注：2022年由成都市畜禽遗传资源保护中心在彭州市测定。

表3 成华猪育肥性能

性别	数量(头)	起测日龄	起测体重(kg)	结测日龄	结测体重(kg)	日增重(g)	料重比
公	15	88.53±18.42	30.85±11.78	233.33±22.78	105.71±14.00	516.61±65.58	4.45±0.69
母	15	87.45±15.49	28.83±10.86	235.53±18.30	89.95±18.49	414.62±82.55	5.35±0.86

注：2022年由成都市畜禽遗传资源保护中心在彭州市测定。

2. 繁殖性能　成华猪性成熟早，公猪60日龄有爬跨行为，能排出精液；母猪90日龄出现发情征状。公母猪6～8月龄、体重80kg左右时开始配种。母猪利用年限5年以上。成华猪母猪繁殖性能测定结果见表4。

表4 成华猪母猪繁殖性能

胎次	窝数	窝产仔数(头)	窝产活仔数(头)	初生窝重(kg)	断奶日龄	断奶成活数(头)	断奶窝重(kg)
初产	12	11.17±2.08	10.00±2.22	9.27±1.67	41.08±2.23	8.00±1.54	56.98±15.48
经产	39	11.51±2.15	10.41±1.86	9.31±1.78	41.51±2.32	8.79±1.88	68.92±17.84

注：2022年由成都市畜禽遗传资源保护中心在彭州市测定。

3. 屠宰性能　舍饲条件下，成华猪的屠宰性能测定结果见表5，肉质性能测定结果见表6。

表5 成华猪屠宰性能

性别	数量(头)	屠宰日龄	宰前活重(kg)	胴体重(kg)	屠宰率(%)	胴体长(cm)	平均背膘厚(mm)	肋骨对数	6～7肋处皮厚(mm)	眼肌面积(cm^2)	皮率(%)	骨率(%)	脂肪率(%)	瘦肉率(%)
公	10	245.80±22.40	103.20±11.36	75.09±8.52	72.85±4.05	92.80±5.14	38.06±3.65	13.30±0.48	7.16±1.21	24.25±3.31	14.95±2.03	11.92±0.88	29.64±1.84	43.51±3.25
母	10	244.60±16.77	89.10±12.22	65.59±8.97	73.65±3.34	87.20±5.31	35.38±4.37	13.00±0.67	6.68±1.14	20.34±3.18	14.76±2.01	11.31±1.19	32.35±3.78	41.59±1.68

注：2022年由四川农业大学和成都市畜禽遗传资源保护中心在邛崃市测定。

表6 成华猪肉质性能

性别	数量(头)	pH_{1h}	pH_{24h}	肉色		滴水损失(%)	大理石纹评分	肌内脂肪含量(%)	剪切力(N)
				评分	亮度L_{1h}				
公	10	6.20±0.11	5.90±0.05	3.75±0.35	42.27±2.68	1.91±0.53	4.10±0.74	4.51±0.54	98.98±26.07
母	10	6.22±0.11	5.87±0.05	3.60±0.46	42.53±1.94	1.96±0.22	3.80±0.63	4.17±0.45	70.07±20.87

注：2022年由四川农业大学和成都市畜禽遗传资源保护中心在邛崃市和温江区测定。

四、饲养管理

成华猪的主要养殖方式为圈养模式，通过现代的养猪技术和配合饲料进行饲养。农村部分农户采用传统放养模式。成华猪具有耐粗饲、抗病力强等生物学特性，在冬春季节，偶发喘气病，饲养上应加强通风换气。

五、品种保护

成华猪2007年被列入《四川省畜禽遗传资源保护名录》，2014年被列入《成都市畜禽地方优良品种资源保护与开发利用名录》。2013年在彭州市九尺镇建成成华猪保种场，2022年该场被确定为省级成华猪保种场。2020年在彭州市濛阳镇建成成华猪备份场。四川省畜禽遗传资源基因库采集保存有成华猪冷冻精液、体细胞等遗传材料，作为活体保种的补充。

六、评价和利用

成华猪是我国著名地方猪种，饲养历史悠久，体型外貌一致性好，具有肉质优良、皮厚和抗逆性强等优势性状和品种特征，附带厚皮的成华猪肉是制作传统经典川菜“回锅肉”的绝佳食材。利用成华猪和巴克夏猪，已培育出新品种天府黑猪（农01新品种证字第37号）。

雅　南　猪　YA' NAN PIG

雅南猪（Ya' nan pig），属肉脂兼用型猪地方品种。

一、产区与分布

雅南猪原产于眉山市洪雅县、丹棱县，雅安市名山县，成都市邛崃市，乐山市犍为县和自贡市荣县等地，中心产区为成都市邛崃市，在成都市、乐山市、眉山市和雅安市其他县（市、区）也有分布。

中心产区位于北纬30° 12′ —30° 33′ 、东经103° 04′ —103° 45′ ，地处四川盆地西部边缘，海拔453.5 ~ 2 025m，属亚热带湿润季风气候区，气候温和，雨量充沛，四季分明，日照偏少。农作物以水稻、玉米、甘薯、小麦为主，其次有油菜、大豆、蚕豆、豌豆、巴山豆等。饲料作物四季常青，青绿饲料丰富。

二、品种形成与变化

（一）品种形成

雅南猪饲养历史悠久，《名山县新志》中有记载，同治十年（1871年）曾发生猪“火印”流行，说明当时已普遍养猪。据产区发掘出的东汉墓内殉葬品石猪及乐山柿子湾东汉时期岩墓石壁上的木栏猪浮雕等文物考证，东汉时期当地已普遍采用圈栏养猪，其木栏圈的结构与现在的形状相似，距今已有1 800多年历史。过去由于产区处于丘陵地带，耕地面积大，需肥料多，猪粪是当地肥料的主要来源，农民习惯于养猪积肥。在猪的选种上要求骨架大、嘴长（鸭婆嘴）、背腰平直（棺材背）、四肢坚实（柴块脚），母猪乳头7对以上，从而逐渐形成了体型较大、产仔较多和育肥性能较好的雅南猪，并具有耐粗饲、适应性强、繁殖性能较高等特征。

（二）群体数量及变化情况

据2011年版《中国畜禽遗传资源志·猪志》记载，雅南猪1985年群体数量约33万头，其中公猪4 152头、母猪32.6万头；1995年公猪383头、母猪31.8万头；2005年群体数量2.41万余头，其中公猪243头、母猪2.4万头。据2021年第三次全国畜禽遗传资源普查结果，四川省雅南猪群体数量为4 075头，其中种公猪198头、能繁母猪2 372头。

三、品种特征与性能

（一）体型外貌特征

1. 外貌特征　雅南猪全身被毛黑色。体型中等大小，体躯较长，体质强健，结构紧凑。头大，额部有顺“八”字形或倒“八”字形浅皱纹，耳中等大、下垂，口唇较深。背腰平直，腹大、略下垂，后躯稍倾斜，腿臀欠丰满。四肢开张直立，肢势正常。乳头7～8对，排列整齐、对称。

雅南猪成年公猪

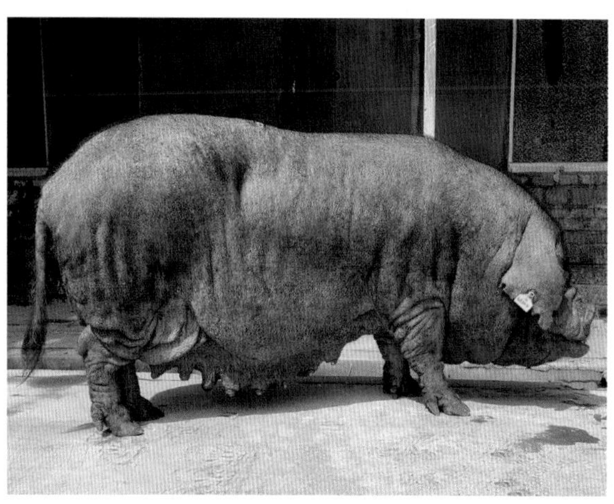

雅南猪成年母猪

2. 体重和体尺　选择公猪24月龄以上，母猪在三胎或以上胎次且妊娠2个月左右测定。雅南猪成年体重和体尺见表1。

表1　雅南猪成年体重和体尺

性别	数量（头）	体重(kg)	体长(cm)	体高(cm)	胸围(cm)	腹围(cm)
公	20	182.13±41.68	145.55±13.31	77.20±4.17	138.75±12.25	146.00±13.55
母	60	208.58±24.95	152.26±20.42	72.22±3.60	149.31±9.32	172.92±10.02

注：2022年由四川农业大学和四川微牧现代农业有限公司在邛崃市测定。

（二）生产性能

1. 生长发育性能　雅南猪生长发育性能见表2，育肥性能见表3。

表2　雅南猪生长发育性能

性别	数量（头）	初生重(kg)	断奶日龄	断奶重(kg)	保育期末日龄	保育期末重(kg)	120日龄体重(kg)
公	18	1.23±0.15	29.83±1.69	6.37±1.34	69.16±4.53	17.13±1.70	35.44±4.27
母	18	1.25±0.18	30.11±1.82	6.98±0.69	70.89±4.28	17.84±1.39	41.44±6.58

注：2022年由四川农业大学和四川微牧现代农业有限公司在邛崃市测定。

表3 雅南猪育肥性能

性别	数量（头）	起测日龄	起测体重（kg）	结测日龄	结测体重（kg）	日增重（g）	料重比
公	20	93.05±4.52	27.68±1.88	222.60±5.00	89.34±12.03	475.83±92.28	4.52±0.47
母	20	91.75±4.15	28.45±1.86	222.30±4.64	83.79±9.81	424.07±75.73	5.36±0.49

注：2022年由四川农业大学和四川微牧现代农业有限公司在邛崃市测定。

2．繁殖性能 雅南猪公猪110～140日龄达性成熟，初配年龄为180～210日龄。母猪初配年龄为150～210日龄，发情持续期2～4d，发情周期为18～23d，妊娠期平均114d。雅南猪母猪繁殖性能测定结果见表4。

表4 雅南猪母猪繁殖性能

胎次	窝数	窝产仔数（头）	窝产活仔数（头）	初生窝重（kg）	断奶成活数（头）	28日龄断奶窝重（kg）
初产	10	11.52±2.35	10.45±2.43	10.73±1.67	10.09±1.45	58.11±10.67
经产	42	12.21±2.74	11.40±2.13	11.74±1.89	10.52±1.70	62.37±9.21

注：2022年由四川农业大学和四川微牧现代农业有限公司在邛崃市测定。

3．屠宰性能 舍饲条件下，雅南猪屠宰性能测定结果见表5，肉质性能测定结果见表6。

表5 雅南猪屠宰性能

性别	数量（头）	屠宰日龄	宰前活重（kg）	胴体重（kg）	屠宰率（%）	胴体长（cm）	平均背膘厚（mm）	肋骨对数	6～7肋处皮厚（mm）	眼肌面积（cm^2）	皮率（%）	骨率（%）	脂肪率（%）	瘦肉率（%）
公	10	225.20±4.94	95.00±9.87	69.96±4.79	73.64±3.93	85.09±3.89	30.89±4.81	13.40±0.52	5.55±0.95	19.65±3.44	15.10±1.36	12.45±1.50	28.76±4.48	43.70±3.47
母	10	220.70±4.03	85.80±10.79	62.36±3.74	72.68±2.75	80.78±4.52	28.48±4.08	13.30±0.48	5.23±1.06	18.75±3.15	15.95±1.91	13.38±1.90	26.81±5.39	43.87±2.65

注：2022年由四川农业大学和四川微牧现代农业有限公司在邛崃市测定。

表6 雅南猪肉质性能

性别	数量（头）	pH_{1h}	pH_{24h}	肉色		滴水损失（%）	大理石纹评分	肌内脂肪含量（%）	剪切力（N）
				评分	亮度L_{2h}				
母	10	6.24±0.11	5.86±0.05	4.20±0.48	46.35±2.44	1.80±0.48	3.45±0.37	3.38±0.39	81.93±34.99

注：2022年由四川农业大学和四川微牧现代农业有限公司在邛崃市和温江区测定。

四、饲养管理

雅南猪的主要养殖方式为圈养模式，山区、丘陵地区农村部分采用传统放养模式。雅南猪耐粗饲、抗病力强，能较好利用青粗饲料。

五、品种保护

2007年雅南猪被列入《四川省畜禽遗传资源保护名录》，2014年被列入《成都市畜禽地方优良品种资源保护与开发利用名录》。2007年在邛崃市建立了雅南猪种猪场，2013年该种猪场被确定为省级保种场，2022年在邛崃市建立了备份场。四川省畜禽遗传资源基因库采集保存有雅南猪冷冻精液、体细胞等遗传材料，作为活体保种的补充。

六、评价和利用

雅南猪是四川省地方优良品种，具有乳头数多、繁殖力较高、育肥猪积脂能力强、配合力好等优点，与杜洛克猪、巴克夏猪等引入品种猪杂交，效果较好。但也存在后躯发育不够丰满、猪群个体差异较大等缺点，今后应加强本品种选育，提高品种的整齐度和一致性。在重点保种的同时，加强新品种培育和开发利用。

内 江 猪 NEIJIANG PIG

内江猪（Neijiang pig），分为二方头型、狮子头型和豪杆嘴型，属肉脂兼用型地方品种。

一、产地与分布

内江猪原产于内江市东兴区，中心产区为内江市市中区。在内江市威远县、资中县，资阳市、眉山市和南充市部分区县均有分布。

中心产区位于北纬29° 11′ —30° 2′ 、东经104° 16′ —105° 26′ ，属亚热带季风性湿润气候。年平均气温15 ～ 23℃，最高气温41℃，最低气温–5℃，年平均降水量927.8 ～ 1 188.5mm，年平均无霜期330d。产区地处川中丘陵地带中南部，沱江中下游右岸，境内河流丰富，水资源充足。地势平缓，浅丘平坝相间，土质保水性能良好，抗旱力强。土壤以水稻土、冲积潮土、紫色土、黄壤土为主，主要种植水稻、玉米、小麦、甘薯等粮食作物，油菜、花生、蔬菜等经济作物播种面积较大，青绿饲料供给充足。

二、品种形成与变化

（一）品种形成

内江猪饲养历史悠久。《华阳国志》记载，蜀汉时，资州（今资中）王褒（即王子渊）要求家奴“持梢牧猪”。《本草纲目》中有记载，猪天下畜之而有不同，生梁雍（四川是古梁州的一部分）者足短。清同治十二年（1873年），威远知县李南晖著的《活兽慈舟》及部分县志中，对养猪有明确记载和较深入的阐述。据1967年隆昌东汉墓出土的陶猪考证，表明东汉时期，内江地区已普遍养猪，距今已有1 800年以上历史。据清嘉庆《内江县志》记载，明朝末期，内江及附近沱江流域甘蔗种植面积扩大，加工甘蔗的糖坊超1 200个。糖坊普遍采用熬糖的副产物糖泡子加上玉米面养猪，俗称“东乡猪”。制糖产业的发展进一步促进了内江猪品种的形成和演变。

（二）群体数量及变化情况

据2011年版《中国畜禽遗传资源志 · 猪志》记载，1985年内江猪群体数量36.8万头，其中母猪36.3万头、公猪4 905头；1995年群体数量42.9万头，其中母猪42.9万头、公猪711头；2005年群体数量16.25万头，其中公猪79头、母猪16.24万头。据2021年第三次全国畜禽遗传资源普查结果，四川省内江猪群体数量5 708头，其中能繁母猪1 456头、种公猪80头。

三、品种特征与性能

（一）体型外貌特征

1. 外貌特征 内江猪体型大，体质较疏松，背毛呈黑色，鬃毛粗长，皮肤白色、较厚。头大，有三种类型，一类嘴筒极短，面部皱纹隆起明显，俗称“狮子头”；一类嘴筒中等长度，俗称“二方头”；一类嘴筒较长，俗称“豪杆嘴”，现在内江地区分布的以“二方头”为主。额部有较深横纹，隆起成块状。耳朵近似蒲扇状，中等大小，下垂。四肢粗壮，体躯较宽，背腰微凹，腹部下垂但不拖地，臀部较宽、不丰满，稍后倾。乳头6 ～ 8对，排列整齐。尾长不过飞节。

内江猪成年公猪

内江猪成年母猪

2. 体重和体尺 选择公猪24月龄以上，母猪在三胎或以上胎次且妊娠2个月左右测定。内江猪成年体重和体尺测定结果见表1。

表1 内江猪成年体重和体尺

性别	数量(头)	体重(kg)	体高(cm)	体长(cm)	胸围(cm)
公	21	180.88±14.53	73.83±4.31	148.90±5.66	138.14±4.40
母	50	198.08±13.01	72.28±3.29	152.72±4.87	145.24±5.59

注：2022年5月由四川恒通内江猪保种繁育有限公司在内江市市中区测定。

（二）生产性能

1. 生长发育 内江猪生长发育性能测定结果见表2，育肥性能见表3。

表2 内江猪生长发育性能

性别	数量(头)	初生重(kg)	28日龄断奶重(kg)	70日龄保育期末重(kg)	120日龄体重(kg)
公	15	0.91±0.07	7.33±0.87	22.44±1.78	42.51±3.42
母	28	0.87±0.08	7.03±0.89	21.46±2.35	39.65±4.46

注：2022年11月由四川恒通内江猪保种繁育有限公司在内江市市中区测定。

表3 内江猪育肥性能

性别	数量（头）	70日龄育肥起测体重(kg)	233日龄育肥结测体重(kg)	日增重(g)	料重比
公	16	19.90±1.51	97.86±1.85	487.28±11.64	4.03
母	18	19.90±1.26	98.11±1.62	488.81±11.05	4.04

注：2022年11月由四川恒通内江猪保种繁育有限公司在内江市市中区测定。

2. 繁殖性能 内江猪公母猪105～120日龄达性成熟。公猪180～210日龄、母猪200～210日龄开始配种。母猪发情周期18～24d，妊娠期110～118d。内江猪公、母猪繁殖性能见表4、表5。

表4 内江猪公猪繁殖性能

数量(头)	采精量(mL)	精子密度(亿个/mL)	精子活力(%)
12	137.5±49.66	2.18±0.55	81.25±5.28

注：2022年5月由四川恒通内江猪保种繁育有限公司在内江市市中区测定。

表5 内江猪母猪繁殖性能

胎次	窝数	窝产仔数(头)	窝产活仔数(头)	初生窝重(kg)	断奶成活数（头）	断奶窝重(kg)
初产	27	9.48±1.37	8.93±1.84	7.03±1.63	8.48±1.72	48.44±12.09
经产	30	10.17±1.88	9.67±2.01	8.01±1.67	9.23±1.99	59.98±12.67

注：2022年5月由四川恒通内江猪保种繁育有限公司在内江市市中区测定。

3. 屠宰性能 舍饲条件下，成年内江猪屠宰性能测定结果见表6，肉质性能测定结果见表7。

表6 内江猪屠宰性能

性别	数量(头)	屠宰日龄	宰前活重(kg)	胴体重(kg)	屠宰率(%)	胴体长(cm)	平均背膘厚(mm)	6～7肋处皮厚(mm)	眼肌面积(cm^2)	皮率(%)	骨率(%)	脂肪率(%)	瘦肉率(%)
公	10	222.80±16.50	96.84±5.83	71.56±4.59	73.90±1.16	87.90±2.96	35.59±4.32	5.89±1.50	13.67±3.07	15.16±1.35	11.69±1.29	31.33±3.70	41.79±2.79
母	10	339±30.98	137.08±10.83	102.09±9.96	74.42±3.21	100.60±6.79	50.37±7.74	6.41±1.42	15.52±3.21	14.65±1.34	11.63±1.42	32.22±4.41	41.50±2.83

注：2022年11月由四川农业大学在内江市市中区测定。

表7 内江猪肉质性能

性别	数量（头）	pH_{1h}	pH_{24h}	滴水损失(%)	大理石纹评分	肌内脂肪含量(%)	剪切力(N)
公	10	6.31±0.09	5.70±0.05	1.12±0.50	3.30±1.06	4.69±0.16	85.36±26.26
母	10	6.26±0.10	5.68±0.11	2.39±0.35	4.20±1.48	5.67±0.16	100.74±25.58

注：2022年11月由四川农业大学在内江市市中区测定。

四、饲养管理

内江猪的主要养殖方式为圈养模式，通过现代的养猪技术和配合饲料，达到快速生长出栏的目的。农村部分散养户采用传统粗放的饲养模式，混合蔬菜、牧草、谷物、甘蔗渣等农副产品饲喂，生长速度慢。内江猪对环境具有较强的适应性和抗病性，但对于喘气病抵抗能力较差，饲养过程中应保证适宜的饲养密度。

五、品种保护

内江猪2000年被列入《国家级畜禽遗传资源保护名录》，2007年被列入《四川省畜禽遗传资源保护名录》。1938年在内江城郊建立内江种猪场，1956年搬迁至内江县史家镇，2008年该场被确定为国家级内江猪保种场。2020年在内江市市中区建立了内江猪备份场。四川省畜禽遗传资源基因库采集保存有内江猪冷冻精液、体细胞等遗传材料，作为活体保种的补充。

六、评价和利用

内江猪具有适应性强、遗传稳定、耐粗饲、性情温驯、母性强等特点，具有良好的配合力，是我国西南、华北和东北等地区开展杂种优势利用的良好亲本之一，但存在增重速度慢、瘦肉率低等缺点。近年来，内江猪获国家知识产权局"内江黑猪"地理标志证明商标，内江市被中国畜牧业协会授予"中国黑猪（内江猪）之乡"称号。随着种质资源保护开发工作的推进，内江猪形成了"黑德香""云顶土内江黑猪""弘济黑猪"等内江猪产品品牌。今后应在维持保种工作力度的同时，加强内江猪本品种的选育，利用内江猪作为亲本开展新品种、新品系的选育工作。

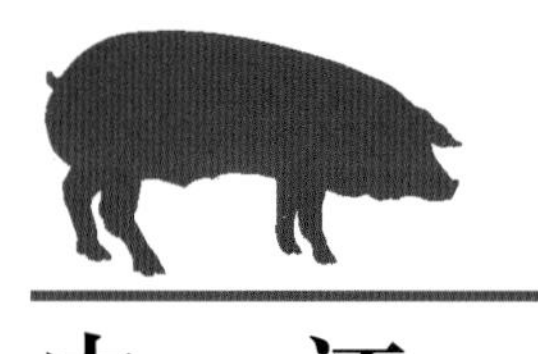

内 江 猪（豪杆嘴型）

NEIJIANG PIG

内江猪（豪杆嘴型）(Neijiang pig)，俗称“伍隍猪”，属肉脂兼用型地方品种。

一、产地与分布

内江猪（豪杆嘴型）中心产区为资阳市雁江区伍隍、石岭、东峰、小院、堪嘉、南津和丹山等多个乡镇，邻近的资阳市安岳县、乐至县，及内江市资中县与上述产区接壤的地带也有分布。

中心产区位于北纬29°51′—30°17′、东经104°26′—105°03′。产区属亚热带季风气候，年平均气温17℃，年平均降水量1 100mm，降水充足；年日照时数1 300h，年平均无霜期300d。属盆周浅丘地貌，覆盖紫色砂页岩互层。主要粮食作物有水稻、小麦、玉米，青绿饲料来源丰富。

二、品种形成与变化

（一）品种形成

内江猪（豪杆嘴型）饲养历史悠久。据《资阳县志》记载，解放前后资阳地区以饲养伍隍猪为主。1942年4月，资阳县申报“伍隍猪”为地方优良可推广品种。1949年后，“伍隍猪”被归为“内江猪豪杆嘴类群”。1999年，全国畜禽遗传资源动态补充调查未发现豪杆嘴型内江猪。2012年资阳市在原产区组织开展资源调查和抢救性保种工作，种群得以逐步恢复并扩大。2023年经国家畜禽遗传资源委员会认定，重新找回了曾宣布灭绝的豪杆嘴型内江猪。

（二）群体数量及变化情况

据2021年第三次全国畜禽遗传资源普查结果，内江猪（豪杆嘴型）群体数量2 811头，其中种公猪34头、能繁母猪1 802头。

三、品种特征与性能

（一）体型外貌特征

1. 外貌特征　内江猪（豪杆嘴型）全身被毛黑色、稀疏，皮张白亮。体型较大，头中等大小，嘴筒细长微翘，皱褶较少，俗称“豪杆嘴”。耳中等大、下垂。背腰微凹，后躯丰满，臀部宽、稍后倾。四肢紧实，肢蹄外展、直立，部分存在卧系。乳头6 ~ 8对，排列整齐。

内江猪（豪杆嘴型）成年公猪

内江猪（豪杆嘴型）成年母猪

2．体重和体尺　内江猪（豪杆嘴型）成年体重和体尺测定结果见表1。

表1　内江猪（豪杆嘴型）成年体重和体尺（200日龄）

性别	数量(头)	体重(kg)	体长(cm)	体高(cm)	胸围(cm)
公	15	148.35±8.28	143.24±8.42	74.24±2.97	122.65±10.67
母	30	140.16±7.35	132.72±7.21	63.26±3.13	114.73±9.56

注：2022年8月由四川永鑫农牧集团股份有限公司在资阳市雁江区测定。

（二）生产性能

1．生长发育性能　内江猪（豪杆嘴型）生长发育性能见表2，育肥性能见表3。

表2　内江猪（豪杆嘴型）生长发育性能

性别	数量(头)	30日龄断奶重(kg)	70日龄保育期末重(kg)	120日龄体重(kg)
公	20	7.16±0.93	23.16±1.87	45.48±4.23
母	50	6.75±0.92	22.78±1.98	43.22±3.69

注：2022年8月由四川永鑫农牧集团股份有限公司在资阳市雁江区测定。

表3　内江猪（豪杆嘴型）育肥性能

性别	数量(头)	70日龄育肥起测体重(kg)	212日龄育肥结测体重(kg)	日增重(g)	料重比
公	34	23.16±1.87	92.42±1.46	485.88±31.25	3.90±0.20
母	46	22.78±1.98	93.53±1.89	498.23±1.26	3.83±0.22

注：2022年8月由四川永鑫农牧集团股份有限公司在资阳市雁江区测定。

2．繁殖性能　内江猪（豪杆嘴型）公母猪70 ~ 124日龄达性成熟。公猪150日龄、母猪145日龄开始配种。母猪发情周期18 ~ 21d，妊娠期113 ~ 116d。内江猪（豪杆嘴型）公、母猪繁殖性能见表4和表5。

表4　内江猪（豪杆嘴型）公猪繁殖性能

数量(头)	采精量(mL)	精子密度(亿个/mL)	精子活力(%)	精子畸形率(%)
12	101.00±8.29	1.11±0.15	87.04±4.35	24.00±4.96

注：2022年8月由四川永鑫农牧集团股份有限公司在资阳市雁江区测定。

表5 内江猪（豪杆嘴型）母猪繁殖性能

胎次	窝数	窝产仔数(头)	窝产活仔数(头)	初生个体重(kg)	断奶窝重(kg)
初产	152	10.57±2.35	10.11±2.31	0.92±0.26	36.07±14.15
经产	164	11.24±2.69	10.39±2.28	0.98±0.19	37.65±15.18

注：2022年8月由四川永鑫农牧集团股份有限公司在资阳市雁江区测定。

3. 屠宰性能 舍饲条件下，200日龄内江猪（豪杆嘴型）屠宰性能测定结果见表6，肉质性能测定结果见表7。

表6 内江猪（豪杆嘴型）屠宰性能

性别	数量(头)	宰前活重(kg)	胴体重(kg)	屠宰率(%)	胴体长(cm)	平均背膘厚(mm)	6～7肋处皮厚(mm)	眼肌面积(cm^2)	腿臀比率(%)	瘦肉率(%)	骨率(%)	皮脂率(%)
公	12	80.85±5.23	54.53±2.32	67.45±1.87	97.83±2.11	35.10±2.39	6.25±0.57	27.92±2.49	32.13±3.17	37.43±5.14	14.24±1.58	48.33±6.43
母	12	77.70±6.93	49.48±2.14	63.82±2.64	95.67±5.25	31.75±2.74	6.97±0.58	26.36±2.78	32.75±0.81	40.61±4.17	14.53±2.58	44.87±3.82

注：2022年8月由四川永鑫农牧集团股份有限公司在资阳市雁江区测定。

表7 内江猪（豪杆嘴型）肉质性能

性别	数量(头)	肉色评分	pH_{1h}	pH_{24h}	滴水损失(%)	大理石纹评分	肌内脂肪含量(%)	剪切力(N)
公	10	3.05±0.27	6.54±0.22	5.58±0.11	2.45±0.77	3.03±0.71	3.81±0.79	47.53±8.53
母	12	3.15±0.35	6.63±0.29	5.45±0.13	1.89±0.49	3.00±0.61	3.65±0.325	51.35±8.62

注：2022年8月由四川永鑫农牧集团股份有限公司在资阳市雁江区测定。

四、饲养管理

产区多舍饲，以青粗饲料为主，补饲玉米和甘薯。肥猪多采用吊架子方式育肥，后改为快速育肥。规模养殖按照哺乳–保育–生长–育肥等阶段分群管理饲养，根据不同阶段的营养需求提供配合饲料。

五、品种保护

2012年在资阳市雁江区建成了伍隍猪保种场，2022年该保种场被资阳市确定为市级农业种质资源保护单位。

六、评价和利用

内江猪（豪杆嘴型）具有抗逆性强、耐粗饲、母性好等特点，且肌内脂肪含量高、肉质优良，但生长速度慢、饲养周期长。2023年资阳市发布《伍隍猪》地方标准（DB5120/T 15）。打造的“永鑫黑猪”品牌已成为资阳市地方特色畜产品。今后应在加强本品种选育的同时，开展以提高生长速度和瘦肉率为重点的专门化品系培育。

湖川山地猪 [盆周山地猪（青峪猪）]

HUCHUAN MOUNTAIN PIG
[PENZHOU MOUNTAIN PIG (QINGYU PIG)]

湖川山地猪[盆周山地猪（青峪猪）] HuChuan mountain pig [Penzhou mountain pig (Qingyu pig）]，属肉脂兼用型地方品种。

一、产地与分布

盆周山地猪（青峪猪）中心产区为巴中市通江县青峪镇、板桥口镇、铁佛镇、诺水河镇、铁溪镇，在通江县其他乡镇，恩阳区、平昌县、南江县均有分布。

中心产区位于北纬31°39′—32°33′、东经106°59′—107°46′。产区四季分明，年平均气温12℃，最高气温40℃，最低气温3℃；年平均降水量1 189mm，降水充足；年平均无霜期210d。产区水源条件较好，水资源丰富。山地较多，土地较贫瘠，岩溶地貌突出，土壤类型多样。玉米、水稻、马铃薯、小麦是主要粮食作物，饲草料主要为花生蔓、甘薯蔓、豆秆与豆荚、麦秸等。

二、品种形成与变化

（一）品种形成

盆周山地猪饲养历史悠久，在四川、陕西、湖北边界的大巴山南麓山区，自古盛产黑猪。据巫山县新石器文化遗址发掘的家猪左下颌骨和陶制猪头考证，远在新石器时代当地就有家猪饲养，至今有5 000多年的历史。青峪猪是分布于巴中市的湖川山地猪（盆周山地猪）的一个独特类群，因主产于通江县青峪镇而得名。1977年，根据四川省地方猪种资源调查结果，将四川盆地周边地区的丫杈猪（椏叉猪）、黔江猪、青峪猪及南江猪统一归并后命名为盆周山地猪。1980年，全国猪种资源调查将四川、湖南、湖北三省交界所属大巴山、巫山、武当山、荆山和娄山地区分布的猪种（含盆周山地猪）统一命名为湖川山地猪。

（二）群体数量及变化情况

据2021年第三次全国畜禽遗传资源普查结果，巴中市青峪猪群体数量43 256头，其中种公猪262头、能繁母猪10 777头。

三、品种特征与性能

（一）体型外貌特征

1．外貌特征　青峪猪体型中等，体质细致结实。被毛黑色，少数猪的头、尾、四肢末端有白毛。头中等大小，额窄、额面平直或微凹，额部皱纹少而浅，嘴筒直长，耳中等大且下垂。躯干扁平微凹，颈肩结合良好，背腰平直狭窄，腹大小适中，略微下垂，臀部稍窄、倾斜，乳头6 ～ 7对。

青峪猪成年公猪

青峪猪成年母猪

2．体重和体尺　选择公猪24月龄以上，母猪在三胎或以上胎次且妊娠2个月左右测定。青峪猪成年体重和体尺见表1。

表1　青峪猪成年体重和体尺

性别	数量(头)	体重(kg)	体高(cm)	体长(cm)	胸围(cm)	腹围(cm)
公	20	145.59±19.50	79.02±3.73	143.66±9.31	137.61±9.71	144.31±9.66
母	32	136.74±18.05	77.95±4.84	138.95±12.64	130.68±9.32	144.25±12.47

注：2022年8月由巴中市巴山牧业股份有限公司在通江县测定。

（二）生产性能

1．生长发育性能　青峪猪生长发育性能见表2，育肥性能见表3。

表2　青峪猪生长性能

性别	数量(头)	30日龄断奶重(kg)	90日龄保育期末重(kg)	120日龄体重(kg)
公	20	6.22±0.49	24.41±2.48	37.67±4.09
母	20	6.51±0.65	24.91±3.26	40.46±2.45

注：2022年11月由巴中市巴山牧业股份有限公司在通江县测定。

表3　青峪猪育肥性能

性别	数量(头)	70日龄育肥起测体重(kg)	186日龄育肥结测体重(kg)	日增重(g)	料重比
公	18	20.48±1.03	80.61±8.15	513.87±65.59	3.30±0.08
母	16	20.28±0.72	75.11±7.46	468.66±64.21	3.31±0.08

注：2022年11月由巴中市巴山牧业股份有限公司在通江县测定。

2．繁殖性能　青峪猪公母猪100～130日龄达性成熟。公猪160日龄、母猪175日龄开始配种。母猪发情周期19～21d，妊娠期112～117d。青峪猪公、母猪繁殖性能见表4和表5。

表4　青峪猪公猪繁殖性能

数量(头)	采精量(mL)	精子密度(亿个/mL)	精子活力(%)	精子畸形率(%)
12	199.17±17.82	2.29±0.12	84.67±2.84	7.25±1.60

注：2022年8月由巴中市巴山牧业股份有限公司在通江县测定。

表5　青峪猪母猪繁殖性能

胎次	窝数	窝产仔数(头)	窝产活仔数(头)	初生窝重(kg)	断奶成活数(头)	断奶窝重(kg)
初产	6	10.50±0.84	10.00±1.10	7.55±1.05	9.50±1.52	64.43±9.93
经产	35	10.91±0.82	10.83±0.98	7.92±0.72	10.00±1.26	68.29±8.64

注：2022年8月由巴中市巴山牧业股份有限公司在通江县测定。

3．屠宰性能　舍饲条件下，300日龄青峪猪屠宰性能测定结果见表6，肉质性能测定结果见表7。

表6　青峪猪屠宰性能

性别	数量(头)	宰前活重(kg)	胴体重(kg)	屠宰率(%)	胴体长(cm)	平均背膘厚(mm)	6～7肋处皮厚(mm)	眼肌面积(cm^2)	皮率(%)	骨率(%)	脂肪率(%)	瘦肉率(%)
公	10	109.15±17.95	75.01±4.88	68.72±4.15	83.20±5.87	30.94±12.12	3.91±2.48	26.58±7.80	10.81±0.98	11.32±2.19	36.76±2.16	41.11±0.79
母	12	119.13±15.31	85.65±4.47	71.90±3.28	85.50±5.42	35.67±7.83	4.12±1.16	30.87±8.77	11.50±1.08	11.02±1.29	35.71±1.59	41.50±2.83

注：2023年1月由四川农业大学在通江县测定。

表7　青峪猪肉质性能

性别	数量(头)	肉色评分	pH_{1h}	pH_{24h}	滴水损失(%)	大理石纹评分	肌内脂肪含量(%)	剪切力(N)
公	10	3.20±0.58	6.12±0.27	5.54±0.09	1.26±0.37	2.55±1.09	7.53±1.00	65.07±12.25
母	12	3.29±0.58	6.06±0.09	5.53±0.10	1.22±0.30	2.79±0.84	7.88±0.95	53.51±14.80

注：2023年1月由四川农业大学在通江县测定。

四、饲养管理

青峪猪规模养殖场按照不同阶段的营养需求提供配合饲料精细饲养。农户习惯小猪敞放，妊娠和哺乳母猪单圈补饲。母猪妊娠前期以青粗饲料为主，哺乳期加喂豆类和玉米等精料。仔猪满月后，用玉米、豆类和青绿饲料调制呈粥状诱食。肥猪采用吊架子方式育肥，在架子猪阶段喂大量青绿饲料，育肥末期集中用能量水平高的玉米、甘薯、马铃薯等催肥1个月，使得青峪猪沉脂力强、腹脂较多。

五、品种保护

青峪猪2012年被列入《四川省畜禽遗传资源保护名录》，2013年在通江县铁佛镇建立了青峪猪种猪场，同年该场被确定为省级湖川山地猪（青峪猪）保种场。2020年在通江县建成湖川山地猪（青峪猪）备份场。四川省畜禽遗传资源基因库采集保存有青峪猪冷冻精液、体细胞等遗传材料，作为活体保种的补充。

六、评价和利用

青峪猪作为湖川山地猪（盆周山地猪）的主要类群，具有耐粗饲、腹脂多、适应性强、肌内脂肪含量高等优点。2015年“青峪猪”成功注册国家地理标志证明商标，打造了“青峪黑豚”有机猪、“青峪黑猪”绿色猪高端猪肉产业和品牌体系，青峪猪品牌荣获四川省名牌产品等称号。今后应加强本品种选育和杂交利用，同时积极开展仔猪烧烤、腌制火腿等利用研究。

湖川山地猪（丫杈猪）

HUCHUAN MOUNTAIN PIG (YACHA PIG)

湖川山地猪（丫杈猪）[Huchuan mountain pig (Yacha pig)]，属肉脂兼用型地方品种。

一、产地与分布

湖川山地猪（丫杈猪）中心产区为四川省泸州市古蔺县观文、白泥、椒元三个乡镇。主要分布于四川省泸州市古蔺县和叙永县。

中心产区位于北纬27°41′—28°31′、东经105°03′—106°20′，海拔247～1 902m。产区四季分明，降水充沛，年最高气温45.3℃，最低气温-1℃，年平均气温12.4～18.6℃；年平均降水量748～1 172mm，无霜期232～363d，水源条件较好，水资源丰富，土壤主要为山地黄壤和山地黄棕壤，呈弱酸性，有机质含量较高。主要农作物包括玉米、水稻、甘薯、马铃薯及大豆等。

二、品种形成与变化

（一）品种形成

据《古蔺县志》记载，丫杈猪在清朝初期由江西、湖广移民进入四川时带入而发展起来，在该县已有300多年饲养历史。产区群众多靠养猪积肥，喜食肉脂，逐渐形成适应当地自然条件、沉脂力强、腹脂较多的猪种。丫杈猪因原产于古蔺县丫杈镇而得名。1977年根据云南、贵州和四川三省猪种资源调查结果，将四川盆地周边山地的丫杈猪（椏叉猪）、黔江猪、青峪猪和南江猪统一归并后命名为盆周山地猪。1980年，在湖北、四川、湖南三省地方猪种资源调查的基础上，将湖北的鄂西黑猪、四川的盆周山地猪和与湖南西部接壤地区的猪种归并统一命名为湖川山地猪。1982年，丫杈猪被列为四川省地方猪种，并编入《四川家畜家禽品种志》。2009年，经国家畜禽遗传资源委员会猪专业委员会组织专家调查和论证，将丫杈猪列为与盆周山地猪不同的一个独特类群。

（二）群体数量及变化情况

据2011年版《中国畜禽遗传资源志·猪志》记载，2005年年底泸州市丫杈猪种猪群体数量近1.3万头，宜宾市丫杈猪种猪群体数量8 400多头。据2021年第三次全国畜禽遗传资源普查结果，四川省丫杈猪群体数量为1.08万头，其中种公猪110头，能繁母猪3 039头。

三、品种特征与性能

（一）体型外貌特征

1．外貌特征　丫杈猪体型较大，体质结实；被毛黑色，少数猪的头、尾、四肢末端有白毛；头较清秀，额面皱纹少，嘴筒中等长，较平直；耳中等大小、前倾；体躯较长且窄，背腰较平直，腹部较紧凑，臀部欠丰满，四肢结实，较细致紧凑；乳头6 ~ 7对。

丫杈猪成年公猪

丫杈猪成年母猪

2．体重和体尺　选择公猪24月龄以上，母猪在三胎或以上胎次且妊娠2个月左右测定。丫杈猪成年体重和体尺见表1。

表1　丫杈猪成年体重和体尺

性别	数量(头)	体重(kg)	体高(cm)	体长(cm)	胸围(cm)
公	20	183.21±5.25	80.16±1.06	155.28±1.82	137.08±1.88
母	58	171.02±5.30	77.56±1.89	151.16±2.68	135.22±2.50

注：2022年由四川省畜牧科学研究院在古蔺县测定。

（二）生产性能

1．生长发育性能　丫杈猪生长性能见表2，育肥性能见表3。

表2　丫杈猪生长性能

性别	数量(头)	初生重(kg)	35日龄断奶重(kg)	60日龄保育期末重(kg)	120日龄体重(kg)
公	16	0.92±0.12	6.12±0.25	13.14±0.49	33.40±1.88
母	17	0.92±0.11	6.15±0.30	12.95±0.59	34.24±2.46

注：2022年由四川省畜牧科学研究院在古蔺县测定。

表3 丫杈猪育肥性能

性别	数量（头）	85日龄起测体重（kg）	203日龄结测体重（kg）	日增重（g）	料重比
公	16	20.26±1.28	75.34±1.46	467.04±19.70	3.53
母	18	20.19±1.04	75.25±1.14	463.79±17.21	3.62

注：2022年由四川省畜牧科学研究院在古蔺县测定。

2．繁殖性能　丫杈猪公、母猪100～130日龄达性成熟，适宜初配日龄分别为180日龄、215日龄。母猪发情周期20～21d，妊娠期112～117d。丫杈猪母猪繁殖性能测定结果见表4。

表4 丫杈猪母猪繁殖性能

胎次	窝数	窝产仔数（头）	窝产活仔数（头）	初生窝重（kg）	35日龄断奶成活数（头）	断奶窝重（kg）
经产	50	11.26±1.43	10.94±1.48	10.04±1.47	10.34±1.22	64.44±8.42

注：2022年由四川省畜牧科学研究院在古蔺县测定。

3．屠宰性能　舍饲条件下，丫杈猪屠宰性能见表5，肉质性能见表6。

表5 丫杈猪屠宰性能

性别	数量（头）	宰前活重（kg）	胴体重（kg）	屠宰率（%）	胴体长（cm）	平均背膘厚（mm）	6～7肋处皮厚（mm）	眼肌面积（cm^2）	皮率（%）	骨率（%）	脂肪率（%）	瘦肉率（%）
公	13	74.88±1.83	53.65±1.75	71.64±1.30	90.46±1.51	30.56±1.47	3.65±0.62	20.15±1.22	11.49±0.87	10.94±0.83	29.79±1.43	47.78±1.64
母	11	74.78±1.70	54.44±1.82	72.79±1.55	90.64±2.42	31.26±1.22	3.98±0.56	19.26±0.82	10.74±0.83	11.65±0.71	30.46±1.26	47.14±1.27

注：2022年由四川省畜牧科学研究院在古蔺县测定。

表6 丫杈猪肉质性能

性别	肉色评分	pH_{1h}	pH_{24h}	滴水损失（%）	大理石纹评分	肌内脂肪含量（%）	剪切力（N）
公	4.08±0.49	6.18±0.13	5.43±0.11	1.41±0.12	3.23±0.60	4.05±0.34	40.67±3.33
母	4.00±0.45	6.16±0.13	5.41±0.12	1.41±0.11	3.55±0.52	4.07±0.40	39.98±3.23

注：2022年由四川省畜牧科学研究院在古蔺县测定。

四、饲养管理

丫杈猪养殖方式多为圈养，但标准化水平较低。规模养殖场和中小养殖户采用配合饲料饲喂，部分散养户以当地农作物、农副产品作为饲料。配种方式主要为自然交配，少部分采用人工授精方式。

五、品种保护

2005年在古蔺县观文镇建立了丫杈猪种猪场，2012年丫杈猪被列入《四川省畜禽遗传资源保护名录》，2013年该场被确定为省级湖川山地猪（丫杈猪）保种场。2020年在古蔺县建成丫杈猪备份场。四川省畜禽遗传资源基因库采集保存有丫杈猪冷冻精液、体细胞等遗传材料，作为活体保种的补充。

六、评价和利用

丫杈猪体型大、抗逆性好、肉质优异，母猪发情明显、易配种、母性强，是进行优质猪新品种培育的优良育种材料。以丫杈猪为母本的“蔺乡猪”优质猪配套系培育在持续开展中。“蔺乡丫杈”品牌，被评为四川省知名商标。2021年“古蔺丫杈猪”成功注册国家地理标志证明商标。

乌 金 猪
（凉 山 猪）

WUJIN PIG
(LIANGSHAN PIG)

乌金猪（凉山猪）[Wujin pig (Liangshan pig)]，属肉脂兼用型地方品种。

一、产地与分布

乌金猪（凉山猪）中心产区为大、小凉山地区的二半山地带，在凉山彝族自治州各市县、乐山市峨边彝族自治县和马边彝族自治县、攀枝花市米易县、眉山市彭山区均有分布。

中心产区位于北纬26° 03′ —29° 27′ 、东经100° 15′ —103° 53′ ，海拔1 500 ～ 2 500m，属亚热带季风和湿润气候。年平均气温16 ～ 17℃，最高气温39℃，最低气温9℃ ；年平均降水量1 000 ～ 1 100mm，降水充足；无霜期230 ～ 306d。水源条件较好，水资源丰富。地貌复杂多样，土质以紫色土、红壤、黄壤为主。马铃薯、甘薯、荞麦、水稻、玉米、小麦是主要粮食作物，饲草料主要为光叶紫花苕、紫花苜蓿、蔓菁等。

二、品种形成与变化

（一）品种形成

产区养猪历史悠久。据《华阳国志》记载，远在汉朝，四川、云南的彝族就“牧猪于此”。据《昭觉县志》记载，汉唐时期这里水草丰茂，明朝“土人皆牧为主”。明洪武至清雍正年间(1368—1728)，封建王朝曾数次镇压云南、贵州一带的农民起义，加之各土司间争夺领地的战争，迫使大量彝族人民由贵州、云南等地迁往大、小凉山。彝族同胞的迁移集居，其生产生活方式与产区自然地理生态条件，促进了凉山猪的形成。凉山猪因产于四川省彝族人口集中的大、小凉山地区而得名。1976年，根据云南、贵州、四川三省接壤地区猪种资源调查结果，将分布于乌蒙山区与金沙江流域的柯乐猪、威宁猪、大河猪和凉山猪合并，统一命名为乌金猪。

（二）群体数量及变化情况

据2011年版《中国畜禽遗传资源志 · 猪志》记载，1985年凉山彝族自治州有凉山猪公猪1万头、母猪25.62万余头；1995年凉山猪种猪群体数量29.89万头，其中公猪1 783头、母猪

29.7万余头；2005年凉山猪群体数量25.6万余头，其中公猪1 092头、母猪25.4万余头。据2021年第三次全国畜禽遗传资源普查结果，四川省凉山猪群体数量56.33万头，其中种公猪1.36万头、能繁母猪17.77万头。

三、品种特征与性能

（一）体型外貌特征

1. 外貌特征　凉山猪体型中小，肤色为黑色或灰色，被毛多黑色，少数呈棕色，部分猪在额部、肢端、尾尖有白毛。头长，嘴筒直、较长，耳中等大、下垂。背腰平直，腹部微微下垂，大腿肘部皮肤常有褶皱。乳头5 ～ 6对，排列整齐。

凉山猪成年公猪

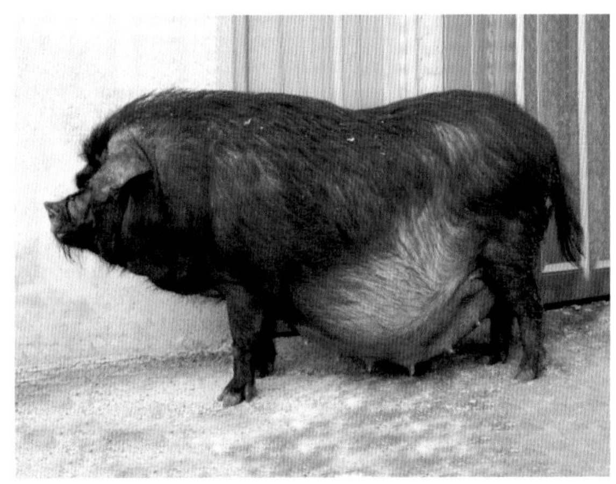

凉山猪成年母猪

2. 体重和体尺　凉山猪成年体重和体尺见表1。

表1　凉山猪成年体重和体尺

性别	数量(头)	体重(kg)	体高(cm)	体长(cm)	胸围(cm)
公	20	183.80±14.83	81.38±5.06	153.13±6.87	173.15±22.49
母	50	151.54±12.33	77.15±9.11	137.62±5.63	144.57±6.12

注：2022年8月由马边金凉山农业综合开发有限公司在马边彝族自治县测定；成年公猪为（33.55±3.89）月龄，成年母猪为（3.7±0.74）胎。

（二）生产性能

1. 生长发育性能　舍饲条件下，凉山猪生长发育性能见表2，育肥性能见表3。

表2　凉山猪生长发育性能

性别	数量(头)	35日龄断奶重(kg)	90日龄保育期末重(kg)	120日龄体重(kg)
公	24	7.15±0.72	26.66±1.92	37.54±2.22
母	24	7.13±0.51	27.09±1.69	37.53±2.14

注：2022年8月由马边金凉山农业综合开发有限公司在马边彝族自治县测定。

表3 凉山猪育肥性能

性别	数量(头)	90日龄起测体重(kg)	203日龄结测体重(kg)	日增重(g)	料重比
公	16	27.13±1.62	89.47±3.78	342.38±17.87	8.79±0.71
母	19	27.13±1.73	90.34±3.83	350.58±26.40	8.56±0.76

注：2022年8月由马边金凉山农业综合开发有限公司在马边彝族自治县测定。

2. 繁殖性能　凉山猪性成熟早、公猪70日龄、母猪124日龄达性成熟。公猪150日龄、母猪145日龄开始配种。母猪发情周期19～21d，妊娠期112～116d。凉山猪公、母猪繁殖性能见表4和表5。

表4 凉山猪公猪繁殖性能

数量(头)	采精量(mL)	精子密度(亿个/mL)	精子活力(%)	精子畸形率(%)
16	241.86±32.7	3.56±0.51	84.44±1.26	4.63±0.50

注：2022年8月由马边金凉山农业综合开发有限公司在马边彝族自治县测定。

表5 凉山猪母猪繁殖性能

胎次	窝数	窝产仔数（头）	窝产活仔数（头）	初生窝重（kg）	35日龄断奶成活数（头）	断奶窝重（kg）
初产	21	7.57±1.94	6.81±2.20	7.41±2.61	6.82±1.87	58.42±13.43
经产	50	9.94±2.05	8.76±2.22	9.23±3.29	8.38±2.18	78.52±18.45

注：2022年8月由马边金凉山农业综合开发有限公司在马边彝族自治县测定。

3. 屠宰性能　舍饲条件下，280日龄凉山猪屠宰性能见表6，肉质性能见表7。

表6 凉山猪屠宰性能

性别	数量（头）	宰前活重（kg）	胴体重（kg）	屠宰率（%）	胴体长（cm）	平均背膘厚（mm）	6～7肋处皮厚（mm）	眼肌面积（cm^2）	皮率（%）	骨率（%）	脂肪率（%）	瘦肉率（%）
公	13	104.36±7.26	72.23±3.56	69.21±4.17	90.94±3.92	41.85±6.04	4.82±1.02	18.36±1.40	10.90±2.74	12.48±1.62	36.28±6.74	35.85±2.24
母	11	103.00±8.79	71.42±4.02	69.34±4.98	91.79±5.08	41.62±9.90	6.12±1.81	18.17±1.87	12.14±2.17	13.50±2.49	40.32±4.41	38.52±2.93

注：2022年6月由四川农业大学在马边彝族自治县测定。

表7 凉山猪肉质性能

性别	数量（头）	肉色评分	pH_{1h}	pH_{24h}	滴水损失（%）	大理石纹评分	肌内脂肪含量（%）	剪切力（N）
公	12	3.67±0.28	6.57±0.14	5.64±0.22	1.50±0.71	3.79±0.62	3.49±0.89	47.43±23.03
母	12	3.65±0.72	6.32±1.27	5.64±0.24	1.17±0.32	3.83±0.58	3.51±1.66	53.70±16.86

注：2022年6月由四川农业大学在马边彝族自治县测定。

四、饲养管理

产区多采用放牧或半放牧方式饲养。饲料以青绿饲料和农副产品为主，辅以少量精料。仔猪出生15d即随母猪出圈游动，35 ～ 40日龄断奶后即随群出牧，青绿饲料的采食量逐渐增加。补充饲料选择以当地廉价易得、来源丰富的原料为主，通常为小麦、玉米、麸皮及豆粕混合蔬菜、牧草、谷物、甘蔗渣、薯类及玉米秸秆等农副产品。

五、品种保护

乌金猪（凉山猪）2007年被列入《四川省畜禽遗传资源保护名录》，2011年在马边彝族自治县建立了凉山猪保种场，2013年该保种场被确定为省级乌金猪（凉山猪）保种场。2020年在马边彝族自治县建成了乌金猪（凉山猪）备份场。四川省畜禽遗传资源基因库采集保存有乌金猪（凉山猪）冷冻精液、体细胞等遗传材料，作为活体保种的补充。

六、评价和利用

凉山猪作为乌金猪的主要类群，具有体质强健、耐粗饲、适应放牧、腿臀发达、肌内脂肪含量高、肉味香浓等优点，是彝族人民制作传统美食“坨坨肉”的优质原料品种，也是适宜制作火腿的优良品种，但也存在生长速度缓慢、繁殖力和瘦肉率低等缺点。今后应加强本品种选育和饲养管理，同时积极开展“坨坨肉”、腌制火腿等特色产品开发利用研究，面向特色高端猪肉市场，提高综合经济效益。

藏猪（四川藏猪）

TIBETAN PIG
(SICHUAN TIBETAN PIG)

藏猪（四川藏猪）[Tibetan pig (Sichuan Tibetan pig)]，属肉脂兼用型地方品种。

一、产地与分布

四川藏猪中心产区为阿坝藏族羌族自治州和甘孜藏族自治州，主要分布于阿坝藏族羌族自治州的马尔康、松潘、黑水、九寨沟、金川、若尔盖及甘孜藏族自治州的康定、泸定、九龙、雅江、乡城、稻城、得荣等县（市）。在成都市、眉山市、雅安市、资阳市部分区县亦有分布。

中心产区位于北纬27°58′—34°20′、东经97°22′—104°27′，属青藏高原，地形复杂，大体可分为高山区、半高山区和河谷区。产区主要分布在海拔2 800～3 600m的半山地带，属半农半牧区。气候严寒，四季不分明，年平均气温在4～12℃。空气干燥，日照多，年平均降水量500～900mm，无霜期110～120d。产区盛产青稞、马铃薯、小麦、玉米、蔬菜、中药材等粮食及经济作物，以及酿酒葡萄、苹果、大樱桃、核桃等特色产品。

二、品种形成与变化

（一）品种形成

藏猪是高原珍稀物种之一，是唯一的高原型猪种，产区又称之为藏雪豚，意思是雪山上的小猪。四川藏猪原系高原放牧猪种，终年随牛羊混群或单独放牧，形成了适应高原气候条件的特性。例如，体小，嘴长而直，呈锥形，便于拱土取食；四肢结实，后躯较长并略高于前躯，便于奔跑；心肺器官发达，适应低氧环境条件；冬季被毛下密生绒毛，适应高寒环境。由于四川藏猪产地分散，历史上交通不便，极为封闭，往往在一定区域内自繁自养，形成了一个相对稳定的封闭群体，因而不同群体间在毛色、耳型等性状上存在一些差异。

（二）群体数量及变化情况

据《四川家畜家禽品种志》记载，1986年四川省四川藏猪能繁母猪群体数量2万多头。据

《四川省畜禽品种资源多样性补充调查报告》，1995年四川藏猪群体数量1.45万头。据2011年版《中国畜禽遗传资源志·猪志》记载，四川省甘孜藏族自治州和阿坝藏族羌族自治州2006年藏猪群体数量约1.47万头，其中母猪约1.41万头、公猪533头。据第三次全国畜禽遗传资源普查结果，2021年四川藏猪群体数量为12.81万头，其中种公猪0.94万头、能繁母猪3.54万头。

三、品种特征与性能

（一）体型外貌特征

1．外貌特征　四川藏猪属小型猪种，体躯狭窄，后高前低臀倾斜；皮肤灰黑色，个别分布不均匀的白斑；被毛黑色，少数棕色，少数额有白星，尾尖、腹部、四肢末端有白色被毛，鬃毛粗长浓密，一般延伸到荐部，其长度为12 ～ 18cm。部分初生仔猪被毛有棕黄色纵行条纹，随着日龄增长逐渐消失；头长嘴尖，头狭额面直，无皱纹，耳小直立稍前倾；乳头排列整齐，多为5对，个别6对；四肢紧凑结实，四蹄坚实直立。

四川藏猪成年公猪

四川藏猪成年母猪

2．体重和体尺　选择公猪24月龄以上，母猪在三胎或以上胎次且妊娠2个月左右测定。四川藏猪成年体重和体尺测量结果见表1。

表1　四川藏猪成年体重和体尺

性别	数量(头)	体重(kg)	体高(cm)	体长(cm)	胸围(cm)
公	20	31.89±6.55	46.90±3.78	86.00±7.70	78.90±6.16
母	50	34.56±6.54	46.70±3.93	89.90±5.23	80.78±6.63

注：2022年8月由乡城县藏香情农业开发有限公司在乡城县测定。

（二）生产性能

1．生长发育性能　半放牧半舍饲条件下，四川藏猪生长性能见表2，育肥性能见表3。

表2　四川藏猪生长性能

性别	数量(头)	初生重(kg)	60日龄断奶重(kg)	保育期末重(kg)	120日龄体重(kg)
公	15	0.45±0.05	4.39±0.40	6.64±0.49	17.10±0.77
母	15	0.42±0.04	4.79±0.51	6.66±0.37	17.08±0.68

注：2022年由乡城县藏香情农业开发有限公司在乡城县测定。

表3 四川藏猪育肥性能

性别	数量(头)	60日龄育肥起测体重(kg)	180日龄育肥结测体重(kg)	日增重(g)	料重比
公	15	5.14±0.63	30.37±1.82	210.22±13.69	6.30
母	15	4.77±0.79	30.21±2.58	212.06±16.33	6.16

注：2022年由乡城县藏香情农业开发有限公司在乡城县测定。

2. 繁殖性能 四川藏猪公猪性成熟年龄为150～160日龄，初配年龄为180日龄。母猪性成熟年龄170～190日龄，初配年龄200日龄，发情持续期平均为3～7d，发情周期为17～33d，妊娠期为110～124d。四川藏猪繁殖性能见表4。

表4 四川藏猪繁殖性能

胎次	窝数	窝产仔数(头)	窝产活仔数(头)	初生窝重(kg)	断奶成活数（头）	断奶窝重(kg)
经产	50	5.66±1.87	5.42±1.62	2.73±0.74	4.38±1.21	23.26±6.53

注：2022年由乡城县藏香情农业开发有限公司在乡城县测定。

3. 屠宰性能 半放牧半舍饲条件下，四川藏猪屠宰性能见表5，肉质性能见表6。

表5 四川藏猪屠宰性能

性别	数量(头)	屠宰日龄	宰前活重(kg)	胴体重(kg)	屠宰率(%)	平均背膘厚(mm)	皮厚(mm)	眼肌面积(cm^2)	皮脂率(%)	骨率(%)	瘦肉率(%)
公	10	387.1±56.24	56.77±18.38	40.02±15.28	69.51±5.05	34.16±16.09	2.88±0.56	13.74±2.71	46.05±6.41	12.80±3.24	41.14±3.58
母	10	340.00±17.49	42.68±6.63	29.95±5.89	69.80±3.44	25.51±5.08	3.22±0.79	12.10±3.98	41.22±4.86	14.83±2.13	43.93±4.19

注：2022年由乡城县藏香情农业开发有限公司在乡城县测定。

表6 四川藏猪肉质性能

数量(头)	肉色评分	pH_{1h}	pH_{24h}	肌内脂肪含量(%)	剪切力(N)
20	3.50±0.16	6.35±0.25	5.67±0.21	7.62±2.60	102.9*

注：2022年由乡城县藏香情农业开发有限公司在乡城县测定，其中剪切力指标引用四川农业大学测定乡城藏猪养殖基地样品数据。

四、饲养管理

四川藏猪以放牧为主，适当以当地的青稞、马铃薯等作为精饲料补充，饲养管理较为粗放。抗病力较强，一般情况下，按照常规的免疫程序做好猪瘟、口蹄疫等疾病的免疫即可。由于藏猪大多以放牧为主，集中饲养为辅，对寄生虫有易感性，所以需要定期驱虫。

五、品种保护

四川藏猪2000年被列入《国家级畜禽遗传资源保护名录》，2007年被列入《四川省畜禽遗传资源保护名录》。2009年甘孜藏族自治州乡城县人民政府划定白依乡为藏猪保护区，2011年白依乡被确定为国家级藏猪保护区。2020年在甘孜藏族自治州稻城县建立了藏猪备份场。

六、评价和利用

四川藏猪性成熟早、抗逆性强，能适应高海拔和低氧的养殖环境。其肉质性能良好，肌纤维细，脂肪沉积能力强，肌内脂肪是内地地方猪的1 ～ 2倍，可作为优质风味猪培育的素材。2014年以其为育种素材，培育出第一个优质风味黑猪配套系——川藏黑猪，2021年又培育出我国第一个黑色父本新品种——川乡黑猪。四川藏猪体型小，因其具备生理生化指标和心、肺、脾、肾等内脏器官形态大小与人类近似等特性，可通过高度近交系的建立，培育具广阔应用前景的医用和科研用实验动物。今后应在保种的同时，加大其基础应用研究和资源开发利用力度，达到资源保护和综合利用的统一。

天府肉猪

天府肉猪（Tianfu pig），属瘦肉型猪配套系。

一、品种来源

（一）培育时间及主要培育单位

天府肉猪由四川铁骑力士牧业科技有限公司、四川农业大学、四川省畜牧总站3家单位联合培育，2011年通过国家畜禽遗传资源委员会审定（农01新品种证字第19号）。

（二）育种素材和培育方法

天府肉猪利用了三大外种猪品种（杜洛克猪、长白猪及大白猪）和地方品种梅山猪作为育种素材。

天府肉猪是利用群体继代选育法和现代育种新技术培育而成的具有产肉性能高、繁殖性能较好、肉质优良的三元配套系。其中，天府III系是由大白猪和梅山猪利用合成杂交法育成的高繁殖力母系母本；天府II系是由长白猪选育而成的母系父本；天府I系是由杜洛克猪选育而成的终端父本。三个品系均经过5个世代的继代选育，达到育种目标后经配合力测定，确定配套模式。

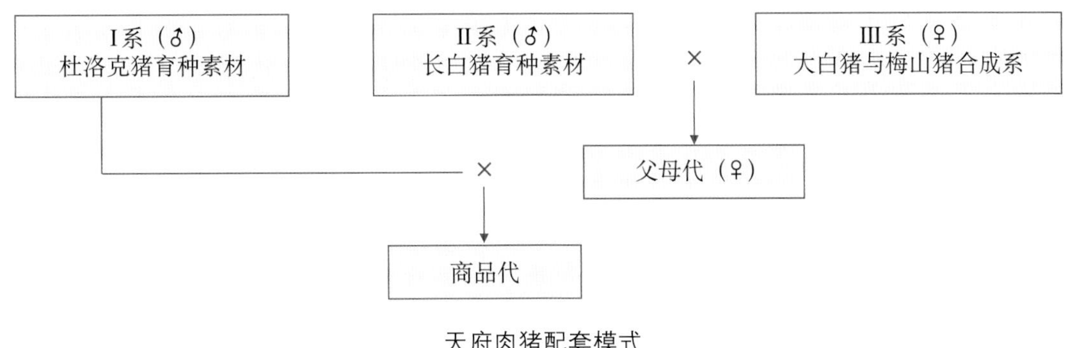

天府肉猪配套模式

二、品种特征与性能

（一）体型外貌特征

1. 外貌特征

天府Ⅰ系：全身被毛红棕色，体侧或腹下有少量小暗斑点。头中等大小，嘴短直，耳中等大小、略向前倾。背腰平直，腹线平直，肌肉丰满，后躯发达，四肢粗壮结实。

天府Ⅱ系：全身被毛白色，偶有少量暗黑斑点。头小颈轻，鼻嘴狭长，耳大前倾。背腰平直，腹部平直或微向下垂，后躯发达，腿臀丰满，四肢坚实。整体前轻后重，外观清秀美观。

天府Ⅲ系：全身被毛白色，偶有少量暗黑斑点。头大小适中，鼻面直或凹陷，耳竖立。背腰平直，前胛宽、背阔，后躯丰满，肢蹄健壮，体型呈长方形。

父母代：全身被毛白色，偶有少量暗黑斑点。头部偏小，耳尖向上略前倾。背腰平直，腹部平直或微向下垂，体躯长，肌肉丰满，四肢粗壮。

商品代：全身被毛白色，腿臀部有暗斑。耳厚实、中等大小向前倾，前后躯发达，肌肉丰满，肢体粗壮结实，体型紧凑。

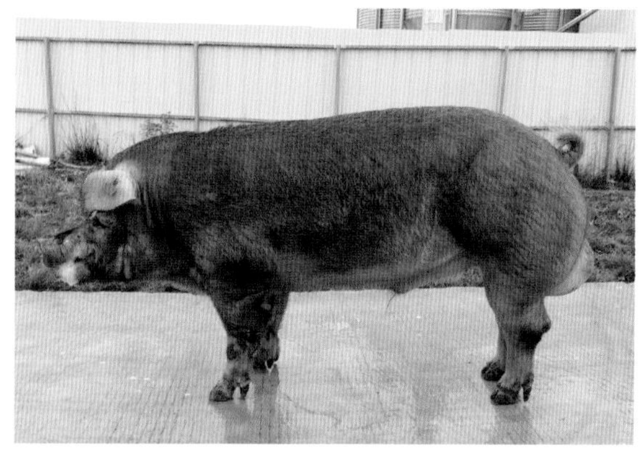

天府肉猪终端父本公猪

天府肉猪父母代母猪

天府肉猪商品猪

2. 体重和体尺　天府肉猪祖代各品系成年体重和体尺见表1。

表1　天府肉猪祖代各品系成年体重和体尺

品系	数量(头)	体重 (kg)	体长 (cm)	体高 (cm)	胸围 (cm)
I系（公）	20	308.2±4.8	165.8±2.5	92.2±4.6	162.6±34.8
II系（母）	31	235.0±15.4	142.2±2.5	87.9±2.6	143.5±3.2
III系（母）	60	230.6±15.8	135.2±28.7	88.5±3.1	144.9±3.7

注：2022年由三台县御咖食品有限公司在三台县测定。

（二）生产性能

1. 生长发育　天府肉猪商品代生长发育性能见表2，育肥性能见表3。

表2　天府肉猪商品代猪生长发育性能

性别	数量（头）	初生重 (kg)	21日龄断奶重 (kg)	保育期末日龄	保育期末重 (kg)	120日龄体重 (kg)
公	15	1.65±0.2	6.06±0.49	54.33±0.49	23.91±2.34	67.52±3.78
母	15	1.43±0.30	6.03±0.54	56.33±0.82	24.13±2.13	68.33±4.53

注：2022年由三台县御咖食品有限公司在三台县测定。

表3　天府肉猪商品代猪育肥性能

性别	数量（头）	起测日龄	起测体重 (kg)	结测日龄	结测体重 (kg)	日增重 (g)	料重比
公	15	115	62.17±1.46	180	121.46±1.52	911.44±7.78	2.77±0.07
母	15	115	60.70±2.27	180	119.86±2.56	909.27±4.89	2.81±0.06

注：2022年由三台县御咖食品有限公司在三台县测定。

2. 繁殖性能　天府肉猪I系公猪性成熟期为6～7月龄，初配年龄7～8月龄。II系母猪初情期6～7月龄，适配期7～8月龄。天府肉猪母系母猪繁殖性能见表4。

表4　天府肉猪母系母猪繁殖性能

品系	胎次	窝数	窝产仔数（头）	窝产活仔数（头）	初生窝重 (kg)	断奶成活数（头）	21日断奶窝重 (kg)
II系	经产	31	13.4±1.4	12.7±1.5	18.5±3.3	12.6±1.5	78.5±9.1
III系	经产	20	14.0±1.4	13.5±1.4	20.0±3.3	13.2±1.2	80.9±8.1

注：2022年由三台县御咖食品有限公司在三台县测定。

3. 屠宰性能　舍饲条件下，天府肉猪商品代屠宰性能见表5，肉质性能见表6。

表5　天府肉猪屠宰性能

数量（头）	屠宰日龄	宰前活重 (kg)	胴体重 (kg)	屠宰率 (%)	胴体长 (cm)	平均背膘厚 (mm)	肋骨对数	6～7肋处皮厚 (mm)	眼肌面积 (cm^2)	皮率 (%)	骨率 (%)	脂肪率 (%)	瘦肉率 (%)
20	180	121.21±2.67	93.05±2.03	76.80±2.24	97.76±1.33	20.98±2.50	14.90±0.79	1.69±0.26	37.12±2.10	1.37±0.13	15.94±2.35	22.28±3.59	60.41±3.29

注：2022年由三台县御咖食品有限公司在三台县测定。

表6 天府肉猪商品代猪肉质性能

数量(头)	pH_{1h}	pH_{24h}	肉色评分	滴水损失(%)	大理石纹评分	肌内脂肪含量(%)	剪切力(N)
20	6.31 ±0.11	5.77 ±0.07	3.05 ±0.32	1.78 ±0.40	2.85 ±0.46	1.98 ±0.37	62.43 ±14.70

注：2022年由三台县御咖食品有限公司在三台县测定。

三、饲养管理

天府肉猪能适应我国大部分地区养殖条件，饲养方式以规模化或适度规模为宜，根据不同阶段营养需求饲喂配合饲料。

四、推广应用

天府肉猪具有瘦肉率适中和肌内脂肪含量高两个优势，表现出较强的市场适应性，已在四川省标准化养殖场中推广，取得了显著的经济效益。2016年农业部发布了农业行业标准《天府肉猪》(NY/T 3053)。

五、品种评价

天府肉猪产肉性能高，繁殖性能较好，肉质优良，实现了瘦肉型和肉质优的结合。今后应持续选育，提高肉质性状和综合生产性能。

CHUANZANG BLACK PIG 川藏黑猪

川藏黑猪（Chuanzang black pig），属瘦肉型猪配套系。

一、品种来源

（一）培育时间及主要培育单位

川藏黑猪由四川省畜牧科学研究院培育，2014年通过国家畜禽遗传资源委员会审定（农01新品种证书第23号）。

（二）育种素材和培育方法

川藏黑猪的培育利用了四个各具特色的中外猪种资源，包括两个珍贵的地方猪种——藏猪和梅山猪，以及两个外种猪——巴克夏猪和杜洛克猪。

川藏黑猪采用三系配套。F01系是由藏猪和梅山猪利用合成杂交法育成的高繁殖力母系母本，S04系是由杜洛克猪选育而成的高瘦肉率专门化父系；S05系是由巴克夏猪选育而成的高肌内脂肪含量专门化母系父本。F01系采用群体闭锁式核心群选育，S04系和S05系采用开放式核心群选育，三个品系均经过5个世代的继代选育，达到育种目标，再经配合力测定，确定配套模式。

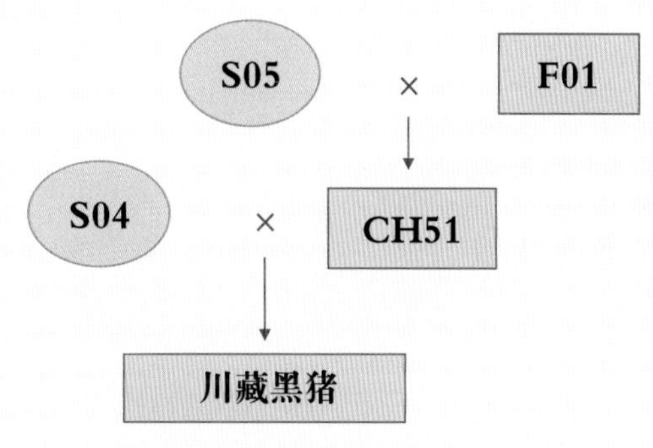

川藏黑猪配套系杂交利用模式

二、品种特征与性能

（一）体型外貌特征

1. 外貌特征

F01系：被毛黑色，也可见四肢有少许白色，鬃毛长而密，额面皱纹少，嘴较平直，耳微垂，胸较狭窄，背腰微凹，腹线较平，四肢有力，体躯结合良好，乳头7对。

S04系：被毛深棕色，嘴短而直，耳前倾，体躯深广，结合良好，肌肉丰满，腿臀发达，背腰略弓，腹线平直，四肢强健，乳头6对。

S05系：被毛黑色，鼻端、尾尖、四肢下部白色（六点白），耳立、稍倾，颈短而宽，体长胸深，腹背平直，臀部丰满，四肢粗壮结实，肢间开阔，乳头6对。

父母代（CH51）：被毛黑色，头部较轻，嘴筒中长平直，额面少许皱纹，耳微垂、前倾，背腰平直，腹部不下垂，四肢结实，体躯结合良好，乳头7对。

商品猪（SH451）：被毛黑色，少许可见棕、白花，头轻嘴直，腹背平直，体躯结合良好，腿臀发达。

F01系母猪

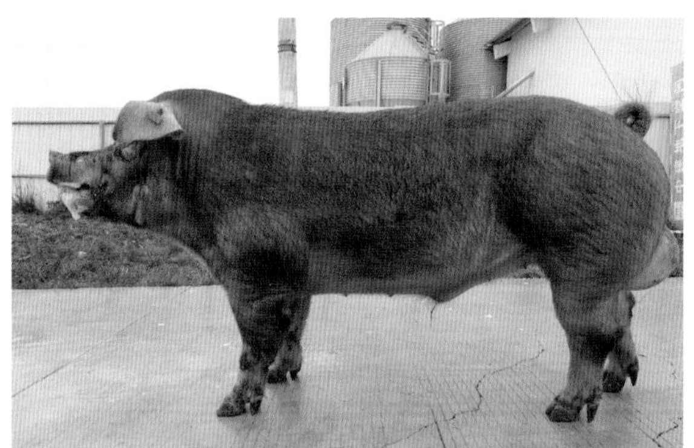

S04系公猪

S05系公猪

CH51母猪

商品猪

2．体重和体尺　选择公猪24月龄以上，母猪在三胎或以上胎次且妊娠2个月左右测定。川藏黑猪父母代公、母猪成年体重和体尺见表1。

表1　川藏黑猪成年体重和体尺

性别	数量(头)	测定月龄/胎次	体重(kg)	体高(cm)	体长(cm)	胸围(cm)
公	21	24.47±0.73	299.19±9.84	90.54±5.69	168.19±3.31	170.59±3.20
母	57	3	197.73±11.53	73.32±3.30	126.70±4.12	136.99±4.59

注：2022年8月由四川古川藏黑猪育种有限公司在江油市测定。

（二）生产性能

1．生长发育性能　川藏黑猪商品代生长发育性能见表2，育肥性能见表3。

表2　川藏黑猪生长发育性能

年份	性别	数量(头)	21日龄断奶重(kg)	60日龄保育期末重(kg)	120日龄体重(kg)
2018	公	87	5.08±0.67	17.83±1.15	48.12±1.15
	母	75	4.93±0.59	17.72±1.08	47.88±1.32
2022	公	21	5.67±0.35	18.53±0.92	50.17±1.64
	母	20	5.75±0.54	18.20±0.99	53.06±1.66

注：2018年9月由四川省畜牧科学研究院在简阳市测定，2022年8月由四川古川藏黑猪育种有限公司在江油市测定。

表3　川藏黑猪育肥性能

年份	数量(头)	始测体重(kg)	结测体重(kg)	日增重(g)	料重比
2018	67	20.53±1.79	91.45±2.95	618.31±60.33	3.14±0.25
2022	30	46.20±5.68	113.90±18.96	799.40±61.71	3.59±0.29

注：2018年9月由四川省畜牧科学研究院在简阳市测定，2022年8月由四川古川藏黑猪育种有限公司在江油市测定。

2．繁殖性能　川藏黑猪S04系公猪200日龄达性成熟，240～280日龄进行初配。川藏黑猪父母代母猪165日龄达性成熟，190～230日龄开始配种，发情周期18～22d，妊娠期114～115d。川藏黑猪父母代母猪繁殖性能见表4。

表4　川藏黑猪父母代母猪繁殖性能

胎次	窝数	窝产仔数(头)	窝产活仔数(头)	初生窝重(kg)	断奶成活数(头)	断奶窝重(kg)
初产	5	12.00±0.63	10.40±0.49	13.00±1.10	10.00±0.00	51.00±2.10
经产	45	14.16±1.50	13.07±1.16	14.62±1.97	12.15±1.30	61.42±5.64

注：2022年8月由四川古川藏黑猪育种有限公司在江油市测定。

3．屠宰性能　舍饲条件下，川藏黑猪商品代屠宰性能见表5，肉质性能见表6。

表5　川藏黑猪屠宰性能

测定指标	数量(头)	屠宰日龄	宰前活重(kg)	胴体重(kg)	屠宰率(%)	平均背膘厚(mm)	6～7肋处皮厚(mm)	眼肌面积(cm^2)	腿臀比率(%)	瘦肉率(%)
2018	30	186.73±12.07	91.52±3.14	66.81±2.31	73.89±2.28	31.28±3.07	3.00±0.26	32.19±2.94	32.66±0.84	57.68±1.73

（续）

测定指标	数量（头）	屠宰日龄	宰前活重(kg)	胴体重(kg)	屠宰率(%)	平均背膘厚(mm)	6～7肋处皮厚(mm)	眼肌面积(cm^2)	腿臀比率(%)	瘦肉率(%)
2022	20	186.30±15.23	112.35±8.14	82.88±6.75	73.76±2.20	40.40±5.77	3.06±0.75	34.31±4.45	31.02±1.17	54.17±2.05

注：2018年9月由四川省畜牧科学研究院在简阳市测定，2022年8月由四川古川藏黑猪育种有限公司在江油市测定。

表6　川藏黑猪肉质性能

数量（头）	肉色评分	pH_{1h}	pH_{24h}	滴水损失(%)	肌内脂肪含量(%)	剪切力(N)
30	4.13±0.28	6.25±0.22	5.74±0.28	4.04±1.97	4.13±0.42	150.14±42.04
20	4.03±0.31	6.05±0.22	5.43±0.21	3.72±1.56	4.22±0.85	153.57±53.61

注：2018年9月由四川省畜牧科学研究院在简阳市测定，2022年8月由四川古川藏黑猪育种有限公司在江油市测定。

三、饲养管理

川藏黑猪能适应我国大部分地区的养殖条件，饲养方式以规模化养殖或适度规模养殖为宜。采用玉米-豆粕型日粮。

四、推广应用

川藏黑猪肉质优异，生产效益高，能满足优质猪肉市场需求。配套系祖代主要饲养于绵阳市江油市和三台县，在江油市建有川藏黑猪省级核心育种场，商品猪养殖发展至绵阳、广元、凉山、乐山、泸州等地。已创建“黑味美”等优质猪肉品牌，产品销往西南、华东、华南、华北等地区的二十多个城市。2015年四川省发布了《川藏黑猪配套系》(DB51/T 2019)地方标准。

五、品种评价

川藏黑猪是我国第一个具有自主知识产权的优质风味猪配套系，具有肉质优、抗病力强、生产效益高、特色鲜明、遗传稳定等优点，是生产优质品牌猪肉的良好素材。

CHUANXIANG BLACK SWINE 川乡黑猪

川乡黑猪（Chuanxiang black swine），属瘦肉型猪培育品种。

一、品种来源

（一）培育时间及主要培育单位

川乡黑猪由四川省畜牧科学研究院培育，2021年通过国家畜禽遗传资源委员会审定（农01新品种证字第32号）。

（二）育种素材和培育方法

川乡黑猪的培育利用了两个各具特色的中外猪种资源，即地方猪品种藏猪和外种猪杜洛克猪。

川乡黑猪通过育种素材筛选、杂交制种和世代选育三个阶段培育而成。以杜洛克猪作为父本，藏猪作为母本杂交获得F1代，再以杜洛克猪作为父本级进杂交至F4代，在杜洛克猪血缘达93.75%时组建0世代选育基础群。采用BLUP法和分子标记辅助选择相结合的技术进行继代选育，育成的优质高效黑色父本新品种。

二、品种特征与性能

（一）体型外貌特征

1．外貌特征　川乡黑猪全身被毛黑色，头大小适中，嘴中等长而直，耳中等大小、前倾，背腰平直，腰荐结合良好，体躯长而深广，腿臀发达，四肢强健，乳头6对以上。

2．体重和体尺　公猪24月龄以上，母猪在三胎或以上胎次且妊娠2个月左右测定。川乡黑猪成年体重和体尺见表1。

表1　川乡黑猪成年体重和体尺

性别	数量（头）	体重（kg）	体高（cm）	体长（cm）	胸围（cm）
公	20	360.71±5.10	88.19±3.43	164.55±2.90	162.91±4.22
母	80	332.56±8.04	84.24±2.90	162.18±4.98	158.50±4.14

注：2022年8月由四川省畜牧科学研究院在简阳市测定。

川乡黑猪成年公猪

川乡黑猪成年母猪

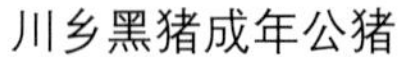

（二）生产性能

1. 生长发育　川乡黑猪生长发育性能见表2，育肥性能见表3。

表2　川乡黑猪生长发育性能

性别	数量(头)	21日龄断奶重(kg)	保育期末重(kg)	120日龄体重(kg)
公	15	6.18±0.22	22.08±0.52	71.82±2.74
母	15	6.06±0.18	22.74±3.97	73.91±12.78

注：2020年8月由四川省畜牧科学研究院在简阳市测定。

表3　川乡黑猪育肥性能

性别	数量（头）	始测体重(kg)	结测日龄	结测体重(kg)	日增重(g)	料重比
公	15	30.77±0.98	155.60±10.00	100.60±1.00	903.81±26.96	2.42±0.06
母	15	30.21±1.71	157.60±9.54	102.08±2.23	888.61±17.38	2.56±0.11

注：2020年8月由四川省畜牧科学研究院在简阳市测定。

2. 繁殖性能　川乡黑猪公猪适宜初配月龄为8月龄，初配体重135 ~ 155kg；母猪初情期6 ~ 7月龄，母猪适宜初配月龄为8月龄，初配体重130 ~ 150kg，发情持续期2 ~ 3d，发情周期平均21d。川乡黑猪繁殖性能见表4。

表4　川乡黑猪繁殖性能

胎次	窝数	窝产仔数（头）	窝产活仔数（头）	初生窝重(kg)	断奶日龄	断奶成活数（头）	断奶窝重(kg)
1	20	9.15±1.69	8.65±1.53	15.03±2.55	21	8.25±1.21	57.01±7.91
2	38	10.21±1.36	9.55±1.16	16.39±1.82	21	9.03±1.00	60.67±6.05
3	22	11.73±1.58	11.09±1.57	18.78±2.43	21	10.36±1.22	68.70±7.86

注：2020年8月由四川省畜牧科学研究院在简阳市测定。

3. 屠宰性能　舍饲条件下，川乡黑猪屠宰性能见表5，肉质性能见表6。

表5 川乡黑猪屠宰性能

数量（头）	屠宰日龄	宰前活重(kg)	胴体重(kg)	胴体长(cm)	平均背膘厚(mm)	6～7肋处皮厚(mm)	眼肌面积(cm^2)	皮率(%)	骨率(%)	瘦肉率(%)	屠宰率(%)	肋骨对数
22	155.25±11.17	99.65±2.42	72.99±2.06	92.94±2.25	19.22±1.27	3.09±0.30	42.52±2.23	6.90±0.34	12.26±0.67	63.35±1.62	73.25±1.04	15.25±0.64

注：2020年由四川省畜牧科学研究院在简阳市测定。

表6 川乡黑猪肉质性能

数量（头）	肉色评分	pH_{1h}	pH_{24h}	滴水损失(%)	大理石纹评分	肌内脂肪含量(%)	剪切力(N)
22	3.73±0.46	6.33±0.08	5.69±0.05	1.77±0.15	4.14±0.56	3.56±0.23	56.45±0.98

注：2020年由四川省畜牧科学研究院在简阳市测定。

三、饲养管理

川乡黑猪一般采用舍饲养殖方式，使用玉米-豆粕型全价配合饲料进行饲喂，在猪的不同生长阶段，根据营养需要，配制不同的全价配合饲料。

四、推广应用

川乡黑猪种公猪或精液在四川、海南、重庆、北京、安徽等多地示范推广，广泛用于猪新品种（配套系）的培育及优质肉猪生产。

五、品种评价

川乡黑猪是我国首个具有自主知识产权的生猪黑色父本新品种，肉质优良，生产效率高。可用于与地方猪杂交生产优质商品猪，也可用于与外种猪杂交，改良商品猪的肉质性能。

天府黑猪 TIANFU BLACK PIG

天府黑猪（Tianfu black pig），属瘦肉型猪培育品种。

一、品种来源

（一）培育时间及主要培育单位

天府黑猪由四川农业大学、邛崃市嘉林生态农场、四川省畜牧总站等单位联合培育，2023年通过国家畜禽遗传资源委员会审定（农01新品种证字第37号）。

（二）育种素材和培育方法

天府黑猪是利用成华猪和引进品种巴克夏猪作为育种素材，基于合成杂交育种理论和多性状平衡选育策略，运用闭锁群体继代选育法和现代分子育种新技术，选育而成的优质高效培育品种。

二、品种特征与性能

（一）体型外貌特征

1. 外貌特征　天府黑猪全身被毛黑色、皮厚。头中等大小、面微凹，额宽、多皱纹且深、嘴筒长短适中，耳大小适中、微向前倾。体型结构紧凑、胸宽深，背腰和腹线平直，前后躯较

天府黑猪成年公猪

天府黑猪成年母猪

发达，肌肉丰满，体质健壮。四肢强健，蹄壳黑色。有效乳头6对以上。

2．体重和体尺　天府黑猪成年体重和体尺见表1。

表1　天府黑猪成年体重和体尺

性别	数量(头)	体重(kg)	体长(cm)	体高(cm)	胸围(cm)
公	20	258.2±23.5	165.0±7.6	91.3±3.7	150.7±6.5
母	60	235.4±16.2	159.1±3.4	87.1±4.0	167.6±6.6

注：2022年由四川农业大学和邛崃市嘉林生态农场在邛崃市测定。

（二）生产性能

1．生长发育性能　天府黑猪生长发育性能见表2，育肥性能见表3。

表2　天府黑猪生长发育性能

性别	数量(头)	初生重(kg)	28日龄断奶重(kg)	180日龄体重(kg)
公	20	1.3±0.1	7.4±0.6	101.7±8.3
母	20	1.2±0.1	7.2±0.5	98.9±8.2

注：2022年由四川农业大学和邛崃市嘉林生态农场在邛崃市测定。

表3　天府黑猪育肥性能

数量(头)	起测体重(kg)	结测体重(kg)	日增重(g)	料重比
80	28.2±2.1	98.7±6.1	704.7±53.3	2.88±0.17

注：2022年由农业农村部种猪质量监督检验测试中心（重庆）在邛崃市测定。

2．繁殖性能　天府黑猪性成熟较早，公猪初次出现性行为在168日龄，适配日龄为220日龄，初配体重125.4kg；母猪初情期在164日龄，适配日龄为211日龄，初配体重120.7kg。天府黑猪繁殖性能见表4。

表4　天府黑猪繁殖性能

胎次	窝数	窝产仔数(头)	窝育成仔数(头)	初生窝重(kg)	28日龄断奶窝重(kg)
初产	200	11.6±1.7	10.4±1.4	13.2±1.8	74.0±7.0
经产	196	12.5±1.9	11.0±1.4	14.4±2.0	78.9±7.2

注：2022年由四川农业大学和邛崃市嘉林生态农场在邛崃市测定。

3．屠宰性能　舍饲条件下，天府黑猪屠宰性能见表5，肉质性能见表6。

表5　天府黑猪屠宰性能

数量(头)	屠宰日龄	宰前活重(kg)	胴体重(kg)	屠宰率(%)	胴体长(cm)	肋骨对数	平均背膘厚(mm)	眼肌面积(cm^2)	6～7肋处皮厚(mm)	腿臀比率(%)	瘦肉率(%)	脂肪率(%)	皮率(%)	骨率(%)
33	182.30±2.80	98.40±4.60	72.30±3.30	73.49±1.25	93.68±3.97	14.10±0.60	29.58±2.84	32.97±3.19	5.76±0.53	31.63±1.24	53.33±3.28	27.50±2.66	9.31±0.91	9.86±0.82

注：2022年由农业农村部种猪质量监督检验测试中心（重庆）在邛崃市测定。

表6　天府黑猪肉质性能

数量（头）	pH_{1h}	pH_{24h}	肉色			大理石纹评分	肌内脂肪含量（%）	水分含量（%）	滴水损失（%）	熟肉率（%）	肌纤维面积（μm^2）	剪切力（N）
			评分	亮度L_{1h}	亮度L_{2h}							
33	6.41±0.23	5.84±0.11	4.20±0.30	39.71±2.03	44.28±2.75	3.60±0.30	3.67±0.33	70.20±1.79	1.96±0.18	72.00±2.59	3237.78±317.85	75.36±6.08

注：2022年由农业农村部种猪质量监督检验测试中心（重庆）在邛崃市测定。

三、饲养管理

天府黑猪以全价配合饲料的圈养模式为主，农村也有部分养殖户采用传统放养模式。

四、推广应用

天府黑猪具有较强的抗逆性和耐粗饲能力，被毛全黑、遗传稳定，受山区农户偏爱，近年来向凉山彝族自治州等地提供种猪5 000余头。建有天府黑猪原种场、万头育肥场和30余个标准化示范基地，开发出天府黑猪专卖销售模式，建成专卖店终端销售渠道。

五、品种评价

天府黑猪具有繁殖性能高、生长快、耗料少、胴体品质好、耐粗饲和适应性广等优良特征。猪肉香味浓、肉色鲜红、肌纤维较细、易于咀嚼，还呈现皮厚的特性，能满足西南地区消费者对附带厚皮优质猪肉的特殊消费偏好。今后应持续选育提高其肉质性状和综合生产性能。

牛 概述

四川省养牛历史悠久，牛种资源丰富。彭县竹瓦街出土的西周人面牛纹铜罍上所饰之牛与四川地区耕田的水牛形象相似，表明早在西周时期四川已有水牛饲养。会理县出土的汉代铜鼓鼓身上铸的长角高峰牛纹饰与现在的凉山黄牛特征相似，表明两千多年前凉山地区已有黄牛饲养。据《史记》卷一百二十九《货殖列传》记载："巴蜀亦沃野……西近邛笮，笮马、旄牛。"说明早在两千多年前巴蜀地区就有牦牛饲养。

历史上四川养牛主要为役用，以满足农业生产需求。改革开放以来，随着社会生产力的提高和农业机械化的普及，牛的役用逐渐减少。随着经济的发展和人们膳食结构的变化，对牛肉、牛奶的需求量逐年增加，四川省先后引入西门塔尔牛、安格斯牛、利木赞牛等品种推进牛的改良工作，逐步提高了肉牛生产性能；引入荷斯坦牛、娟姗牛等品种开展杂交改良和纯种养殖，大幅提高了四川省牛奶产量。

改革开放后，国家曾先后组织开展了两次全国畜禽遗传资源调查。根据第二次调查结果，四川省地方牛资源数量达12个，其中黄牛7个，分别是三江牛、峨边花牛、川南山地牛、甘孜藏牛、凉山牛、巴山牛、平武牛；水牛2个，分别是宜宾水牛、德昌水牛；牦牛3个，分别是九龙牦牛、麦洼牦牛、木里牦牛。

根据第三次全国畜禽遗传资源普查结果，四川省牛遗传资源增加到17个。金川牦牛（2014年）、昌台牦牛（2016年）、亚丁牦牛（2022年）、空山牛（2024年）先后通过了国家畜禽遗传资源委员会鉴定。以宣汉黄牛作为母本，引入的荷斯坦牛和西门塔尔牛作为父本，于2011年培育出中国南方第一个具有自主知识产权的乳肉兼用型牛新品种"蜀宣花牛"。

目前，四川省建有国家级牛遗传资源保种场1个（九龙牦牛），省级牛遗传资源保种场1个（麦洼牦牛），省级牛遗传资源保护区5个[平武牛、峨边花牛、巴山牛（宣汉牛）、德昌水牛、三江牛]，为四川省牛种业振兴和牛产业高质量发展提供了种源保障。

峨边花牛 EBIAN SPOTTED

峨边花牛（Ebian spotted），属肉役兼用型黄牛地方品种。

一、产地与分布

峨边花牛中心产区为乐山市峨边彝族自治县的大堡镇、勒乌乡、新林镇、黑竹沟镇和金岩乡等11个乡镇，乐山市金口河区有少量分布。

中心产区位于北纬28° 39′ —29° 19′ 、东经102° 54′ —103° 38′ 。地貌包括高山、中山和低山（山地河谷），境内平均海拔为1 500m，最高海拔4 288m。产区属亚热带湿润季风气候，由于地形高差悬殊，气温随海拔高度而异，垂直差异明显，年平均气温16.9℃，年平均降水量887.7mm，全年日照时数1 049.3h。中心产区内有大小河流42条，均属大渡河水系。土壤有黄壤、紫色土、石灰土、黄棕壤等10个类型。农作物以水稻、小麦、玉米、马铃薯为主，有耕地17 822hm^2，草地49 580hm^2，人工种植的牧草主要为黑麦草、苏丹草、皇竹草等。

二、品种形成与变化

（一）品种形成

峨边花牛原产于大、小凉山海拔800 ～ 2 000m的中山地带的彝族居住区，是由当地黄牛群中分离出的花牛个体，经彝族人民选育而成。新中国成立以前，大、小凉山腹地彝族聚居区交通阻塞，没有外地牛种引入。彝族群众一贯认为花牛是祭祀和肉食的上品，专选花牛放牧于草山草坡，不作役用，供屠宰祭祀后食用，由此形成了具有较好肉用特征的峨边花牛。新中国成立以后，随着山区农业发展对畜力的需求，峨边花牛亦供役用，成为役肉兼用型牛。

（二）群体数量及变化情况

据2011年版《中国畜禽遗传资源志·牛志》记载，2005年峨边花牛群体数量为5 964头，其中种公牛374头，能繁母牛2 461头。据第三次全国畜禽遗传资源普查结果，2021年峨边花牛群体数量3 957头，其中种公牛565头，能繁母牛2 239头。

三、品种特征与性能

（一）体型外貌特征

1. 外貌特征　峨边花牛基础色以黑白花和黄白花为主，部分为黑、白单色，少数为黄单色。白斑图案有白花、白带、白头、白背、白腹、白袜子，少数个体有晕毛，被毛为贴身短毛。鼻镜以黑褐色为主，少数为肉色，角色、蹄色以黑褐色为主，眼睑、乳房为粉色。公牛头宽粗重，母牛头小狭长，耳平直，角型多种，以倒八字形角为主。公牛肩峰不明显，颈垂大，无脐垂；母牛无肩峰、无颈垂。体格中等，体躯较长，结构紧凑，背腰平直，尻部短而斜。四肢短而结实，筋腱分明，蹄小而圆。尾帚较小，尾长至后管下段。

峨边花牛成年公牛

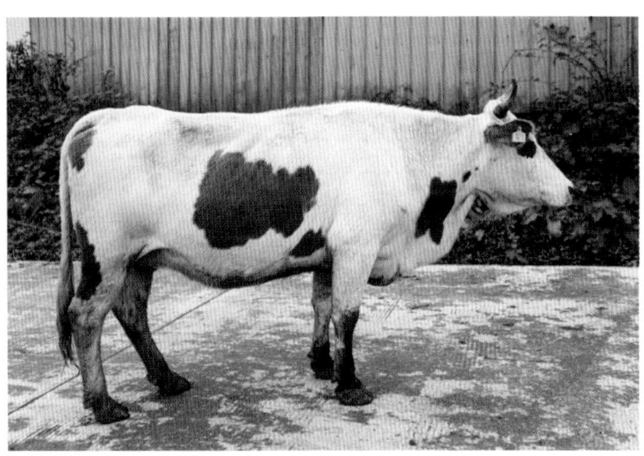

峨边花牛成年母牛

2. 体重和体尺　峨边花牛成年体重和体尺见表1。

表1　峨边花牛成年体重和体尺

性别	数量(头)	体重(kg)	髻甲高(cm)	十字部高(cm)	体斜长(cm)	胸围(cm)	腹围(cm)	管围(cm)	胸宽(cm)	坐骨端宽(cm)
公	10	272.8±67.1	124.0±9.5	121.8±7.2	125.2±16.9	166.1±13.7	187.4±21.3	19.3±2.2	33.9±6.6	21.6±5.2
母	20	229.2±28.0	111.6±7.9	113.6±5.1	116.9±9.4	153.5±7.8	167.3±14.2	16.3±1.4	27.6±3.3	18.9±1.6

注：2022年4月由四川省畜牧科学研究院、峨边花牛富洋保种场和峨边彝族自治县农业农村局在峨边彝族自治县测定。

（二）生产性能

1. 生长发育　峨边花牛不同阶段体重见表2。

表2　峨边花牛不同阶段体重

测定阶段	性别	数量(头)	体重(kg)
初生	公	10	14.9±1.5
	母	20	14.7±1.2

（续）

测定阶段	性别	数量（头）	体重(kg)
6月龄	公	10	43.3±4.6
	母	20	42.3±3.6
12月龄	公	10	68.5±3.5
	母	20	68.2±3.5
18月龄	公	10	100.3±4.8
	母	20	99.8±4.8

注：2022年2—8月由四川省畜牧科学研究院、峨边花牛富洋保种场和峨边彝族自治县农业农村局在峨边彝族自治县测定。

2. 繁殖性能　峨边花牛公牛性成熟年龄为18月龄，初配年龄为36月龄，一般采用本交配种。母牛初情期为16月龄，初配年龄为30月龄，繁殖季节为4—10月，发情周期21d，妊娠期280d，一般三年产犊两胎。

3. 育肥性能　在自然放牧条件下，峨边花牛育肥性能见表3。

表3　峨边花牛育肥性能

性别	数量（头）	育肥开始月龄	育肥时间（个月）	初测体重(kg)	终测体重(kg)	日增重(kg)
公	11	28 ～ 48	7.5	172.3±33.8	244.5±38.1	0.33±0.10
母	9	26 ～ 80	7.5	184.4±40.9	242.9±27.2	0.26±0.10

注：2021年12月至2022年8月由四川省畜牧科学研究院、峨边花牛富洋保种场和峨边彝族自治县农业农村局在峨边彝族自治县测定。

4. 屠宰性能及肉品质　在自然放牧条件下，成年公牛屠宰性能及肉品质见表4、表5。

表4　峨边花牛屠宰性能

性别	数量（头）	宰前活重(kg)	胴体重(kg)	净肉重(kg)	骨重(kg)	肋骨对数	眼肌面积(cm^2)	屠宰率(%)	净肉率(%)	肉骨比
公	10	234.4±40.2	117.1±23.5	89.9±17.7	26.2±5.9	13	62.9±12.2	49.8±2.5	38.2±2.2	3.5±0.3

注：2022年10月由四川省畜牧科学研究院、峨边花牛富洋保种场、峨边彝族自治县农业农村局在峨边彝族自治县测定。

表5　峨边花牛肉品质

性别	数量（头）	肌肉大理石纹评分	肉色				脂肪颜色评分	剪切力(N)	pH		肌肉系水力(%)
			目测法评分	L	a	b			pH_{1h}	pH_{24h}	
公	10	1.1±0.3	7.3±0.5	34.6±3.3	15.9±10.4	11.5±1.9	6.1±0.7	66.6±18.6	6.9±0.3	6.1±0.1	2.7±0.9

注：2022年10月由四川省畜牧科学研究院、峨边花牛富洋保种场、峨边彝族自治县农业农村局在峨边彝族自治县测定。表中L表示亮度值，a表示红度值，b表示黄度值，以下同。

四、饲养管理

峨边花牛以放牧饲养为主，有饲喂食盐的习惯。冬春补饲，补饲饲料主要为玉米秸秆、酒糟、稻草、青贮、玉米面、菜粕、麦麸、豆粕等。常见寄生虫病为绦虫（细颈囊尾蚴）病、肺

丝虫病、胃肠道线虫病等。

五、品种保护

2007年峨边花牛被列入《四川省畜禽遗传资源保护名录》，2012年在峨边彝族自治县建立了峨边花牛保护区，2013年该保护区被确定为省级峨边花牛保护区。

六、评价和利用

峨边花牛适宜于中高山草地放牧饲养，能在60° ～ 75° 的坡地上行走和采食，–10℃情况下刨雪采食。其抗逆性强，肌间脂肪含量较高，肉质风味较好，但生长速度慢，肉用性能欠佳。2008年四川省质量技术监督局发布了《峨边花牛》地方标准（DB51/T 785）。2011年注册“峨边花牛”为中国国家地理标志证明商标。今后应加强本品种保护和选育工作，提高品种质量，强化特色开发利用。

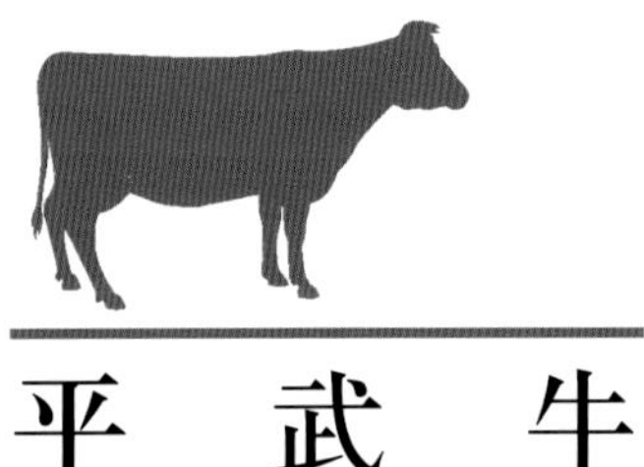

平 武 牛

PINGWU CATTLE

平武牛（Pingwu cattle），属小型肉役兼用型黄牛地方品种。

一、产地与分布

平武牛中心产区为绵阳市平武县大桥镇、锁江乡、旧堡乡、土城乡，在平武县其他乡镇也有分布。

产区位于北纬31°43′—33°03′、东经103°40′—104°59′，海拔600～5 400m的山区，海拔高低悬殊大，属于亚热带山地湿润季风气候。年平均气温14.7℃，无霜期252d，降水量700～750mm，相对湿度71%，年平均日照时数1 376h。产区水系主要有涪江的12条支流，水资源丰富。土壤种类随海拔的增加而变化，海拔600～1 000m为黄壤土类、1 000～1 500m为浅灰化黄壤、1 500～2 500m为黄棕壤土类。主要农作物为玉米、小麦、水稻、马铃薯、大豆等，牧草主要为乔木科、菊科、豆科、莎草科、杂草科等。

二、品种形成与变化

（一）品种形成

平武地区自古以来就有养殖耕牛的习惯，平武牛因产于平武县大山区而得名，经过长期的自然和人工选择形成。

（二）群体数量及变化情况

据2011年版《中国畜禽遗传资源志·牛志》记载，1985年平武牛群体数量2.64万头，1995年群体数量3.3万头，2005年群体数量4.0万头，其中公牛1.6万头、母牛2.4万头。据2021年第三次全国畜禽遗传资源普查结果，平武牛群体数量为1 663头，其中种公牛174头、能繁母牛1 081头。

三、品种特征与性能

（一）体型外貌特征

1．外貌特征　平武牛基础毛色为黄色或黑色。全身被毛为贴身短毛，额部无长毛，颈侧、胸侧无卷毛。部分牛肋部、大腿内侧、腹下等处有局部淡化和晕毛。鼻镜为粉色和褐色，眼睑和乳房为粉色，蹄为黑褐色，角为蜡黄色。公牛头较重，额宽平；母牛头较轻，略长。耳平伸，耳壳较厚，耳端钝圆。公、母牛均有角，角形多种，有芋头角、一字扁平角、龙门角及小圆环角。公牛肩峰较大，母牛无肩峰。公牛阉割后肩峰变小。颈垂、胸垂较大，无脐垂，尻部短斜。尾帚较小，尾长至后管下部，尾梢颜色为黄色或黑色。

平武牛成年公牛

平武牛成年母牛

2．体重和体尺　平武牛成年体重和体尺见表1。

表1　平武牛成年体重和体尺

性别	数量（头）	体重(kg)	鬐甲高(cm)	十字部高(cm)	体斜长(cm)	胸围(cm)	腹围(cm)	管围(cm)	胸宽(cm)	坐骨端宽(cm)
公	10	442.0±86.9	126.8±8.4	123.1±5.4	144.8±12.7	181.0±13.7	198.4±29.8	18.7±2.3	38.1±3.6	15.8±1.8
母	20	332.0±65.4	111.3±7.9	114.4±5.6	129.8±7.3	159.9±10.6	184.9±10.0	15.2±1.5	30.6±3.8	13.3±1.1

注：2022年8月由四川农业大学在平武县测定。

（二）生产性能

1．生长发育　平武牛不同阶段体重见表2。

表2　平武牛不同阶段体重

测定阶段	性别	数量（头）	体重(kg)
初生	公	10	18.6±1.8
	母	20	15.8±1.7
6月龄	公	10	93.0±9.5
	母	20	91.2±12.6
12月龄	公	10	137.0±22.5
	母	20	121.8±41.2

（续）

测定阶段	性别	数量(头)	体重(kg)
18月龄	公	10	182.6±25.3
	母	20	156.8±35.0

注：2022年8月由四川农业大学在平武县测定。

2．繁殖性能　平武牛性成熟年龄公牛为18月龄、母牛为15月龄；初配年龄公牛为36月龄，母牛为30月龄。繁殖季节为3—10月，母牛发情周期21d，妊娠期280d左右。

3．屠宰性能　成年平武牛屠宰性能见表3。

表3　平武牛屠宰性能

性别	数量(头)	宰前活重(kg)	胴体重(kg)	净肉重(kg)	骨重(kg)	肋骨对数	眼肌面积(cm^2)	屠宰率(%)	净肉率(%)	肉骨比
公	9	349.3±82.9	173.6±42.9	147.9±38.2	25.7±5.5	13.0±0.0	91.2±28.2	49.6±1.6	42.1±2.2	5.7±0.9

注：2022年8月由四川农业大学在平武县测定。

四、饲养管理

平武牛对高山环境适应性强，以自然放牧为主。多数农户自繁自养，没有系统的繁殖配种计划。少数规模养殖户主要饲养基础母牛或架子牛，饲草料以农作物秸秆和酒糟等粗饲料为主，并补充少量精料。

五、品种保护

2012年平武牛被列入《四川省畜禽遗传资源保护名录》，2013年在平武县划定了保护区，2015年该保护区被确定为省级保护区。

六、评价和利用

经过长期的自然和人工选择，平武牛形成了抗逆性强、耐粗饲等特点，适于高山陡坡自然放牧。缺点是生长速度慢，成年个体较小。在做好遗传资源保护的基础上，应结合当地特殊的自然环境条件，加强本品种选育。

川南山地牛

CHUANNAN SHANDI CATTLE

川南山地牛（Chuannan shandi cattle），属小型肉役兼用型黄牛地方品种。

一、产地与分布

川南山地牛中心产区位于宜宾市筠连县、珙县，泸州市古蔺县、叙永县，分布于宜宾市兴文县，雅安市荥经县、宝兴县、天全县、汉源县，重庆市和云南省也有分布。

中心产区位于北纬27° 41′ —29° 56′ 、东经102° 16′ —109° 19′ ，海拔320～2 000m的川南和川西南丘陵山区，属于亚热带季风湿润气候。年平均气温13.5～17.5℃，无霜期243～306d，年平均降水量1 042～1 250mm，相对湿度80%～90%，年平均日照时数886～1 052h。产区水系丰富，主要有南广河、赤水河、大渡河等。耕地层土母质主要是坡积物、洪积物和冲积物，通透性、保肥性和供肥性良好。主要农作物为玉米、水稻、大豆、马铃薯等，秸秆类青粗饲料资源丰富，牧草以禾本科为主。

二、品种形成与变化

（一）品种形成

宜宾、泸州是汉族、苗族、彝族等民族杂居地，养牛历史悠久。清嘉庆十七年（1812年）《高县志》有记载，苗子，畜牛马为生……婚姻聘用马牛布匹，祭祖宗以宰盗取之牛为敬；民国二十二年（1933年）《叙永县志》中记载，苗族以多牛为富，婚姻交际多以牛酒；民国三十七年（1948年）《续修筠连县志》原称“筠连山牛”，并曰“山牛黄色，种山者畜之”。川南山地牛适应山区和丘陵耕作，是经长期选育逐渐形成的地方品种。

（二）群体数量及变化情况

据2011年版《中国畜禽遗传资源志·牛志》记载，2005年川南山地牛群体数量27.7万头，其中公牛12万头、母牛15.7万头，能繁母牛9.5万头。据2021年第三次全国畜禽遗传资源普查结果，四川境内川南山地牛群体数量6 783头，其中种公牛436头、能繁母牛4 200头。

三、品种特征与性能

（一）体型外貌特征

1．外貌特征　基础毛色以黄色为主，其次为黑色、红褐色和草白色。部分牛只有白头、白背和白袜子，胁部、大腿内侧、腹下等处有局部淡化，有晕毛和鳌毛。鼻镜为粉色和褐色，眼睑和乳房颜色为粉色，蹄为黑褐色，角为蜡色或黑褐色。被毛为贴身短毛。头略长、额宽平、鼻梁较长而直。耳平伸，耳壳较薄，耳端尖钝。角形多样，多为短而圆滑、角尖向外的芋头角。公牛肩峰大，母牛肩峰较小或无。公母牛胸垂大有皱褶，颈垂小。体型较小，体躯紧凑结实。背腰平直，长短适中，胸较宽，呈倒“三角形”。无脐垂，尻部较长而斜，尾长至后管下部，尾帚较小，尾梢颜色为黄色或黑色。

川南山地牛成年公牛

川南山地牛成年母牛

2．体重和体尺　川南山地牛成年体重和体尺见表1。

表1　川南山地牛成年体重和体尺

性别	数量（头）	体重（kg）	鬐甲高（cm）	十字部高（cm）	体斜长（cm）	胸围（cm）	腹围（cm）	管围（cm）	胸宽（cm）	坐骨端宽（cm）
公	11	437.3±16.4	129.2±7.3	124.8±5.7	145.8±9.8	180.2±13.5	200.9±19.6	18.5±2.2	37.6±4.1	16.9±2.0
母	21	269.3±9.3	116.4±3.8	118.3±3.2	132.0±5.5	165.3±7.0	189.1±9.4	16.3±1.0	33.0±2.3	19.4±1.1

注：2022年8月由筠连汇隆农业投资开发有限公司在筠连县测定。

（二）生产性能

1．生长发育　川南山地牛不同阶段体重见表2。

表2　川南山地牛不同阶段体重

测定阶段	性别	数量（头）	体重（kg）
初生	公	10	17.9±1.6
	母	20	16.5±1.3

（续）

测定阶段	性别	数量（头）	体重(kg)
6月龄	公	12	17.9±1.6
	母	20	102.1±9.5
12月龄	公	10	213.4±26.7
	母	21	196.1±14.0
18月龄	公	13	239.8±13.5
	母	21	217.3±15.1

注：2022年8月由筠连汇隆农业投资开发有限公司在筠连县测定。

2. 繁殖性能　川南山地牛性成熟年龄为12～18月龄，公、母牛初配年龄分别为36月龄和30月龄。母牛发情周期18～25d，平均20d；妊娠期240～301d，平均275d。

3. 屠宰性能　成年川南山地牛屠宰性能见表3。

表3　川南山地牛屠宰性能

性别	数量（头）	宰前活重(kg)	胴体重(kg)	净肉重(kg)	骨重(kg)	肋骨对数	眼肌面积(cm^2)	屠宰率(%)	净肉率(%)	肉骨比
公	10	469.4±45.0	240.8±25.0	196.1±20.6	39.7±5.9	13.0±0.0	96.9±9.3	51.3±1.6	41.8±1.0	5.0±0.6

注：2022年8月由筠连汇隆农业投资开发有限公司在筠连县测定。

四、饲养管理

川南山地牛适应性强，在高山地区以放牧为主，平坝地区以圈养为主；规模养殖户以玉米、精料补充料拌于草料中饲喂，饲养管理粗放。川南山地牛性格温驯，抗病性强，易于管理。

五、品种保护

2017年宜宾市人民政府划定筠连县6个乡镇为川南山地牛保护区。2020年筠连县建立了川南山地牛保种场。

六、评价和利用

川南山地牛善于爬坡和小块田地耕作，适于山区放牧饲养，具有耐粗饲、适应性强、性情温驯等优点。缺点是个体小、肉用性能欠佳。“筠连黄牛”2016年被国家质量监督检验检疫总局批准为国家地理标志保护产品，2019年被国家知识产权局公布为地理标志证明商标，2020年被农业农村部公告为全国乡村特色产品。2021年“筠连苗家黄牛干巴”被国家知识产权局公布为地理标志证明商标。今后在做好遗传资源保护的基础上，可用西门塔尔牛进行杂交改良，向肉乳方向发展，也可通过本品种繁育生产优质牛肉的同时，引进安格斯牛杂交，提高其肉品质。

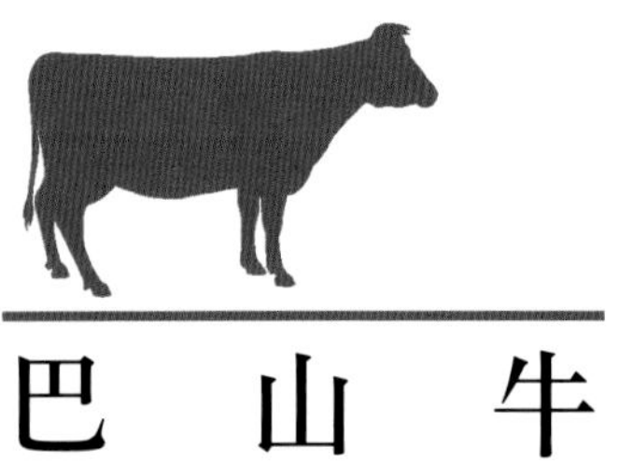

巴 山 牛 BASHAN CATTLE

巴山牛（Bashan cattle），在达州市宣汉县、达川区等地俗称宣汉牛，属小型肉役兼用型黄牛地方品种。

一、产地与分布

巴山牛主要分布于四川省、湖北省和陕西省三省交界的大巴山区。在四川省境内，巴山牛中心产区为达州市宣汉县，分布于周边的达川区、开江县、万源市，巴中市的南江县、巴州区、平昌县，以及重庆市的开州区、城口县等大巴山地区。

中心产区位于北纬31°06′—31°49′、东经107°22′—108°32′，海拔277～2 458m的山区，呈“七山一水两分田”的总体地貌，属于亚热带季风和湿润气候。年平均气温17℃，无霜期346d，年平均降水量1 248mm，相对湿度80%，年平均日照时数1 535h。土壤以水稻土、紫色土为主，农作物主要为水稻、玉米、小麦等，秸秆类青粗饲料资源丰富，牧草以禾本科为主。

二、品种形成与变化

（一）品种形成

巴山牛形成历史悠久。产区出土的宋代卧姿陶牛与现在的巴山牛十分相似。巴山牛所在区域大部分地势险峻崎岖，土壤黏性大、易板结，因此在早期主要发挥耕地、运输等役用功能。随着经济社会的发展，巴山牛逐渐向肉用方向转变，除零星养殖用于耕地之外，主要作为肉牛育肥出栏。当地农户喜好养大牛、养壮牛，尤其注重对种公牛的选择。经过长期自然选择和人工选择，逐渐形成了现在的巴山牛。

（二）群体数量及变化情况

据2011年版《中国畜禽遗传资源志·牛志》记载，1980年巴山牛群体数量为16万头，其中中心产区7万头；2006年群体数量为17.01万头，其中中心产区4.93万头。据2021年第三次全国畜禽遗传资源普查结果，巴山牛群体数量为5.13万余头，其中种公牛1 079头、能繁母牛3.07万头。

三、品种特征与性能

（一）体型外貌特征

1. 外貌特征　基础毛色以黄色为主，其次为深黄褐色、草黄色和黑色。鼻镜为粉色和褐色，眼睑和乳房颜色为粉色，蹄为黑褐色，角为蜡色或黑褐色。被毛为贴身短毛。头短宽，耳平伸，耳壳较薄，耳端尖钝。角形多样，大多角尖向上向前弯曲。公牛肩峰大，母牛肩峰较小或无。前躯发育良好，胸深；公牛肩峰隆起，中躯较短。背腰平直，腹圆大、不下垂，脐垂小，尻形较长、微斜。骨骼细致结实，四肢细长、健壮，蹄叉紧，蹄质坚实。尾长至后管下部，尾帚较小，尾梢为黄色。

巴山牛成年公牛

巴山牛成年母牛

2. 体重和体尺　巴山牛成年体重和体尺见表1。

表1　巴山牛成年体重和体尺

性别	数量(头)	体重(kg)	鬐甲高(cm)	十字部高(cm)	体斜长(cm)	腹围(cm)	管围(cm)
公	10	369.3±32.5	141.1±14.6	119.9±4.8	162.9±13.9	183.1±8.9	17.3±1.0
母	25	317.0±53.2	112.2±5.4	111.5±6.0	124.6±9.5	165.6±9.2	13.9±0.8

注：2022年8月由宣汉县牛业协会在宣汉县测定。

（二）生产性能

1. 生长发育　巴山牛不同阶段体重见表2。

表2　巴山牛不同阶段体重

测定阶段	性别	数量(头)	体重(kg)
初生	公	10	17.9±1.6
	母	20	16.5±1.3
6月龄	公	12	117.3±38.5
	母	20	102.1±9.5
12月龄	公	10	213.4±26.7
	母	21	196.1±14.0

（续）

测定阶段	性别	数量（头）	体重(kg)
18月龄	公	13	239.8±13.5
	母	21	217.3±15.1

注：2022年8月由宣汉县牛业协会在宣汉县测定。

2. 繁殖性能　巴山牛母牛初情期为18～20月龄，初配年龄为24～30月龄，初产年龄为34～40月龄，发情周期19～23d，妊娠期278～283d。公牛性成熟年龄为12～18月龄，初配年龄为24月龄。

3. 屠宰性能　巴山牛屠宰性能见表3。

表3　巴山牛屠宰性能

性别	数量（头）	屠宰月龄	宰前活重(kg)	胴体重(kg)	净肉重(kg)	骨重(kg)	肋骨对数	眼肌面积(cm^2)	屠宰率(%)	净肉率(%)	肉骨比
公	10	25	392.4±34.5	208.3±19.2	168.2±16.0	40.1±3.9	13.0±0.0	75.1±1.1	53.1±0.4	42.8±0.7	4.2±0.3

注：2022年8月由宣汉县牛业协会在宣汉县测定。

四、饲养管理

巴山牛以放牧为主，饲养管理较粗放。放牧时，冬春季放阳坡，夏季放阴坡，秋季放高山。放牧后舍饲时主要补饲稻草、玉米秸秆、蔓藤、豆壳、青干草等粗饲料，精饲料以麸皮和玉米为主。

五、品种保护

2012年巴山牛被列入《四川省畜禽遗传资源保护名录》，同年在宣汉县建立了保护区，2013年该保护区被确定为省级保护区。

六、评价和利用

巴山牛是优秀地方牛品种资源，具有繁殖力高、适应性强、性情温驯、肉质好等特点，能很好地适应高温、高湿的气候条件。适宜高山荒坡放牧养殖，农区粗放饲养条件下圈养。缺点是生长速度慢，肉用性能较低。2011年利用巴山牛成功培育了乳肉兼用型品种“蜀宣花牛”。今后应加强本品种选育，提高母牛成年体重。

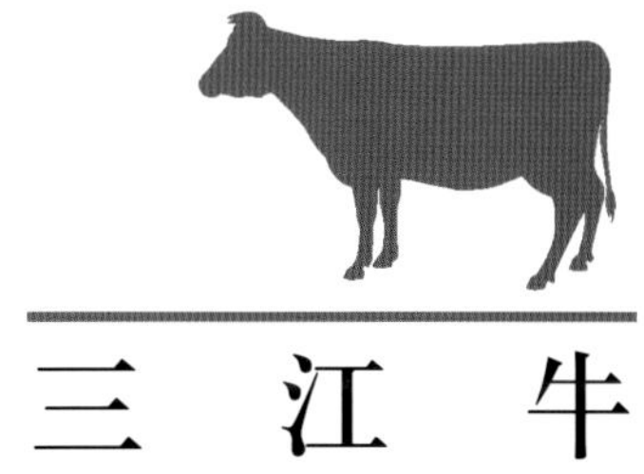

三 江 牛
SANJIANG CATTLE

三江牛（Sanjiang cattle），属小型肉役兼用型黄牛地方品种。

一、产地与分布

三江牛中心产区为阿坝藏族羌族自治州汶川县三江镇、水磨镇、漩口镇、映秀镇、卧龙镇、耿达镇、绵虒镇，在汶川县的其他乡镇也有分布。

中心产区位于北纬30°43′—30°45′、东经102°51′—103°44′，海拔780～3 000m的岷山、邛崃山交错的峡谷地带，属于亚热带季风湿润气候。年平均气温13.5～14.1℃，无霜期247～269d，年平均降水量529～1 332mm，相对湿度83%，年平均日照时数1 600h。产区水系主要有岷江和寿江，水资源丰富。土壤类型为红壤，较疏松，自然肥力较高，有机质丰富。主要农作物为玉米、小麦、胡豆、豌豆等，牧草主要为禾本科，其次为豆科、莎草科等。

二、品种形成与变化

（一）品种形成

据调查，三江牛的形成已有200多年历史。由于农耕的需要，在当地群众长期选育和饲养下，逐渐形成了三江牛现在的品种特征。长期以来，当地未引进过其他品种牛进行改良。

（二）群体数量及变化情况

据2011年版《中国畜禽遗传资源志·牛志》记载，三江牛1985年群体数量为1 354头，1995年群体数量为1 382头，2005年群体数量为2 570头。据2021年第三次全国畜禽遗传资源普查结果，三江牛群体数量为2 600余头，其中种公牛171头、能繁殖母牛1 337头。

三、品种特征与性能

（一）体型外貌特征

1. 外貌特征　三江牛基础毛色以枣红为主，零星个体为深褐色、棕红色、黑色，部分有白头、白背、白袜子，有晕毛和黧毛。鼻镜为粉色和褐色，眼睑和乳房为粉色，蹄为黑褐色，角为蜡黄色或黑褐色。全身被毛短。角形多样，有铃角、倒八字角和萝卜角。耳平伸，耳壳较薄，耳端尖。头大额宽，颈较粗，颈肩结合良好，背腰平直，胸深宽，前躯发育良好，中躯及后躯发育中等。四肢粗壮、端正。公牛肩峰大，母牛肩峰较小或无。公、母牛均无胸垂，颈垂小。尻部短而圆，尾长至后管下部，尾帚较小，尾梢颜色为黄色或黑色。

三江牛成年公牛

三江牛成年母牛

2. 体重和体尺　三江牛成年体重和体尺见表1。

表1　三江牛成年体重和体尺

性别	数量（头）	体重（kg）	鬐甲高（cm）	十字部高（cm）	体斜长（cm）	胸围（cm）	管围（cm）
公	13	255.3±3.2	120.2±8.2	116.9±6.9	125.9±7.7	163.9±15.5	17.3±2.7
母	23	221.1±47.5	111.7±5.2	112.9±5.0	123.8±24.0	154.3±14.6	15.4±2.3

注：2022年8月由茂县九顶原生态畜禽养殖有限责任公司在阿坝藏族羌族自治州汶川县测定。

（二）生产性能

1. 生长发育　三江牛不同阶段体重见表2。

表2　三江牛不同阶段体重

测定阶段	性别	数量（头）	体重（kg）
初生	公	11	21.3±2.2
	母	21	19.0±2.9
6月龄	公	11	61.6±3.4
	母	21	60.0±4.8
12月龄	公	11	150.0±22.2
	母	21	146.2±12.5
18月龄	公	11	207.7±22.6
	母	21	193.5±10.8

注：2022年8月由茂县九顶原生态畜禽养殖有限责任公司在阿坝藏族羌族自治州汶川县测定。

2. 繁殖性能　三江牛母牛初情期为15～18月龄，初配年龄为24月龄，发情周期20d，妊娠期275～290d。公牛性成熟年龄为20～24月龄，初配年龄为30月龄。

3. 屠宰性能　高营养水平直线育肥条件下，三江牛屠宰性能见表3。

表3　三江牛屠宰性能

性别	数量（头）	育肥开始月龄	屠宰月龄	宰前活重(kg)	胴体重(kg)	净肉重(kg)	骨重(kg)	肋骨对数	眼肌面积(cm^2)	屠宰率(%)	净肉率(%)	肉骨比
公	4	6	38	397.0±65.7	252.4±47.8	194.3±35.8	36.1±7.4	13.0±0.0	75.4±3.0	63.4±2.0	48.8±1.3	5.4±0.3
母	6	6	39	346.1±44.9	207.8±36.0	165.8±29.5	30.1±6.6	13.0±0.0	74.8±3.5	59.8±3.5	47.7±2.8	5.6±0.9

注：2022年8月由茂县九顶原生态畜禽养殖有限责任公司在阿坝藏族羌族自治州汶川县测定。

四、饲养管理

三江牛全年以放牧为主，自然交配，管理粗放。少数规模养殖户主要饲养基础母牛或架子牛，饲草料以农作物秸秆和酒糟等粗饲料为主，并补充少量精料。

五、品种保护

2007年三江牛被列入《四川省畜禽遗传资源保护名录》，2013年在汶川县划定了保护区，同年该保护区被确定为省级保护区。

六、评价和利用

三江牛体型较大，体质结实，适应性好，耐粗饲，抗病性强，适于高山草地及林下放牧，种公牛可用于牦牛杂交改良生产犏牛。应加强本品种选育，提高生产性能。

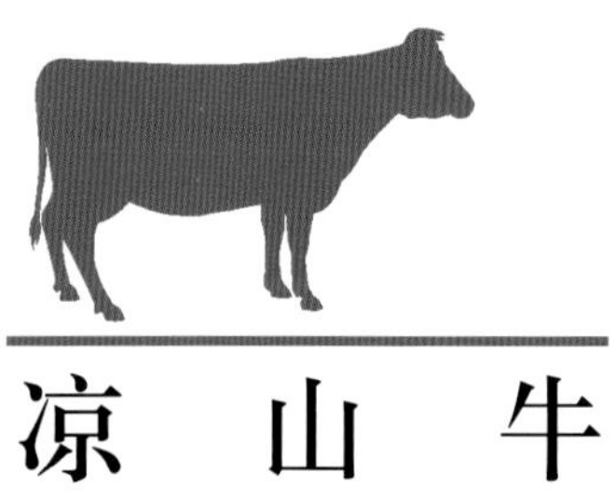

凉　山　牛　LIANGSHAN CATTLE

凉山牛（Liangshan cattle），俗称凉山黄牛，属肉役兼用型黄牛地方品种。

一、产地与分布

凉山牛中心产区为凉山彝族自治州的美姑县、盐源县、布拖县、甘洛县、会东县、金阳县、木里藏族自治县、冕宁县等，分布于全州17个县（市）及邻近的乐山市、攀枝花市等县区。

中心产区位于北纬26°03′—29°18′、东经100°03′—103°52′，地处青藏和云贵高原之间，海拔305～5 958m，属亚热带季风气候，日温差大，年温差小，干湿季节明显，冬春干旱少雨；由于地理环境复杂，从谷地到山顶呈现明显的垂直气候带，以大小相岭和黄茅埂为界，呈现南干北湿、东润西燥、低热高凉的特点。年平均降水量1 000～1 100mm，年平均日照时数1 627～2 562h，无霜期230～306d，年平均气温14～17℃，相对湿度57%～69%。产区水源丰富，主要有金沙江、雅砻江、大渡河和安宁河。土质以红壤土和棕壤土为主，农作物以玉米、马铃薯、荞麦、燕麦为主，适宜种植的牧草有光叶紫花苕、芫根、紫花苜蓿、黑麦草、三叶草等。

二、品种形成与变化

（一）品种形成

凉山牛原是凉山州旱地耕作的主要役畜，其历史悠久。会理县出土的汉代铜鼓鼓身上铸的长角高峰牛纹饰与现在的凉山牛特征相似，表明两千多年前凉山牛已有相当的规模。唐代樊绰《云南志》就有“土多牛马，无布帛，男女悉披牛羊皮”的记载。凉山牛广泛饲养于中高山地区和河谷沟坝地区，除用作耕地之外，还作为生活中的肉食和祭祀上品。为了适应山地土硬、坡大和地块小的耕作需要，经长期选择和繁育形成了体格较小、四肢结实、肩峰突出、蹄质坚固、行动灵活的小型役用品种。1995年全国畜禽品种补充调查将其命名为凉山黄牛，第二次全国畜禽遗传资源调查后，名称规范为凉山牛。随着农业机械化的普及，凉山牛逐渐由役用转为肉役兼用。

（二）群体数量及变化情况

据2011年版《中国畜禽遗传资源志·牛志》记载，1985年凉山牛群体数量为50.07万头，1995年为66.39万头，2005年为84.34万头，其中种公牛9.69万头，能繁母牛37.41万头。据第三次全国畜禽遗传资源普查结果，2021年凉山牛群体数量为26.32万头，其中种公牛2.60万头，能繁母牛13.06万头。

三、品种特征与性能

（一）体型外貌特征

1．外貌特征　凉山牛的基础毛色为黄色和黑色，部分有白带、白头、白背、白腹、白花和白胸月，少数有晕毛。头短而宽，耳平伸，耳壳薄，耳端尖。鼻镜黑褐色，眼睑粉红色。角形以倒“八”字形角和铃铃角为主，少部分为小圆环角、龙门角等。体躯较短，背腰平直，结构匀称，四肢健壮结实。尻部短而斜，尾长至后管，尾帚小，为黄色或黑色。蹄角圆，为蜡色或黑褐色。公牛肩峰、颈垂和胸垂较大，母牛肩峰、颈垂和胸垂较小。

凉山牛成年公牛

凉山牛成年母牛

2．体重和体尺　凉山牛成年体重和体尺见表1。

表1　凉山牛成年体重和体尺

性别	数量（头）	体重（kg）	鬐甲高（cm）	十字部高（cm）	体斜长（cm）	胸围（cm）	管围（cm）
公	10	293.9±47.1	116.9±5.6	113.4±5.2	137.7±9.3	165.0±9.8	17.8±1.0
母	20	242.8±57.0	111.8±7.2	111.9±4.7	130.5±9.6	150.9±8.3	16.2±1.6

注：2022年5—6月四川省畜牧科学研究院在盐源县、冕宁县测定。

（二）生产性能

1．生长发育性能　凉山牛不同阶段体重见表2。

表2 凉山牛不同阶段体重

测定阶段	性别	数量(头)	体重(kg)
初生	公	10	19.1±2.9
	母	20	14.4±1.2
6月龄	公	10	98.1±8.6
	母	20	85.2±11.0
12月龄	公	10	149.7±17.8
	母	20	131.0±10.2
18月龄	公	12	192.2±21.2
	母	20	167.7±12.7

注：2022年4—12月四川省畜牧科学研究院在盐源县测定。

2. 繁殖性能 凉山牛公牛性成熟年龄12～18月龄，初配年龄18～24月龄，以自然交配为主；母牛初情期18～20月龄，初配年龄24～30月龄，初产年龄33.5～39.5月龄，发情周期21d，妊娠期285d，产犊间隔400d。

3. 育肥性能 中等营养水平短期育肥条件下，凉山牛育肥性能见表3。

表3 凉山牛育肥性能

性别	数量(头)	育肥开始月龄	育肥时间（个月）	初测体重(kg)	终测体重(kg)	日增重(kg)
公	22	20	6	197.8±28.8	251.7±29.6	0.3±0.1

注：2022年5—11月四川省畜牧科学研究院在盐源县测定。

4. 屠宰性能及肉品质 自然放牧条件下，未经育肥的成年凉山牛屠宰性能及肉品质见表4、表5。肉色测定法采用目测法测定，肌肉系水力采用滴水损失法测定。

表4 凉山牛屠宰性能

性别	数量(头)	宰前活重(kg)	胴体重(kg)	净肉重(kg)	骨重(kg)	肋骨对数	眼肌面积(cm^2)	屠宰率(%)	净肉率(%)	肉骨比
公	10	202.5±24.4	96.1±10.0	71.2±8.1	24.9±3.8	13	65.5±19.0	47.6±2.1	35.3±2.1	2.9±0.4

注：2022年11月四川省畜牧科学研究院在西昌市测定。

表5 凉山牛肉品质

性别	数量(头)	大理石纹评分	肉色				脂肪颜色评分	剪切力(N)	pH		肌肉系水力(%)
			目测法评分	*L*	*a*	*b*			pH_{45min}	pH_{24h}	
公	10	1.3±0.5	2.9±0.6	30.3±2.2	10.2±2.9	6.5±1.6	2.9±0.7	69.6±12.7	7.4±0.3	6.1±0.2	2.1±0.7

注：2022年11月四川省畜牧科学研究院在西昌市测定。

四、饲养管理

凉山牛以山区放牧饲养为主，饲养管理较粗放，有饲喂食盐的习惯，在冬、春季节补充少量饲料，如玉米、土豆、荞麦等。凉山牛患病较少，常发的寄生虫病为肝片吸虫病、硬蜱病等。

随着养殖方式的转变，养殖大户或适度规模养殖的比重不断提高。

五、品种保护

尚未建立保种场或保护区。

六、评价与利用

凉山牛具有体型矮小、行动灵活、耐粗饲、抗病力和抗逆性强等特性，适宜于山区饲养，但生长速度慢，肉用性能较低。2007年起引进西门塔尔牛等对本地牛进行杂交改良。2022年凉山州市场监督管理局颁布了《凉山牛》（DB5134/T 26）、《凉山牛育肥牛饲养技术规程》（DB5134/T 27）地方标准，进一步规范了凉山牛品种特征及育肥牛饲养技术。凉山牛应加强本品种保护和选育工作，在保持其优良特性的基础上，强化特色利用开发，提高产业化利用价值。

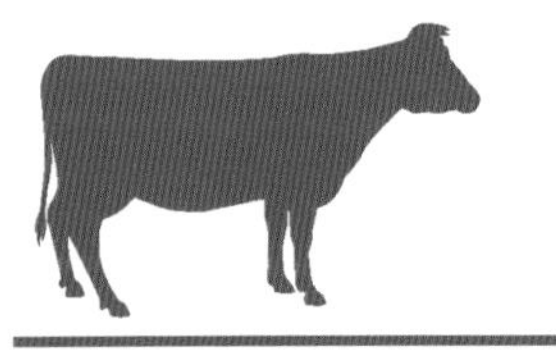

甘孜藏牛 GANZI TIBETAN CATTLE

甘孜藏牛（Ganzi tibetan cattle），俗称藏黄牛，属乳肉兼用型黄牛地方品种。

一、产地与分布

甘孜藏牛中心产区为四川省甘孜藏族自治州道孚县、炉霍县、新龙县、甘孜县、雅江县、稻城县、乡城县、得荣县、巴塘县和色达县，在全州18个县都有分布。

产区位于北纬27°58′—34°20′、东经97°22′—102°29′，地处青藏高原东南边缘，平均海拔3 000 ～ 4 500m，分为丘状高原区、高山原区和高山峡（深）谷区三大类型，为青藏高原气候。年最高气温39℃，最低气温–36.6℃。产区草场面积673万hm^2。农作物播种面积9.44万hm^2，其中粮食作物播种面积为6.86万hm^2。境内分布金沙江、雅砻江、大渡河三大主要干支流，水资源包括降水、高山冰雪、湖泊积水、过境水和地下水，总量达1 397.83亿m^3。土壤主要有燥红土、燥褐土、褐土、棕壤、森林土、高山草甸土等类型。农作物主要有玉米、小麦、青稞、豆类和薯类。

二、品种形成与变化

（一）品种形成

甘孜藏牛形成历史悠久，分布区主要为甘孜藏族自治州半农半牧区，当地交通闭塞，在殷商时期就有引入内地黄牛与牦牛杂交改善牦牛生产性能的记载，杂交后代通过长期闭锁繁育，形成了适应半农半牧区农牧民需求的地方品种。

（二）群体数量及变化情况

据2011年版《中国畜禽遗传资源志·牛志》记载，1985年甘孜藏牛群体数量31万头，1995年群体数量38万头，2005年群体数量43万头。据2021年第三次全国畜禽遗传资源普查结果显示，甘孜藏牛群体数量为21.55万头，其中种公牛2.36万头，能繁母牛11.61万头。

三、品种特征与性能

（一）体型外貌特征

1．外貌特征　甘孜藏牛体型矮小，发育匀称，四肢长短适中。被毛为贴身短毛，基础毛色为黑色和黄褐色，身上有白斑图案，有晕毛和季节性黑斑点，肋部、大腿内侧处有淡化。头型短而宽，耳平伸，耳壳较薄，耳端尖钝。角形多样，有芋头角、羊叉角等。角色多为黑褐色，少数为蜡色。肩峰小，公牛颈垂较大，母牛颈垂小，公、母牛胸垂均较小。脐垂小，尻部短而斜，尾长至后管下部，尾帚较小。

甘孜藏牛成年公牛

甘孜藏牛成年母牛

2．体重和体尺　甘孜藏牛成年体重和体尺见表1。

表1　甘孜藏牛成年体重和体尺

性别	数量(头)	体重(kg)	体高(cm)	体斜长(cm)	胸围(cm)	管围(cm)
公	10	151.9±16.7	141.4±45.2	113.7±8.3	129.9±9.5	14.7±1.3
母	20	144.9±34.1	101.0±4.2	114.1±10.3	135.2±9.8	12.4±1.4

注：2022年4月由四川省草原科学研究院在炉霍县、道孚县、稻城县测定。

（二）生产性能

1．生长发育　甘孜藏牛不同阶段体重见表2。

表2　甘孜藏牛不同阶段体重

测定阶段	性别	数量(头)	体重(kg)
初生	公	10	9.4±0.9
	母	20	9.2±1.0
6月龄	公	10	46.1±9.5
	母	20	39.0±9.9
12月龄	公	10	64.3±6.7
	母	20	62.6±8.4

（续）

测定阶段	性别	数量（头）	体重(kg)
18月龄	公	10	76.1±9.9
	母	20	75.9±12.0

注：2022年4月由四川省草原科学研究院在炉霍县、道孚县、稻城县测定。

2．繁殖性能　甘孜藏牛公牛性成熟年龄为20～30月龄，母牛为15～20月龄；初配年龄公牛42月龄、母牛36月龄。繁殖季节为5—10月，发情周期平均为20d，妊娠期平均280d。

3．屠宰性能及肉品质　甘孜藏牛成年牛屠宰性能见表3，肉品质见表4。

表3　甘孜藏牛屠宰性能

性别	数量（头）	宰前活重(kg)	胴体重(kg)	净肉重(kg)	骨重(kg)	眼肌面积(cm^2)	屠宰率(%)	净肉率(%)	肉骨比
公	5	193.1±34.3	87.8±12.9	65.8±10.6	22.1±2.7	38.6±5.3	45.8±3.0	34.2±1.5	3.0
母	5	151.8±13.6	61.8±7.6	47.4±5.4	14.4±2.3	28.8±4.7	40.7±4.0	31.3±2.9	3.3

注：2022年10月由四川省草原科学研究院在稻城县测定。

表4　甘孜藏牛肉品质

性别	数量（头）	pH		剪切力(N)	熟肉率(%)	肉色		
		pH_0	pH_{24h}			*L*	*a*	*b*
公	5	6.2±0.4	5.4±0.1	78.4±17.6	57.9±4.5	35.3±1.5	11.8±2.1	10.7±2.0
母	5	6.0±0.3	5.4±0.1	96.0±4.9	56.8±2.9	33.8±2.1	13.4±1.9	9.9±0.7

注：2022年10月由四川省草原科学研究院在稻城县测定。

4．泌乳性能及乳成分　甘孜藏牛泌乳性能及乳成分见表5。

表5　甘孜藏牛泌乳性能及乳成分

类别	数量（头）	153d挤奶量(kg)	乳脂率(%)	乳蛋白(%)	乳糖(%)	干物质(%)
初产	10	375.3±41.0	5.5±1.0	3.3±0.1	5.2±0.4	14.9±1.5
经产	10	437.9±45.9	5.7±1.2	3.3±0.1	5.0±0.1	14.7±1.4

注：2022年5—9月由四川省草原科学研究院、甘孜藏族自治州畜牧站在稻城县测定。

四、饲养管理

甘孜藏牛以圈养和季节性放牧为主。大部分地区采用放牧方式，一般组群10～20头，公母牛混群。白天放牧在较远的草山草坡或灌丛林间草地，收牧后与羊、马混群于简易棚圈。分布于大渡河、雅砻江、金沙江及其支流的河谷地带和海拔2 000m左右地区的甘孜藏牛，以舍饲为主，放牧为辅。母牛5—9月为挤奶期。不作种用的公牛1周岁时阉割去势。春秋两季进行口蹄疫、炭疽、牛出血性败血症、布鲁氏菌病强制免疫。

五、品种保护

尚未建立保种场或保护区。

六、评价和利用

甘孜藏牛具有抗逆性强、耐粗饲、高原适应性好的特点，公牛可用于牦牛杂交改良。但甘孜藏牛体型偏小，生产性能较低，应加强本品种选育，保持其优良特性。今后可引进小型肉乳兼用品种进行杂交改良，培育适合山区饲养的小型肉乳兼用型品种。

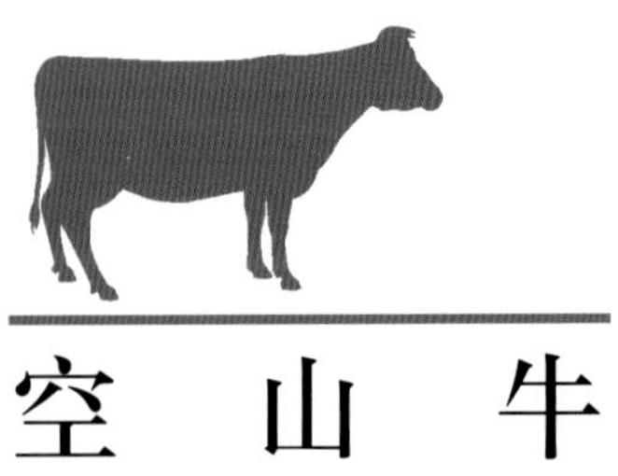

空　山　牛 KONGSHAN CATTLE

空山牛（Kongshan cattle），曾用名空山黄牛、通江黄牛，属肉役兼用型黄牛地方品种。

一、产地与分布

空山牛中心产区为巴中市通江县空山镇、两河口镇、诺水河镇，在通江县火炬、杨柏等26个乡镇及周边。平昌县、南江县、巴州区也有分布。

中心产区位于北纬31°39′—32°33′、东经106°59′—107°46′，米仓山东段南麓大巴山缺口处，与陕西省接壤，属中、低山区，包括中切割低山、中切割中山和深切割中山，海拔960～2 089m。产区属亚热带湿润季风气候，春暖秋爽，夏热冬冷，降水集中，雨热同季，四季分明。年平均气温13.9℃，年平均日照时数2 405.2h，无霜期210.7d。土质多为沙壤土，通江县耕地面积8.43万hm^2，森林面积26.74万hm^2，草地面积20.63万hm^2。饲草品种包括青贮玉米、饲用甜高粱、高丹草、饲用燕麦、苜蓿、黑麦草、三叶草、杂交狼尾草等。

二、品种形成与变化

（一）品种形成

据《民国通江县志》记载："其春秋属巴国，秦属巴郡，西汉为巴郡宕渠县地，东汉为巴郡宣汉、汉昌二县地，建国后属川北行署区达县专区，邑中業農者眾，故多畜牛"。《通江县志》中有记载，在民国前，当地民间就流传以"先观看斗牛，再驯牛就耕，县官扶犁，叱牛犁地，以示政府重农"为主要内容的"迎春试耒"风俗，说明通江县人民自古有育牛耕作的习惯。1959年12月，四川省达县专区畜牧局组织资源调查首次发现空山牛群体。1962年4月初步将其定名为空山黄牛。1978—1982年，按《全国畜禽品种资源调查提纲》要求复查鉴定后，将空山黄牛认定为通江黄牛。2006年四川省在第二次全国畜禽遗传资源调查后重新将其命名为空山黄牛，2009年空山黄牛被收入《四川畜禽遗传资源志》。2024年3月空山黄牛通过国家畜禽遗传资源委员会鉴定，定名空山牛。

（二）群体数量及变化情况

据《四川省畜禽遗传资源志》记载，2005年空山牛群体数量3.8万头，其中种公牛1 501头，能繁母牛18 589头。据第三次全国畜禽遗传资源普查结果，2021年空山牛群体数量6 401头，其中种公牛338头，能繁母牛3 832头。

三、品种特征与性能

（一）体型外貌特征

1. 外貌特征　空山牛贴身短毛，毛色以黄色为主，其次为枣红色和黑色。体型中等，结构紧凑，比例匀称，肌肉结实。公牛头短而宽，母牛头长而窄，角形以倒“八”字形角和龙门角为主。公牛颈部短，肩峰大，颈垂皮较大；母牛颈部细长，无肩峰，颈垂皮较小。背腰平直，无脐垂，尻部短斜。腿部肌肉发达，蹄较小，蹄质坚实，蹄叉紧，蹄色为黑褐色。尾长至后管下部。

空山牛成年公牛

空山牛成年母牛

2. 体重和体尺　空山牛成年体重和体尺见表1。

表1　空山牛成年体重和体尺

性别	数量（头）	体重（kg）	鬐甲高（cm）	十字部高（cm）	体斜长（cm）	胸围（cm）	管围（cm）
公	58	430.9±26.7	131.6±4.3	130.4±4.9	152.8±14.43	186.6±15.4	19.4±1.9
母	145	319.2±60.1	115.9±4.3	115.9±5.7	134.2±9.47	169.3±17.0	16.4±1.6

注：2021年9—12月、2022年2—9月、2023年9月由四川省畜牧科学研究院在通江县测定。

（二）生产性能

1. 生长发育　空山牛不同阶段体重见表2。

表2　空山牛不同阶段体重

测定阶段	性别	数量（头）	体重（kg）
初生	公	26	21.8±2.6
	母	31	18.4±2.1

（续）

测定阶段	性别	数量(头)	体重(kg)
6月龄	公	14	92.2±8.8
	母	26	80.2±10.7
12月龄	公	18	177.6±5.3
	母	42	151.1±4.3
18月龄	公	18	272.2±18.6
	母	32	216.7±14.5

注：2021年9—12月、2022年2—9月、2023年9月由四川省畜牧科学研究院在通江县测定。

2. 繁殖性能　空山牛公牛性成熟为16～20月龄，母牛16～18月龄。公牛初配年龄为30月龄，母牛24月龄。繁殖季节为3—11月，发情周期21d，妊娠期285d。

3. 育肥性能　空山牛以中等营养水平开展短期育肥，育肥性能见表3。

表3　空山牛育肥性能

性别	数量(头)	育肥开始月龄	育肥时间（个月）	初测体重(kg)	终测体重(kg)	日增重(kg)
公	20	24	3	291.2±64.9	335.5±64.1	0.5±0.1

注：2022年1—4月由四川省畜牧科学研究院在通江县测定。

4. 屠宰性能及肉品质　舍饲条件下，成年空山牛屠宰性能及肉品质见表4、表5。

表4　空山牛屠宰性能

性别	数量(头)	宰前活重(kg)	胴体重(kg)	净肉重(kg)	骨重(kg)	肋骨对数	眼肌面积(cm^2)	屠宰率(%)	净肉率(%)	肉骨比
公	5	498.0±32.3	254.9±23.9	219.0±22.2	35.9±3.0	13	89.7±18.4	51.2±2.3	44.0±2.0	6.1±0.4
母	5	302.2±15.1	142.3±4.3	115.7±4.0	26.7±1.0	13	53.7±9.5	47.3±3.9	38.4±3.3	4.3±0.5

注：2022年3月四川省畜牧科学研究院在广元市利州区测定。

表5　空山牛肉品质

性别	数量(头)	大理石纹评分	肉色			脂肪颜色评分	剪切力(N)	pH		肌肉系水力(%)
			L	*a*	*b*			pH_{45min}	pH_{24h}	
公	5	1.4±0.5	20.3±1.9	8.2±1.4	4.1±0.8	2.8±0.4	68.6±7.8	5.8±0.2	5.7±0.1	1.5±0.1
母	5	1.6±0.5	24.6±5.9	8.23±2.5	4.9±1.6	2.6±0.5	52.9±12.7	6.4±0.2	5.9±0.3	1.6±0.7

注：2022年3月由四川省畜牧科学研究院在广元市利州区测定。

四、饲养管理

空山牛有放牧和舍饲两种养殖方式。小规模养殖户根据季节采用不同饲养方式，4月中旬至11月上旬一般采取“放牧+补饲”，11月至翌年4月采取舍饲。规模养殖场多采用舍饲养殖。

五、品种保护

2021年通江县人民政府划定空山镇、两河口镇为空山牛保护区，开展活体保种。

六、评价和利用

空山牛体格大、适应性强、耐粗饲、肉用性能较好、母牛难产率低。今后应完善空山牛的保种措施，强化选育，进行特色开发利用，提高资源的产业价值。

宜宾水牛 YIBIN BUFFALO

宜宾水牛（Yibin buffalo），属肉役兼用型水牛地方品种。

一、产地与分布

宜宾水牛中心产区位于宜宾市叙州区，分布于宜宾市筠连、屏山、南溪、江安、长宁等县（区）。泸州市、眉山市、广安市部分县（区）也有分布。

中心产区位于北纬28° 18′ —29° 16′ 、东经104° 01′ —104° 43′ ，海拔270 ～ 1 418m，属于亚热带季风湿润气候。年平均气温18.5℃，无霜期301 ～ 332d，年平均降水量963mm，相对湿度81%，年平均日照时数1 070h。产区水系主要有岷江、金沙江、长江等，水资源丰富。土壤类型为紫色土，土质较疏松，自然肥力较高。主要农作物为玉米、水稻、甘薯、大豆等。牧草主要为禾本科，其次为豆科、莎草科等。

二、品种形成与变化

（一）品种形成

据《叙府县志》记载：“叙永民俗，耕牧兼用，牛有水牛、黄牛之分。水牛善犁田……均以稻草为饲料”。而且“农家喜喂（母）牛，蕃（繁）殖甚快，一年一产”。因此，宜宾水牛适应山区丘陵稻田耕作，是经过长期自然和人工选择形成的地方水牛品种。

（二）群体数量及变化情况

据2011年版《中国畜禽遗传资源志·牛志》记载，1985年宜宾水牛群体数量为21.47万头，1995年群体数量19.28万头；2005年群体数量20.95万头，其中公牛6.76万头，母牛14.19万头。据2021年第三次全国畜禽遗传资源普查结果，宜宾水牛群体数量8 098头，其中种公牛424头，能繁母牛4 554头。

三、品种特征与性能

（一）体型外貌特征

1. 外貌特征　宜宾水牛基础毛色为青灰色，部分牛只胁部、大腿内侧及腹下有淡化，有

"白胸月"和"白袜子"。鼻镜颜色为褐色，眼睑、乳房颜色为粉色。蹄角色为黑褐色。被毛为贴身短毛、稀疏。头长短适中，额宽平，颜面部较长且直。耳平伸，耳壳薄，耳端较圆。角为小圆环。肩峰较小，颈垂及胸垂小。体型较小，紧凑结实，骨骼粗壮。前躯高于后躯，背腰平直，四肢粗壮，蹄质结实。尻部短而斜，尾长至后管，尾帚较小，尾梢颜色为灰色。

宜宾水牛成年公牛

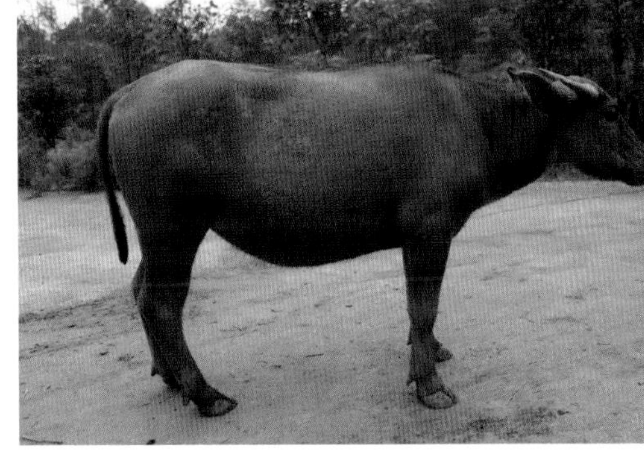
宜宾水牛成年母牛

2．体重和体尺　宜宾水牛成年体重和体尺见表1。

表1　宜宾水牛成年体重和体尺

性别	数量(头)	体重(kg)	鬐甲高(cm)	十字部高(cm)	体斜长(cm)	胸围(cm)	腹围(cm)	管围(cm)	胸宽(cm)	坐骨端宽(cm)
公	10	487.5±104.3	129.5±7.3	132.3±5.4	144.6±8.7	201.9±14.5	225.0±9.8	23.9±1.5	42.1±3.9	26.1±4.7
母	20	474.5±71.9	130.5±12.5	130.2±5.5	136.1±9.8	198.5±14.7	223.4±22.5	22.9±1.5	39.7±4.0	26.0±3.5

注：2022年8月由四川农业大学在宜宾市叙州区测定。

（二）生产性能

1．生长发育　宜宾水牛不同阶段体重见表2。

表2　宜宾水牛不同阶段体重

测定阶段	性别	数量(头)	体重(kg)
初生	公	10	26.6±0.7
	母	20	25.1±1.0
6月龄	公	10	162.1±19.1
	母	20	154.7±4.2
12月龄	公	10	330.0±7.0
	母	20	321.2±15.7
18月龄	公	12	489.6±14.1
	母	20	457.4±21.9

注：2022年8月由四川农业大学在宜宾市叙州区测定。

2. 繁殖性能　宜宾水牛母牛初情期为19～21月龄，初配年龄29～34月龄，初产年龄40～45月龄，发情周期19～21d，妊娠期320～345d。公牛24月龄性成熟，初配年龄为36月龄。

3. 屠宰性能　成年宜宾水牛公牛屠宰性能见表3。

表3　宜宾水牛屠宰性能

性别	数量（头）	宰前活重(kg)	胴体重(kg)	净肉重(kg)	骨重(kg)	肋骨对数	眼肌面积(cm^2)	屠宰率(%)	净肉率(%)	肉骨比
公	10	410.6±51.3	204.1±30.1	167.5±21.0	33.4±4.6	13.0±0.0	52.5±6.8	49.7±2.9	40.8±1.1	5.0±0.2

注：2022年8月由四川农业大学在宜宾市叙州区测定。

四、饲养管理

宜宾水牛饲养管理粗放，对自然生态条件的适应性强。性情温驯，易于管理。饲养方式为圈养和季节性放牧，在山区、丘陵地区放牧条件好的地方，多终年放牧，冬季以稻草为主，补饲青草；夏季多牵入“牛滚凼”滚澡、踩泥粪或牵到河塘滚澡避暑。在坝区主要为半舍饲或舍饲。淘汰牛短期育肥时，适当添加精料及青贮料。

五、品种保护

2021年，宜宾市叙州区农业农村局在叙州区观音、柳嘉、樟海、泥溪4个乡镇设立了宜宾水牛保护区。

六、评价和利用

宜宾水牛具有性情温驯、耐粗饲、适应能力强等特点，养殖主要以役用为主。随着农业机械化的推广普及，逐渐转变为以产肉为主。宜宾水牛对粗饲料的利用效率高，具有培育成专门化肉用品种的潜力。

DECHANG BUFFALO 德昌水牛

德昌水牛（Dechang buffalo），属肉役兼用型水牛地方品种。

一、产地与分布

德昌水牛中心产区为四川省凉山彝族自治州的德昌、冕宁、会东、会理等县（市），攀枝花市仁和区、米易县、盐边县也有少量分布。

中心产区地处青藏高原和云贵高原之间，位于北纬26°03′—29°18′、东经100°03′—103°52′。地貌复杂多样，有平原、盆地、丘陵、山地、高原等。海拔落差大，在305～5 958m范围内。产区属亚热带季风和湿润气候，干湿季节明显，冬春干旱少雨，年降水量1 000～1 100mm。年平均气温14～17℃，无霜期230～306d。年平均日照时数1 627～2 562h。主要河流有金沙江、雅砻江、大渡河、安宁河、孙水河等。土质主要属川横断纵山谷段红壤、棕壤。农作物以水稻、玉米、小麦、马铃薯、荞麦等为主。种植的牧草品种有光叶紫花苕、燕麦、芫根、紫花苜蓿、黑麦草、三叶草等。

二、品种形成与变化

（一）品种形成

安宁河流域农业发达，稻麦两熟，土层深厚，需要体大、力强的水牛用于农用耕种，当地群众长期选择高大、挽力强的耕牛，逐渐形成了体大、力强的德昌水牛。

（二）群体数量及变化情况

据2011年版《中国畜禽遗传资源志·牛志》记载，2005年德昌水牛群体数量28.39万头。据2021年第三次全国畜禽遗传资源普查结果，德昌水牛群体数量为8 556头，其中种公牛653头，能繁母牛4 752头。

三、品种特征与性能

（一）体型外貌特征

1. 外貌特征　德昌水牛被毛为贴身短毛、稀疏，颈部无长毛，基础毛色为灰色，肋部、大腿内侧及腹下毛色淡化，有白胸月。体型紧凑，前躯发育良好，中躯及后躯发育中等。背腰平直，胸宽深。头短而宽，额宽广而稍隆起，面部较长而直。鼻镜颜色为褐色，眼睑、乳房为粉色。角为大圆环；耳平伸，耳壳薄，耳端较圆。公牛颈部粗短，母牛颈部稍细长。尻部短而斜、尾长至后管，尾帚较小。四肢粗壮、端正，短而有力；蹄圆大、坚实、呈黑褐色。

德昌水牛成年公牛

德昌水牛成年母牛

2. 体重和体尺　德昌水牛成年体重和体尺见表1。

表1　德昌水牛成年体重和体尺

性别	数量（头）	体重(kg)	鬐甲高(cm)	十字部高(cm)	体斜长(cm)	胸围(cm)	管围(cm)
公	10	550.3±115.0	140.3±6.4	139.1±4.8	150.1±10.9	201.9±13.6	24.2±1.9
母	20	506.6±108.2	134.1±5.1	132.1±5.0	143.2±5.9	199.5±11.3	22.3±1.5

注：2022年5—6月由四川省畜牧科学研究院在德昌县测定。

（二）生产性能

1. 生长发育　德昌水牛不同阶段体重见表2。

表2　德昌水牛不同阶段体重

测定阶段	性别	数量（头）	体重(kg)
初生	公	10	29.6±3.4
	母	20	27.3±2.6
6月龄	公	10	137.0±12.9
	母	20	116.1±8.1
12月龄	公	10	218.8±16.6
	母	20	189.3±18.8
18月龄	公	10	300.4±18.2
	母	20	264.0±17.2

注：2022年4—12月由四川省畜牧科学研究院在德昌县测定。

2．繁殖性能　公牛30～36月龄性成熟，初配年龄36～42月龄。母牛初情期为18～24月龄，30～36月龄可初配，42～48月龄初产，发情周期22～35d，妊娠期300～340d，全年可发情，产犊间隔500～580d。

3．屠宰性能及肉品质　自然放牧条件下，成年德昌水牛屠宰性能、肉品质测定结果见表3、表4。

表3　德昌水牛屠宰性能

性别	数量（头）	宰前活重(kg)	胴体重(kg)	净肉重(kg)	骨重(kg)	肋骨对数	眼肌面积(cm^2)	屠宰率(%)	净肉率(%)	肉骨比
公	10	368.5±52.3	157.8±23.9	115.2±19.6	41.7±5.9	13.0±0.0	85.1±8.8	42.8±1.1	31.2±1.3	2.8±0.4

注：2022年11月由四川省畜牧科学研究院在西昌市测定。

表4　德昌水牛肉品质

性别	数量（头）	大理石纹评分	肉色评分	脂肪颜色评分	剪切力(N)	pH		肌肉系水力(%)
						pH_{45min}	pH_{24h}	
公	10	1.1±0.3	6.6±1.3	4.3±1.4	66.6±15.7	7.2±0.2	6.3±0.3	1.7±0.7

注：2022年11月由四川省畜牧科学研究院在西昌市测定。

四、饲养管理

德昌水牛耐粗饲、抗病力强、易管理，极少难产。饲养以放牧、散养为主，夜间补饲草料，农忙季节补饲糠麸类等农副产品，有补饲食盐的习惯。

五、品种保护

2012年德昌水牛被列入《四川省畜禽遗传资源保护名录》，同年在德昌县划定了保护区，2022年该保护区被确定为省级保护区。

六、评价和利用

德昌水牛体格较大、体质结实、生长发育快、适应性广、抗病力强、挽力强，是我国亚热带高海拔地区肉役兼用型水牛，曾是安宁河流域的主要畜力。20世纪80年代，曾引进摩拉水牛开展过杂交改良，目前尚无明确的开发利用计划。

九龙牦牛 JIULONG YAK

九龙牦牛（Jiulong yak），属肉用型牦牛地方品种。

一、产地与分布

九龙牦牛中心产区为四川省甘孜藏族自治州九龙县，分布于甘孜藏族自治州康定市、泸定县、丹巴县、道孚县，雅安市汉源县、石棉县、宝兴县，凉山彝族自治州木里藏族自治县、冕宁县。

中心产区位于北纬28°19′—29°20′、东经101°07′—102°10′，地处青藏高原东南部边缘，地势北高南低，山川南北纵列，大雪山由北向南纵贯县境，最低海拔1 440m，最高海拔6 010m。产区属大陆高原季风气候，立体气候明显，包括高山寒带、高山亚寒带、山地寒温带、山地凉温带、山地暖温带和河谷亚热带气候带。年平均气温8.8℃，最高温35℃，最低温-15.5℃。草地面积30.72万hm^2，可利用草地面积27.77万hm^2。产区水系属雅砻江、大渡河水系。土壤有红壤、黄棕壤、棕壤等。农作物以玉米、水稻、小麦、马铃薯、青稞、豆类为主。饲草料主要来自高山草地、林间草地、灌木树叶等。

二、品种形成与变化

（一）品种形成

九龙牦牛饲养最早见于《史记》《汉书》等史书记载。目前，洪坝、湾坝等地高山草场上所残留的许多古代“牛棚”遗迹，证明了九龙牦牛养殖的悠久历史。九龙牦牛是在九龙县相对封闭的自然环境条件下，经过长期的人工选择和自然选择形成的具有共同来源、体型外貌较为一致、遗传性能稳定、适应性强的谷地型牦牛。据九龙县档案馆资料记载，1937年九龙县仅有牦牛3 000余头，现今的九龙牦牛在此基础上发展而来。

（二）群体数量及变化情况

据2011年版《中国畜禽遗传资源志·牛志》记载，1985年九龙牦牛群体数量2.67万头，1995年群体数量3.47万头，2005年群体数量3.96万头。2021年第三次全国畜禽遗传资源普查结果，九龙牦牛群体数量14.72万头，其中种公牛0.90万头，能繁母牛6.72万头。

三、品种特征与性能

（一）体型外貌特征

1. 外貌特征　九龙牦牛体质结实，结构匀称，体格大而健壮，各部位结合良好。全身被毛丰厚，有光泽，毛色全黑，白斑少，体侧、背、腰、尻部绒毛丰厚，裙毛密长发达，尾毛粗长而密。鼻孔开张，嘴宽大；背腰平直，前胸开阔，胸深而宽，肋骨弓圆，胸围大，腹部大而不下垂，尻宽平，臀部肌肉丰满。尾细短，着生良好，肢势端正，结实有力，蹄质坚实，蹄形圆正，蹄叉紧合；公牦牛鬐甲隆起，颈粗短，鬐甲高而宽，后肢弯曲，爬跨有力；母牦牛头较清秀，颈长短适中，鬐甲较低，乳房小、呈碗碟状，乳头短小，乳静脉不明显。

九龙牦牛成年公牛

九龙牦牛成年母牛

2. 体重和体尺　自然放牧条件下九龙牦牛成年体重和体尺见表1。

表1　九龙牦牛成年体重和体尺

性别	数量(头)	体重(kg)	体高(cm)	体斜长(cm)	胸围(cm)	管围(cm)
公	10	385.1±21.2	135.2±4.8	153.5±4.6	203.2±3.0	19.1±0.7
母	20	286.4±28.2	117.5±3.6	131.9±3.6	169.5±7.9	17.1±1.0

注：2022年10月由九龙县畜牧站在九龙县测定。

（二）生产性能

1. 生长发育　九龙牦牛不同阶段体重见表2。

表2　九龙牦牛不同阶段体重

测定阶段	性别	数量(头)	体重(kg)
初生	公	10	14.7±0.8
	母	20	14.2±0.8
6月龄	公	10	82.3±9.5
	母	20	73.3±3.6

（续）

测定阶段	性别	数量（头）	体重（kg）
12月龄	公	10	105.0±16.2
	母	20	95.8±57.0
18月龄	公	10	159.9±18.9
	母	20	150.5±12.7
30月龄	公	10	220.3±14.7
	母	20	197.0±10.5

注：2022年10月由九龙县畜牧站在九龙县测定。

2. 繁殖性能　九龙牦牛为季节性发情，每年7月份进入发情季节，8月份是配种旺季。配种群公母比为1：（15～25）。母牛初情期为26～28月龄，初次配种为36～42月龄，妊娠期250～260d，发情周期为19～21d，产犊间隔365～547d。公牦牛性成熟年龄为36月龄，初次配种36～42月龄，利用年限一般为6～9年。

3. 育肥性能　自然放牧条件下，九龙牦牛成年牛育肥性能见表3。

表3　九龙牦牛育肥性能

性别	数量（头）	初测体重（kg）	终测体重（kg）	日增重（kg）
公	10	310.1±20.5	385.1±21.2	0.60±0.00
母	10	223.0±17.1	293.7±17.0	0.57±0.00

注：2022年6—10月由九龙县畜牧站在九龙县测定。

4. 屠宰性能及肉品质　自然放牧条件下，成年九龙牦牛屠宰性能及肉品质见表4、表5。

表4　九龙牦牛屠宰性能

性别	数量（头）	宰前活重（kg）	胴体重（kg）	净肉重（kg）	骨重（kg）	眼肌面积（cm^2）	屠宰率（%）	净肉率（%）	肉骨比
公	5	385.0±60.6	204.3±38.1	163.4±32.4	40.9±7.3	64.5±5.9	52.9±1.5	42.2±1.8	4.0±0.5
母	5	288.8±18.9	141.4±5.6	117.3±5.7	24.0±0.7	50.4±0.9	49.0±1.9	40.7±1.7	4.9±0.3

注：2022年10月由四川省草原科学研究院、九龙县畜牧站在九龙县测定。

表5　九龙牦牛肉品质

性别	数量（头）	肌肉大理石纹评分	肉色				脂肪颜色评分	剪切力（N）	pH	
			目测法评分	*L*	*a*	*b*			pH_0	pH_{24h}
公	5	1	6.6±1.0	28.5±1.2	16.8±2.3	4.0±1.7	7.8±0.5	96.0±20.6	6.3±0.4	6.1±0.4
母	5	1	6.6±1.4	29.6±3.2	18.7±3.0	6.2±2.2	8±0.0	89.2±30.4	5.9±0.3	5.7±0.3

注：2022年10月由四川省草原科学研究院、九龙县畜牧站在九龙县测定。

5．泌乳性能及乳成分　九龙牦牛泌乳性能及乳成分见表6。

表6　九龙牦牛泌乳性能及乳成分

胎次	数量(头)	153d挤奶量(kg)	乳脂率(%)	乳蛋白率(%)	干物质(%)
初产	10	176.8±65.4	6.1±0.1	4.9±0.1	16.2±0.5
经产	10	230.7±10.1	6.1±0.1	5.0±0.1	16.7±0.3

注：2022年6月由九龙县畜牧站在四川省甘孜藏族自治州九龙县测定。

四、饲养管理

九龙牦牛全年群牧饲养，每年6月中旬全群集中剪毛。当年12月至翌年3月，对妊娠母牛、犊牛和体质差的牦牛补饲秸秆、青贮、干草和精料等。公牛和不繁殖母牛一直放牧在海拔4 000m以上的夏秋草场，晚上不收牧。种公牛在配种季节回母牛群配种。母牛5月初起白天放牧，晚上收牧时与犊牛隔离，早晨挤奶，到10月中旬停止挤奶后与公牛组混群放牧于海拔3 500m左右的冬春草场。

五、品种保护

1989年建立九龙牦牛纯繁基地，开展保种选育和纯繁扩群；2000年九龙牦牛被列入《国家畜禽品种保护名录》，同年建立了九龙牦牛原种场，并划定九龙牦牛保护区；2006年九龙牦牛被列入《国家级畜禽遗传资源保护名录》；2007年被列入《四川省畜禽遗传资源保护名录》；2009年四川省甘孜藏族自治州九龙牦牛良种繁育场被确定为国家级畜禽遗传资源保种场，采用保种场活体保种。

六、评价与利用

九龙牦牛遗传性能稳定、适应性强、肉用性能良好。2014年“九龙牦牛”获农产品地理标志登记保护，2020年农业行业标准《九龙牦牛》(NY/T 3792）发布，为九龙牦牛的选种选育开发利用提供支撑。九龙牦牛应坚持肉用为主的本品种选育，加强种公牛的选择和培育。在高山峡谷牦牛产区应推广九龙牦牛公牛及其冷冻精液，并进行九龙牦牛活体保存和研究开发。

麦洼牦牛 MAIWA YAK

麦洼牦牛（Maiwa yak），属肉乳兼用型牦牛地方品种。

一、产地与分布

麦洼牦牛中心产区为四川省阿坝藏族羌族自治州红原县、若尔盖县，分布于阿坝县、松潘县、九寨沟县、壤塘县等地。

中心产区位于北纬31°51′—33°33′、东经101°51′—103°22′。地处川西平原向青藏高原的过渡地带，地势由东南向西北倾斜，地形地貌具有山原向丘状高原过渡的典型特征。海拔3 210～4 875m。产区属高原寒温带半湿润季风气候，无绝对无霜期，干湿季节分明，年平均气温1.4℃，最高气温24.6℃，最低气温-36℃，年平均降水量772.3mm，年平均日照时数2 212.3h。旱季（11月翌年4月）平均气温在0℃以下，雨季（5—10月）气候暖和，雨热同期有利于牧草生长和草地植被恢复。中心产区有天然草原122.93万hm^2。牧草种类主要有披碱草属、早熟禾属、羊茅属等禾本科牧草。农作物主要有青稞、玉米等。中心产区位于长江、黄河两大水系上游，水资源丰富。土壤主要有草甸土、沼泽土、亚高山草甸土、暗棕壤、高山草甸等类型。

二、品种形成与变化

（一）品种形成

麦洼牦牛是在川西北高寒生态条件下经长期自然选择和人工选育形成的肉乳性能良好的草地型牦牛地方品种，对高寒草甸及沼泽草地有良好的适应性。据文献资料记载及牦牛科研工作者多次调查，麦洼牦牛来自于甘孜藏族自治州北部色达、德格、炉霍、新龙等县，并混有青海果洛和四川阿坝地区的牦牛血缘。20世纪初，游牧于康北地区的麦巴部落，为了避免械斗和寻找优良牧场而搬迁，途经壤塘、阿坝、青海班玛、久治等地，辗转到现在红原境内的北部地区，统辖了该地区的南木洛部落，定名为麦洼。定居麦洼地区后，由于草场辽阔、水草丰盛、人少牛多，部分母牛不挤奶或日挤奶一次，幼牛生长发育好，加之藏族牧民有丰富的选育和饲养管理经验，使麦洼牦牛的生产性能逐步提高。此外，以往麦洼地区曾有野牦牛生存，配种季节混入家牦牛群中配种，一定程度上改进了麦洼牦牛的品质。

（二）群体数量及变化情况

据2011年版《中国畜禽遗传资源志·牛志》记载，1985年麦洼牦牛群体数量为92.45万头，1995年群体数量110.04万头，2010年群体数量161.39万头。据2021年第三次全国畜禽遗传资源普查结果，麦洼牦牛群体数量为190.27万头，其中能繁母牛88.07万头，种公牛11.58万头。

三、品种特征与性能

（一）体型外貌特征

1. 外貌特征　麦洼牦牛整体结构紧凑，体格较大，四肢较短，蹄较小、蹄质坚硬，尾帚大，尾长多至飞节以下。全身黑毛为主，被毛为长覆毛，有底绒。公母牛多数有角，公牦牛角粗大，向两侧平伸而向上，角尖略向后、向内弯曲，颈粗短，鬐甲高而丰满；母牦牛角较细、短、尖，角型不一，鬐甲较低，前胸发达，胸深，肋开张，背腰平直，腹大不下垂，前后乳区发育较均匀，尻部较窄略斜。

麦洼牦牛成年公牛

麦洼牦牛成年母牛

2. 体重和体尺　麦洼牦牛成年体重和体尺见表1。

表1　麦洼牦牛成年体重和体尺

性别	数量(头)	体重（kg)	体高（cm)	体斜长(cm)	胸围（cm)	管围（cm)
公	10	312.8±66.1	120.2±4.8	134.6±3.8	175.0±7.7	17.2±1.2
母	20	206.8±24.1	108.5±4.3	126.7±8.3	154.9±7.5	15.8±0.9

注：2022年4—10月由四川省龙日种畜场在红原县测定。

（二）生产性能

1. 生长发育　麦洼牦牛不同阶段体重见表2。

表2 麦洼牦牛不同阶段体重

测定阶段	性别	数量(头)	体重(kg)
初生	公	10	12.8±0.9
	母	20	12.0±1.0
6月龄	公	10	75.6±5.04
	母	20	64.0±4.75
18月龄	公	10	133.8±10.2
	母	20	124.6±8.5
30月龄	公	10	172.2±9.1
	母	20	155.2±14.5

注：2022年4—10月由四川省龙日种畜场在红原县测定。

2. 繁殖性能　麦洼牦牛繁殖群体公母比例1 ∶ 20左右，母牛36月龄发情配种，初产年龄为48月龄，妊娠期250 ～ 260d，发情周期为13.8 ～ 22.6d，产犊间隔460 ～ 645d。公牦牛性成熟年龄为30月龄，初次配种年龄30月龄，利用年限一般为6 ～ 8年。

3. 育肥性能　在自然放牧条件下，成年麦洼牦牛育肥性能见表3。

表3 麦洼牦牛育肥性能

性别	数量(头)	初测体重(kg)	终测体重(kg)	日增重(kg)
公	10	220.3±44.7	321.7±52.0	0.6±0.1
母	10	182.1±12.4	267.7±12.4	0.5±0.1

注：2022年5月6日至10月8日由四川省龙日种畜场在红原县测定。

4. 屠宰性能及肉品质　自然放牧条件下，成年麦洼牦牛屠宰性能及肉品质见表4、表5。

表4 麦洼牦牛屠宰性能

性别	数量(头)	宰前活重(kg)	胴体重(kg)	净肉重(kg)	骨重(kg)	眼肌面积(cm^2)	屠宰率(%)	净肉率(%)	肉骨比
公	5	334.0±15.1	163.3+4.7	129.6±6.2	33.7±1.8	65.2±2.5	48.9±0.9	38.8±0.56	3.8±0.4
母	5	231.0±4.1	110.5±2.5	87.4±2.1	23.1±1.5	54.5±1.8	47.8±0.6	37.8±0.51	3.8±0.3

注：2022年4—10月由四川省龙日种畜场在红原县测定。

表5 麦洼牦牛肉品质

性别	数量(头)	肌肉大理石纹评分	肉色				脂肪颜色评分	剪切力(N)	pH		肌肉系水力(%)
			目测法评分	*L*	*a*	*b*			pH_0	pH_{24h}	
公	5	1.0±0.0	8.0±0.0	28.7±1.2	13.7±1.5	4.2±0.2	7.8±0.4	67.6±8.8	6.2±0.1	5.5±0.1	2.4±1.4
母	5	1.0±0.0	8.0±0.0	27.7±1.3	13.9±2.2	3.7±0.5	7.8±0.4	59.8±5.9	6.1±0.1	5.5±0.1	2.6±0.3

注：2022年4—10月由四川省龙日种畜场在红原县测定。

5．泌乳性能及乳成分　麦洼牦牛泌乳性能及乳成分见表6。

表6　麦洼牦牛泌乳性能及乳成分

数量(头)	胎次	153d挤奶量(kg)	乳脂率(%)	乳蛋白率(%)	干物质(%)
10	初产	121.7±18.9	4.7±0.4	4.7±0.3	15.7±2.1
10	经产	227.3±16.9	5.9±0.6	4.7±0.3	16.6±1.7

注：2022年5—9月由四川省龙日种畜场在红原县测定。

四、饲养管理

麦洼牦牛全年自然放牧，草场分为夏秋草场和冬春草场，春秋两季转场，轮牧方式放牧。多数牧户配有暖棚或用于犊牛防狼保温的石屋。产后10 ~ 15d开始挤奶，日挤奶一次，7—8月份挤奶两次，挤奶5个月左右。多数犊牛随母放牧到1岁左右自然断奶，断奶后补喂青干草和精饲料。牦牛群体在冷季也有适度补饲，补饲青干料、青贮料、多汁饲料和精饲料等。

五、品种保护

2003年在红原县建立了四川省麦洼牦牛原种场，2007年麦洼牦牛被列入《四川省畜禽遗传资源保护名录》。2018年四川省麦洼牦牛原种场被确定为省级保种场。

六、评价与利用

麦洼牦牛具有耐粗饲、抗严寒、适应性强的特点。其肉质具有低脂肪、高蛋白的优良特性，但选育程度低、体格小、品种整齐度差。2005年以来向四川省甘孜藏族自治州、凉山彝族自治州、阿坝藏族羌族自治州、西藏昌都市、青海省果洛州、甘肃省甘南州等牦牛养殖区提供麦洼牦牛种牛1.5万余头。2019年麦洼牦牛原种场入选国家肉牛核心育种场。2010年国家标准《麦洼牦牛》（GB/T 24865）发布，2015年“麦洼牦牛”获批地理标志产品。今后应加强本品种选育，进一步提高其肉、乳生产性能。

木里牦牛 MULI YAK

木里牦牛（Muli yak），属肉乳兼用型牦牛地方品种。

一、产地与分布

中心产区为凉山彝族自治州木里藏族自治县，在盐源、冕宁、西昌、美姑、普格等县（市）也有分布。

中心产区位于北纬27°40′—29°10′、东经100°03′—101°40′，地处青藏高原东南缘，横断山脉中段东侧，是青藏高原向东南云贵高原的过渡地带，海拔1 470～5 958m，典型的高山、山原、峡谷地貌。气候属于高原山地气候。年平均气温14.0℃，无霜期238d，年平均日照时数2 164.9h。年平均降水量818.2mm。产区水系属于金沙江水系。天然草地面积37.59万hm^2，可利用草地面积30.28万hm^2，以高寒灌丛草地面积最大。土壤主要为高山山原草甸土。天然草场资源丰富，草质较好，主要有羊茅、珠芽蓼、委陵菜、莎草、早熟禾、苔草、麦宾草、鹅观草、披碱草、园穗蓼等。耕地面积1.13万hm^2，以种植玉米、马铃薯为主。

二、品种形成与变化

（一）品种形成

木里牦牛是由羌人带牦牛南下进入四川定居，经过长期自然选择与人工繁育形成的地方牦牛类群，因中心产区位于木里藏族自治县，1995年全国畜禽品种补充调查时将其正式命名为木里牦牛。

（二）群体数量及变化情况

据2011年版《中国畜禽遗传资源志・牛志》记载，1985年木里牦牛群体数量为2.39万头，1995年群体数量为6.57万头，2005年群体数量为4.29万头。据2021年第三次全国畜禽资源普查结果，木里牦牛群体数量为6.87万头，其中能繁母牛2.84万头，种公牛3 082头。

三、品种特征与性能

（一）体型外貌

1．外貌特征　木里牦牛体躯结构紧凑，前躯发达，后躯较差。长覆毛、有底绒，基础色为黑色，有白斑。头大，多数有角，角粗，公牛角较母牛粗，角形呈圆环状，角色多为黑褐色，少数蜡色。额部有长毛或卷毛。耳小平伸，耳壳薄，耳端尖。前胸开阔，胸深，肋开张，背腰平直，腹大而不下垂，尻部较窄、略斜。四肢较短，蹄较小、蹄质坚实，蹄呈黑褐色或蜡色。尾毛蓬松肥大、尾梢大，尾长至飞节。公牛头大额宽，母牛头小狭长。公牛颈粗、无垂肉，肩峰高耸而圆突；母牛颈薄，鬐甲低而薄，尻部短而斜，前后乳区发育均匀。乳房较小，乳头短细。

木里牦牛成年公牛

木里牦牛成年母牛

2．体重和体尺　木里牦牛成年体重和体尺见表1。

表1　木里牦牛成年体重和体尺

性别	数量(头)	体重(kg)	体高(cm)	体斜长(cm)	胸围(cm)	管围(cm)
公	10	312.7±69.4	119.0±7.7	131.6±10.9	182.0±11.0	18.9±1.1
母	28	261.0±27.1	111.6±5.7	130.2±8.4	173.5±7.1	16.8±1.1

注：2022年10月由四川省草原科学研究院和木里藏族自治县农业农村局在木里藏族自治县测定。

（二）生产性能

1．生长发育　自然放牧条件下，木里牦牛不同阶段体重见表2。

表2　木里牦牛不同阶段体重

测定阶段	性别	数量(头)	体重（kg）
初生	公	10	12.9±1.5
	母	20	11.5±1.5
6月龄	公	10	65.3±11.8
	母	20	65.8±12.6
12月龄	公	10	75.5±10.3
	母	20	72.3±11.8
18月龄	公	10	121.3±15.9
	母	20	111.1±10.1

（续）

测定阶段	性别	数量（头）	体重（kg）
30月龄	公	10	203.2±11.5
	母	20	186.5±15.3

注：2022年4—10月四川省草原科学研究院和木里藏族自治县农业农村局在木里藏族自治县测定。

2. 繁殖性能 木里牦牛繁殖季节为7—10月，繁殖群体中公母牛比例为1 ： 20，公牛26月龄性成熟，初配年龄为38月龄，利用年限6 ～ 8年；母牛初配年龄为24 ～ 38月龄，初产年龄为48月龄，利用年限8 ～ 10年。发情周期21d，妊娠期257d，产犊间隔568d。

3. 育肥性能 成年木里牦牛夏季天然放牧育肥6个月，育肥性能见表3。

表3 木里牦牛育肥性能

性别	数量（头）	初测体重（kg）	终测体重（kg）	日增重（kg）
公	10	169.0±18.8	260.2±20.7	0.6±0.1
母	10	161.1±15.4	252.0±19.0	0.5±0.1

注：2022年5—10月四川省草原科学研究院和木里藏族自治县农业农村局在木里藏族自治县测定。

4. 屠宰性能及肉品质 自然放牧条件下，成年木里牦牛屠宰性能及肉品质见表4、表5。

表4 木里牦牛屠宰性能

性别	数量（头）	宰前活重（kg）	胴体重（kg）	净肉重（kg）	骨重（kg）	眼肌面积（cm^2）	屠宰率（%）	净肉率（%）	肉骨比
公	5	389.0±28.0	192.4±15.7	156.0±13.5	36.3±2.8	41.6±7.5	49.4±0.6	40.1±0.7	4.3
母	5	281.1±16.2	137.0±9.0	110.2±7.5	26.8±2.1	35.0±7.4	48.7±0.6	39.2±0.4	4.1

注：2022年10月四川省草原科学研究院和木里藏族自治县农业农村局在木里藏族自治县测定。

表5 木里牦牛肉品质

性别	数量（头）	肉色				脂肪颜色评分
		目测法评分	*L*	*a*	*b*	
公	5	8	30.6±0.9	12.7±1.2	7.9±1.2	8
母	5	8	30.6±1.0	11.8±1.4	7.8±0.6	8

注：2022年10月四川省草原科学研究院和木里藏族自治县农业农村局在木里藏族自治县测定。

5. 泌乳性能及乳成分 自然放牧条件下，日挤奶1次，木里牦牛泌乳性能及乳成分见表6。

表6 木里牦牛泌乳性能及乳成分

胎次	数量（头）	153d挤奶量（kg）	干物质（%）	乳脂率（%）	乳蛋白率（%）	乳糖率（%）
一胎	10	156.3±13.3	16.1±0.9	5.6±0.6	4.7±0.5	4.8±0.2
三胎	10	171.2±17.5	16.2±0.6	5.7±0.5	4.6±0.3	4.8±0.1

注：2022年5—9月由四川省草原科学研究院和木里藏族自治县农业农村局在木里藏族自治县测定。

四、饲养管理

木里牦牛全年天然放牧，季节轮牧，冬春季节少量补饲。采用自然交配、自然断奶。补饲料有面粉、酒糟、燕麦草等。

五、品种保护

尚未建立保种场或保护区。

六、评价与利用

木里牦牛具有抗寒、抗病力强、耐粗饲等优良特性。体成熟较晚，肉乳生产性能较低。木里牦牛以纯繁生产为主，曾引入过九龙牦牛对其开展杂交利用。2018年注册“木里牦牛”地理标志商标。今后应坚持本品种选育，提高木里牦牛的产肉性能。

金川牦牛 JINCHUAN YAK

金川牦牛（Jinchuan yak），俗称多肋牦牛或热它牦牛，属肉乳兼用型牦牛地方品种。

一、产地与分布

中心产区为四川省阿坝藏族羌族自治州金川县，分布于阿坝州小金县、马尔康市、理县、汶川县、九寨沟县、壤塘县等地。

中心产区位于北纬31° 08′ —31° 58′ 、东经101° 13′ —102° 29′ ，地处青藏高原东南缘，横断山脉大雪山北段，大渡河上游大金川河及杜柯河流域高山峡谷区林线以上的高原面，海拔3 500m以上。地貌主要为丘状高原。属高原季风气候，气候寒冷、湿润，无绝对无霜期，年平均气温0℃，最高温25℃，最低温–32.5℃，年平均日照时数1 800 ～ 2 100h，年平均降水量760mm，降雨多集中在6—9月。产区水系属大渡河上游水系，有大小溪沟37条。草地类型为高寒草甸草地、高寒灌丛草甸草地及亚高山疏林草甸草地，天然草原面积23.67万hm^2，可利用草原面积18万hm^2。土壤为高寒草甸土和亚高山草甸土。可食牧草主要有禾本科、莎草科、菊科、豆科、蓼科等。农作物有玉米、小麦、青稞、豌豆、蚕豆、马铃薯、油菜等。

二、品种形成与数量变化

（一）品种形成

据热它村藏族居民传承记录和先祖们在祭祀活动时留下的刻有文字的石板，说明三百多年以前就有人在此饲养牦牛为生。据热它藏门都寺资料记载，1918年泥玛年潘活佛在主持修建藏门都寺的时候，绰斯甲土司安排热它人集1 000余头牦牛支持藏门都寺建设。据金川县档案资料记载，1958年热它村有80户牧民，存栏牦牛6 000余头。1989年出版的《金川县农业资源调查和规划报告集》对牦牛资源进行了阐述：“我县热它牦牛在周边地区享有盛名，公牦牛雄壮威武，精神抖擞的体型外貌和高大结实紧凑的体型给人喜爱而不敢轻易接近的感觉。母牦牛头部清秀，胸深而阔，腹部膨大，骨盆较宽，乳房显著，性情温和，易于接近”。金川牦牛中心产区15对肋骨牦牛占52%，具有产肉和产奶量高、繁殖性能强、抗逆性强、遗传稳定等生产特性和生物学特性，于2014年通过国家畜禽遗传资源委员会鉴定，确定为牦牛遗传资源。

（二）群体数量及变化情况

2015年金川牦牛在中心产区的群体数量为6.9万余头，其中能繁母牛3.4万余头。据2021年第三次全国畜禽遗传资源普查结果，金川牦牛群体数量为40.85万头，其中能繁母牛18.11万头，种公牛1.84万头。

三、品种特征与性能

（一）体型外貌

1. 外貌特征　金川牦牛基础毛色为黑色，头、胸、背、四肢、尾部白色花斑个体占60%以上，被毛呈束、卷曲，前胸、体侧及尾部着生长毛，尾毛呈帚状。体躯较长，呈矩形；公、母牛均有角；颈肩结合良好，鬐甲较高；前胸发达，胸深，肋开张；背腰平直，腹大不下垂；后躯丰满、肌肉发达，尻部较宽平；四肢较短而粗壮，蹄质结实；公牦牛头部粗重，体型高大。母牦牛头部清秀、后躯发达、骨盆较宽，乳房丰满。

金川牦牛成年公牛

金川牦牛成年母牛

2. 体重和体尺　自然放牧条件下，金川牦牛成年体重和体尺见表1。

表1　金川牦牛成年体重和体尺

性别	数量(头)	体重(kg)	体高(cm)	体斜长(cm)	胸围(cm)	管围(cm)
公	10	292.2±10.7	117.8±2.5	138.0±2.2	168.4±2.3	16.6±0.6
母	20	273.5±8.1	113.5±2.7	134.5±2.3	163.8±2.4	15.9±1.0

注：2022年6月由四川省龙日种畜场、金川县科学技术和农业畜牧局在金川县测定。

（二）生产性能

1. 生长发育性能　自然放牧条件下，金川牦牛不同阶段体重见表2。

表2　金川牦牛不同阶段体重

测定阶段	性别	数量(头)	体重（kg）
初生	公	10	13.7±0.5
	母	20	12.5±1.1

（续）

测定阶段	性别	数量(头)	体重（kg）
6月龄	公	10	68.0±2.2
	母	20	63.5±1.4
18月龄	公	10	131.5±3.3
	母	20	135.5±5.1
30月龄	公	12	198.3±7.4
	母	20	192.0±4.0

注：2022年6月由四川省龙日种畜场、金川县科学技术和农业畜牧局在金川县测定。

2．繁殖性能　金川牦牛性成熟早，母牛30月龄可发情配种，初产年龄为41～60月龄。母牛6—9月发情，7—8月为发情旺季，发情周期为14～22d，终生产犊8～12头。公牦牛性成熟为3岁，4～8岁为配种盛期。

3．育肥性能　成年金川牦牛夏季天然放牧育肥6个月，育肥性能见表3。

表3　金川牦牛育肥性能

性别	数量(头)	初测体重(kg)	终测体重(kg)	日增重(kg)
公	10	217.4±46.1	328.7±51.5	0.7±0.1
母	10	171.3±22.5	265.4±29.2	0.6±0.1

注：2022年5—10月由四川省龙日种畜场、金川县科学技术和农业畜牧局在金川县测定。

4．屠宰性能及肉品质　自然放牧条件下，成年金川牦牛屠宰性能及肉品质见表4、表5。

表4　金川牦牛屠宰性能

性别	数量(头)	宰前活重(kg)	胴体重(kg)	净肉重(kg)	骨重(kg)	眼肌面积(cm^2)	屠宰率(%)	净肉率(%)	肉骨比
公	5	365.2±37.1	193.5±21.6	160.3±18.7	33.2±3.1	65.4±1.1	52.9±0.8	43.8±0.9	4.8
母	5	245.8±23.3	120.4±12.9	99.8±13.2	20.5±1.2	54.6±2.0	48.9±1.1	40.5±1.8	4.8

注：2022年6月由四川省龙日种畜场、金川县科学技术和农业畜牧局在金川县测定。

表5　金川牦牛肉品质

性别	数量(头)	肉色			脂肪颜色评分	剪切力(N)	pH		肌肉系水力(%)
		L	a	b			pH_0	pH_{24h}	
公	5	28.5±1.1	16.1±1.0	3.9±0.2	7.8±0.7	72.5±6.9	6.2±0.2	5.4±0.1	1.8±0.4
母	5	28.1±0.5	13.7±0.6	3.2±0.3	7.8±0.4	61.7±6.9	6.1±0.2	5.5±0.1	1.6±0.4

注：2022年6月由四川省龙日种畜场、金川县科学技术和农业畜牧局在金川县测定。

5．泌乳性能及乳成分　金川牦牛泌乳性能及乳成分见表6。

表6 金川牦牛泌乳性能及乳成分

胎次	数量(头)	153d挤奶量(kg)	乳脂率(%)	乳蛋白率(%)	乳糖率(%)	干物质(%)
初产	10	118.9±13.7	7.0±0.4	4.0±0.1	5.4±0.1	18.4±2.7
经产	10	163.8±17.7	6.9±0.4	4.0±0.1	5.4±0.1	17.6±3.3

注：2022年5—9月由四川省龙日种畜场、金川县科学技术和农业畜牧局在金川县测定。

四、饲养管理

金川牦牛大多以逐水草而居的放牧方式饲养，每日放牧时间不少于10h。少数采用“放牧+补饲”或将架子牛集中育肥出栏。冷季收牧后对妊娠牛、犊牛补饲青干草、青贮草、多汁饲料及精料。灾害性天气全群补饲。种公牛配种季节每日补饲蛋白质精料。妊娠母牛安排距圈舍较近、交通方便的优质草场放牧，进入冷季前停止挤乳，冷季收牧后补饲，产犊季节跟群放牧，做好接产和护犊工作。犊牛15日龄随母放牧并训练其采食牧草，3月龄后逐步增大牧草采食量；5月龄断奶与母牦牛分群饲养。

五、品种保护

尚未建立保种场或保护区。

六、评价与利用

金川牦牛具有产肉和产奶量高、繁殖性能好、抗逆性强、遗传稳定等特性，多椎变异个体在群体中比例较高，应加强产肉和乳用性能选育和利用研究。2019年发布了《金川牦牛》(NY/T 3447）农业行业标准，为金川牦牛选种选育提供基础依据。

昌台牦牛 CHANGTAI YAK

昌台牦牛（Changtai yak），属肉乳役兼用型牦牛地方品种。

一、产地与分布

昌台牦牛中心产区为甘孜藏族自治州白玉县，在石渠县、德格县、甘孜县、巴塘县、稻城县、新龙县也有分布。

中心产区位于北纬30° 22′ —31° 12′ 、东经98° 12′ —99° 56′ ，地处青藏高原东南缘，平均海拔3 800m以上，属大陆性高原寒带季风气候，四季不分明，年平均气温14℃，最高气温28℃，最低气温-30℃；无绝对无霜期，全年长冬无夏；年平均降水量643 ～ 894mm，相对湿度52%；年平均日照时数2 133.6h。产区地处金沙江上游，主要河流有偶曲、赠曲、降曲、登曲。境内有麻贡嘎、喀曲两条最大的冰川。草地面积373.76 万hm^2，耕地面积2.74万hm^2。土壤类型以褐土、灰褐土、棕壤、暗棕壤、新积土和亚高山草甸土为主。牧草种类繁多，有禾本科、莎草科、豆科等40多种。主要农作物有青稞、豌豆、马铃薯、小麦等。

二、品种形成与变化

（一）品种形成

根据《甘孜州畜种资源调查》等文献记载，昌台牦牛是藏族人民经过漫长岁月，由野牦牛逐步驯养而成。《康区甘孜州寺庙志》记载，早在秦、汉以前牦牛饲养业就具有相当规模。《白玉县志》和《德格县志》记载，东汉时期纳西族在雅砻江以西的白玉县等地区建立白狼国，据《后汉书·西南夷列传》记载，白狼国是一个兴盛繁荣的古国，饲养有大量牦牛。元代时期，萨迦法王八思巴途经昌台，看到家家户户牦牛满圈，任命了昌台万户侯，从元朝起就把“昌台牦牛”称为“最佳”。据《甘孜藏族自治州畜牧志》记载，1952年建立国营昌台牧场，1963年经四川省人民委员会批准将国营昌台牧场改名为昌台种畜场，形成了昌台牦牛选育群并延续至今。2018年昌台牦牛通过国家畜禽遗传资源委员会鉴定，确定为牦牛遗传资源。

（二）群体数量及变化情况

据2016 年调查，昌台牦牛群体数量106.42万头，其中能繁母牛48.96万头，种公牛4.77万头。据2021年第三次全国畜禽遗传资源普查结果，昌台牦牛群体数量105.67万头，其中能繁母牛51.39万头，种公牛5.00万头。

三、品种特征与性能

（一）体型外貌特征

1. 外貌特征　昌台牦牛被毛以全黑为主。头大小适中，绝大多数有角，角较细，额宽平，胸宽而深、前躯发达，背腰平直，四肢较短而粗壮、蹄质结实。公牦牛头粗短、鬐甲高而丰满，角向两侧平伸而向上，角尖略向后、向内弯曲。母牦牛面部清秀，角细而尖，角型一致；鬐甲较低而单薄；体躯较长，后躯发育较好，胸深，肋开张，尻部窄、略斜。

昌台牦牛成年公牛

昌台牦牛成年母牛

2. 体重和体尺　昌台牦牛成年体重和体尺见表1。

表1　昌台牦牛成年体重和体尺

性别	数量(头)	体重(kg)	鬐甲高(cm)	体斜长(cm)	胸围(cm)	管围(cm)
公	10	396.3±22.4	133.8±1.7	165.1±1.4	196.3±3.7	21.5±0.5
母	20	245.1±19.6	113.6±1.3	134.1±7.1	164.7±5.2	17.2±0.4

注：2016年由四川省草原科学研究院、甘孜藏族自治州畜牧站、白玉县农牧农村和科技局在白玉县测定。

（二）生产性能

1. 生长发育　自然放牧条件下，昌台牦牛不同阶段体重见表2。

表2　昌台牦牛不同阶段体重

测定阶段	性别	数量(头)	体重(kg)
初生	公	10	16.2±1.0
	母	20	15.1±0.7
6月龄	公	10	53.9±3.5
	母	20	51.0±5.1
12月龄	公	10	81.7±2.2
	母	20	85.4±1.2

（续）

测定阶段	性别	数量（头）	体重(kg)
18月龄	公	10	100.4±3.6
	母	20	105.3±2.3
30月龄	公	10	151.0±3.9
	母	20	165.1±4.1

注：2015—2017年由四川省草原科学研究院、甘孜藏族自治州畜牧站、白玉县农牧农村和科技局在白玉县测定。

2．繁殖性能　昌台牦牛公牦牛3.5岁开始配种，6～9岁为配种盛期，以自然交配为主。母牦牛初配年龄40月龄，为季节性发情，每年的7—9月发情，7—8月为发情旺季，发情周期18～22d，发情持续时间12～72h，妊娠期255～260d，繁殖年限为10～12年，一般3年2胎。

3．屠宰性能及肉品质　自然放牧条件下，昌台牦牛屠宰性能及肉品质见表3、表4。

表3　昌台牦牛屠宰性能

年龄	性别	数量（头）	宰前活重(kg)	胴体重(kg)	骨重(kg)	净肉重(kg)	屠宰率(%)	净肉率(%)	胴体产肉率(%)	肉骨比
3.5	公	5	135.6±8.3	65.5±2.7	12.9±5.4	45.9±2.6	48.4±2.0	33.9±2.5	69.9±2.8	3.5
4.5	母	5	232.0±34.9	109.6±18.0	23.7±5.7	79.1±11.8	47.2±1.3	34.1±1.2	72.3±1.5	3.4
6.5	公	5	364.3±29.5	186.6±20.9	39.7±5.2	147.8±15.3	51.1±2.6	40.5±1.8	79.3±0.8	3.7
6.5	母	3	266.8±3.2	125.6±1.7	25.0±0.5	100.8±1.4	49.3±0.4	37.6±0.9	80.2±0.5	4.0

注：2016年由四川省草原科学研究院、甘孜藏族自治州畜牧站、白玉县农牧农村和科技局在白玉县测定。

表4　昌台牦牛肉品质

部位	年龄	数量（头）	剪切力(N)	肉色			熟肉率(%)
				L	*a*	*b*	
冈上肌（LJT）	6.5	8	72.5±7.8	34.5±3.7	12.8±2.0	9.7±1.9	68.0±14.0
背最长肌（WJ）	6.5	8	74.5±14.7	37.4±5.3	11.8±1.9	10.4±1.9	62.8±10.7
半腱肌(XHGT)	6.5	8	75.5±19.6	39.3±2.0	12.2±1.7	11.6±1.2	63.4±7.8

注：2016年由四川省草原科学研究院、甘孜藏族自治州畜牧站、白玉县农牧农村和科技局在白玉县测定。

4．泌乳性能及乳成分　昌台牦牛泌乳性能及乳成分见表5。

表5　昌台牦牛泌乳性能及乳成分

胎次	数量（头）	153d挤奶量(kg)	乳脂率(%)	乳蛋白率(%)	乳糖率(%)	干物质(%)
初产	10	368.2±32.7	8.4±0.0	3.7±0.1	5.5±0.1	17.7±0.6
经产	20	368.2±28.3	8.3±0.1	3.6±0.1	5.5±0.1	16.8±0.8

注：2016年由四川省草原科学研究院、甘孜藏族自治州畜牧站、白玉县农牧农村和科技局在甘孜藏族自治州昌台种畜场测定。

四、饲养管理

昌台牦牛采用放牧和圈养结合的饲养方式，每年11月至翌年的6月中旬在冬季草地定居放牧240d，放牧海拔为3 500 ~ 4 500m。6—10月在夏秋草场上放牧，放牧海拔为4 500 ~ 6 000m，早晚有放牧人员出牧和收牧，补少量食盐。母牛产犊后15 ~ 45d之内不挤奶，任犊牛全哺乳。母牛6—10月挤奶，7—9月早晚各挤奶一次，其他月份早上挤奶一次。每年6月份进行疫苗免疫，并驱虫。冬季夜间对犊牛及弱牛利用暖棚补饲少量青干草。

五、品种保护

尚未建立保种场或保护区。

六、评价与利用

昌台牦牛遗传性能稳定，耐粗饲，抗病力强。1952年建立昌台种畜场。今后应加强昌台牦牛本品种选育工作，提高产肉、产奶性能，提高优质种畜供种能力，加强标准化养殖示范，开发优质牦牛产品。

亚丁牦牛 YADING YAK

亚丁牦牛（Yading yak），属乳肉兼用型牦牛地方品种。

一、产地与分布

亚丁牦牛中心产区为四川省甘孜藏族自治州稻城县赤土乡、木拉乡、吉呷镇、俄牙同乡。

中心产区位于北纬28°11′—28°34′、东经99°58′—100°28′，地处青藏高原东南部，横断山脉东侧的高山峡谷地带，境内最高海拔6 032m，最低海拔2 000m，属大陆性季风高原气候，年平均气温4.8℃，年平均降水量654.3mm，相对湿度56.25%。中心产区位于金沙江上游，主要河流有稻城河、赤土河和东义河。草地面积约为49万hm^2，草地由高山草甸、高山湿地和高山草原三种类型组成，土壤类型有黄棕壤土、山地褐色土、山地棕壤土、暗棕壤土等12个。主要牧草有高山嵩草、四川嵩草、披碱草等。耕地主要种植青稞、玉米、小麦、马铃薯、苦荞等农作物。

二、品种形成与变化

（一）品种形成

唐高祖武德二年至唐德宗贞元二年（619—786年）间，藏王南日松赞为拓展领土，攻占稻城的稻坝、贡嘎岭等地。贡嘎岭拥有藏民族朝圣拜佛向往的三座神山，神山脚下，河流蜿蜒，森林茂密，牧草丰盛。后来僧人和牧民带着牦牛等生产生活资料前来朝拜神山，在亚丁村定居并繁衍生息；文成公主进藏时带来了先进的农牧业生产技术，推动了当地畜牧业发展。该区域四面环山、山高谷深，落差达3 000m以上，呈现立体生态气候。经长期自群繁殖，形成适应性强、生产性能优良的地方牦牛类群。因其中心产区在亚丁村及周边地区，故命名为亚丁牦牛。2022年亚丁牦牛通过国家畜禽遗传资源委员会鉴定，确定为牦牛遗传资源。

（二）群体数量及变化情况

2016年中心产区亚丁牦牛群体数量为2.27万头，其中能繁母牛1.03万头，种公牛668头。据2021年第三次全国畜禽遗传资源普查结果，亚丁牦牛群体数量2.83万头，其中能繁母牛1.21万头，种公牛2 026头。

三、品种特征与性能

（一）体型外貌特征

1．外貌特征　亚丁牦牛被毛以全黑为主，部分个体额心、肢端、背部、尻部等有白斑、白线，前胸、体侧及尾部着生长毛。体躯粗壮，前躯略高，体质结实，腹大而不下垂，四肢粗短，公、母牛均有角。公牛额宽、额毛丛生，角基粗，角间距大，角尖细、向上向外开张呈圆弧形，颈较粗，鬐甲高，前躯发达，睾丸发育良好。母牛头部清秀，角细长，角尖略向上向后弯曲、呈弧形，颈部较窄，乳房丰满，呈雨盆状，乳静脉明显。蹄质结实。

亚丁牦牛成年公牛

亚丁牦牛成年母牛

2．体重和体尺　自然放牧条件下，亚丁牦牛成年体重和体尺见表1。

表1　亚丁牦牛成年体重和体尺

性别	数量(头)	体重(kg)	体高(cm)	体斜长(cm)	胸围(cm)
公	30	380.8±80.8	122.1±22.0	145.7±45.7	192.9±9.1
母	31	255.8±55.8	113.3±13.3	130.4±30.3	167.1±6.6

注：2018年5—6月由甘孜藏族自治州畜牧站和稻城县农牧农村和科技局在稻城县测定。

（二）生产性能

1．生长发育　亚丁牦牛不同阶段体重见表2。

表2　亚丁牦牛不同阶段体重

测定阶段	性别	数量(头)	体重(kg)
初生	公	43	15.4±1.3
	母	86	13.8±1.2
6月龄	公	66	64.4±8.5
	母	70	62.8±7.9
12月龄	公	126	102.4±13.2
	母	102	100.9±5.6

（续）

测定阶段	性别	数量（头）	体重(kg)
18月龄	公	62	176.7±22.6
	母	65	173.1±28.3
30月龄	公	45	226.5±24.5
	母	55	210.9±18.9

注：2016—2018年由甘孜藏族自治州畜牧站和稻城县农牧农村和科技局在稻城县测定。

2. 繁殖性能　亚丁牦牛繁殖群体公母比例为1 ： 20。公牛初配年龄3岁，使用年限8 ～ 10年；母牛7—10月发情，初配年龄2 ～ 3岁，使用年限6 ～ 8年。母牛发情周期为18 ～ 22d，妊娠期255d。

3. 屠宰性能及肉品质　自然放牧条件下，成年亚丁牦牛屠宰性能及肉品质见表3、表4和表5。

表3　亚丁牦牛屠宰性能

性别	数量（头）	宰前活重(kg)	胴体重(kg)	骨重(kg)	净肉重(kg)	屠宰率(%)	净肉率(%)	胴体产肉率(%)	眼肌面积(cm^2)	肉骨比
公	6	427.1±61.1	214.6±14.6	28.9±8.9	185.6±85.6	50.4±0.4	43.6±3.6	86.5±6.5	48.9±8.9	6.4
母	6	289.1±12.8	137.3±37.3	17.9±7.9	119.3±19.3	47.4±7.4	41.2±1.2	86.9±6.9	32.9±2.9	6.7

注：2016年10月、2020年10月由四川省草原科学研究院、甘孜藏族自治州畜牧站和稻城县农牧农村和科技局在稻城县测定。

表4　亚丁牦牛肌肉营养成分

数量（头）	水分(%)	蛋白质(%)	脂肪(%)
6	73.8	22.5	2.0

注：2016年10月、2020年10月由四川省草原科学研究院、甘孜藏族自治州畜牧站和稻城县农牧农村和科技局在稻城县测定。

表5　亚丁牦牛肉色差值

部位	数量（头）	肉色		
		L	*a*	*b*
冈上肌	6	41.4±1.4	5.24±0.2	3.9±0.9
背最长肌	6	41.9±1.9	3.73±0.7	3.7±0.7
半腱肌	6	43.7±3.7	5.73±0.7	5.3±0.3

注：2016年10月、2020年10月由四川省草原科学研究院、甘孜藏族自治州畜牧站和稻城县农牧农村和科技局在稻城县测定。

4. 泌乳性能及乳成分　自然放牧条件下，亚丁牦牛泌乳性能及乳成分测定结果见表6。

表6　亚丁牦牛泌乳性能及乳成分

类型	数量（头）	153d挤奶量(kg)	乳脂率(%)	乳蛋白率(%)	乳糖率(%)	干物质(%)
初产	5	369.27	6.4±1.4	3.8±0.1	5.6±0.2	16.6±1.4

（续）

类型	数量(头)	153d挤奶量(kg)	乳脂率(%)	乳蛋白率(%)	乳糖率(%)	干物质(%)
经产	5	406.02	7.5±0.9	3.8±0.1	5.6±0.1	17.8±1.1

注：2016年、2020年由四川省草原科学研究院、甘孜藏族自治州畜牧站和稻城县农牧农村和科技局在稻城县测定。

5. 产毛性能　自然放牧条件下，成年亚丁牦牛5—6月产毛性能见表7。

表7　亚丁牦牛产毛性能

性别	数量(头)	3岁产毛量(kg)	4岁产毛量(kg)
公	30	1.6±0.1	2.6±0.5
母	30	1.5±0.1	1.3±0.0

注：2016年、2020年由四川省草原科学研究院、甘孜藏族自治州畜牧站和稻城县农牧农村和科技局在稻城县测定。

四、饲养管理

稻城县属于高原季风气候，立体气候特征明显。牧场划分为夏秋牧场和冬春牧场，终年放牧，每年4—5月由冬春牧场转到夏秋牧场，10—11月转到冬春牧场。公母混群自然交配。冬春牧场以林间、荒坡草地为主，放牧人员定时清点牛群，适度补饲青干草及食盐；夏秋牧场以高山草地为主，每天早晚收集牛群到定居点，清点数量并挤奶。冬春季节对母牛进行适量补饲。母牛6—10月挤奶，7—8月早晚各挤1次，其余月份每天挤1次。不留作种用的1 ～ 2岁公牛于5—6月阉割。春秋两季对牛群进行口蹄疫、炭疽、牛出血性败血症和布鲁氏菌病强制免疫。

五、品种保护

尚未建立保种场或保护区。

六、评价与利用

亚丁牦牛具有产奶性能高、繁殖性能好、产肉性能优良等特性。今后应加强亚丁牦牛种质特性研究，开展亚丁牦牛标准制定和规范化生产，强化以黑色为主的外貌特征一致性选育，加强核心群基础设施建设，提高生产性能和供种能力。

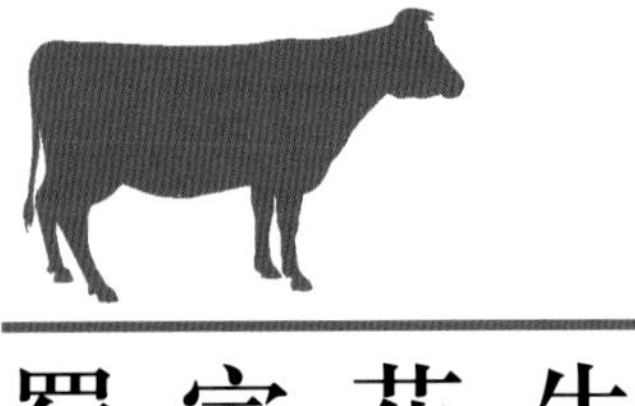

蜀宣花牛 SHUXUAN CATTLE

蜀宣花牛（Shuxuan cattle），属乳肉兼用型培育品种。

一、品种来源

（一）培育时间及主要培育单位

蜀宣花牛是由四川省畜牧科学研究院、原宣汉县畜牧食品局、四川省畜牧总站和成都汇丰动物育种有限公司等6家单位共同培育而成。自1978年开始培育，于2012年通过国家畜禽遗传资源委员会审定（农02新品种证字第6号）。

（二）育种素材和培育方法

蜀宣花牛是在西门塔尔牛与宣汉黄牛杂交的基础上，导入荷斯坦牛血缘后再与西门塔尔牛杂交，经横交和世代选育实现育种目标。含西门塔尔牛血缘81.25%，荷斯坦牛血缘12.5%，宣汉黄牛血缘6.25%。

二、品种特征与性能

（一）体型外貌特征

1. 外貌特征　蜀宣花牛被毛为黄白花和红白花，头部白色或有花斑，体躯有花斑，尾梢、四肢和腹部为白色。头大小适中，角向前上方伸展；角、蹄以腊黄色为主，鼻镜肉色或有黑色斑点。体型中等，结构匀称，体躯深宽，颈肩结合良好，背腰平直，后躯宽广；四肢端正，蹄质坚实。成年公牛略有肩峰，母牛头部清秀，乳房发育良好、结构均匀紧凑。

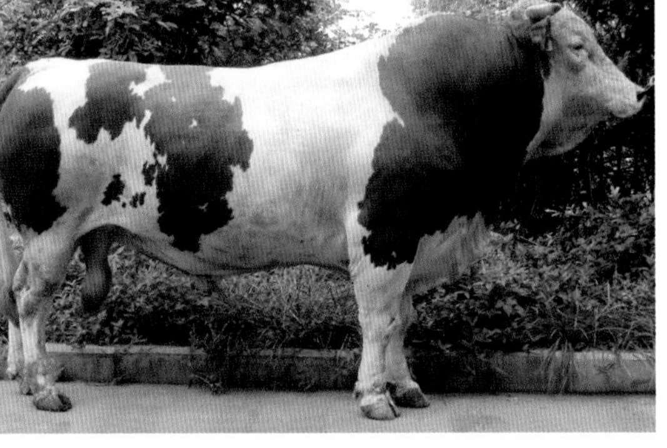

蜀宣花牛成年公牛　　蜀宣花牛成年母牛

2. 体重和体尺　蜀宣花牛成年体重和体尺见表1。

表1　蜀宣花牛成年体重和体尺

性别	数量(头)	体重(kg)	鬐甲高(cm)	十字部(cm)	体斜长(cm)	胸围(cm)	管围(cm)
公	11	793.4±28.5	150.4±3.3	148.7±3.6	183.7±2.9	213.6±5.6	23.6±0.8
母	21	510.5±63.8	129.5±4.9	132.5±4.7	158.7±8.5	187.9±6.6	20.1±1.6

注：2022年6月由四川省畜牧科学研究院在宣汉县测定。

(二) 生产性能

1. 生长发育　蜀宣花牛不同测定阶段体重见表2。

表2　蜀宣花牛不同阶段体重

测定阶段	性别	数量(头)	体重(kg)
初生	公	12	31.8±2.0
	母	20	29.9±1.6
6月龄	公	10	158.1±12.1
	母	23	158.6±12.7
12月龄	公	11	309.7±14.4
	母	23	272.2±35.6
18月龄	公	12	465.9±13.9
	母	22	346.6±40.8

注：2022年6—10月由四川省畜牧科学研究院在宣汉县测定。

2. 繁殖性能　蜀宣花牛母牛初情期在12～14月龄，初配年龄在16～20月龄，发情周期21d，妊娠期278d，产犊间隔381.5d，情期受胎率为55%～70%，年总繁殖率为70%～90%。公牛性成熟期为10～12月龄，初配年龄为16～18月龄。

3. 育肥性能　蜀宣花牛公牛舍饲拴系短期育肥性能见表3。

表3　蜀宣花牛育肥性能

性别	数量(头)	育肥开始月龄	育肥时间（个月）	初测体重(kg)	终测体重(kg)	日增重(kg)
公	20	16	6	422.5±59.6	603.8±55.8	1.0±0.2

注：2022年4—10月由四川省畜牧科学研究院在宣汉县测定。

4. *屠宰性能及肉品质*　舍饲拴系强度育肥下，22月龄蜀宣花牛公牛屠宰性能及肉品质见表4、表5。

表4　蜀宣花牛屠宰性能

性别	数量（头）	屠宰月龄	宰前活重(kg)	胴体重(kg)	净肉重(kg)	骨重(kg)	肋骨对数	眼肌面积(cm^2)	屠宰率(%)	净肉率(%)	肉骨比
公	10	22	619.7±53.3	362.1±28.0	297.4±26.7	63.2±4.8	13	130.1±17.6	58.5±1.3	48.0±0.9	4.7±0.5

注：2022年10月由四川省畜牧科学研究院在广元市利州区测定。

表5　蜀宣花牛肉品质

性别	数量(头)	大理石纹评分	肉色评分(目测法)	脂肪颜色评分	剪切力(N)	pH		肌肉系水力(%)
						pH_0	pH_{24h}	
公	10	2.3±0.5	7.3±0.8	6.4±1.2	45.7±9.7	6.0±0.3	5.7±0.3	1.5±1.1

注：2022年10月由四川省畜牧科学研究院在广元市利州区测定。

5. *泌乳性能及乳成分*　蜀宣花牛泌乳期平均产奶量为3 810.4kg。泌乳性能及乳成分见表6。

表6　蜀宣花牛泌乳性能及乳成分

胎次	数量(头)	泌乳天数(d)	泌乳期总产奶量(kg)	高峰日产奶量(kg)	乳脂率(%)	乳蛋白率(%)
1胎	20	270.3±26.5	2 852.3±623.5	13.0±1.8	4.0±0.4	3.4±0.2
2胎	20	297.9±22.0	3 836.0±581.9	15.7±2.0	4.2±0.3	3.3±0.2
3胎及以上	20	305.7±30.9	4 742.9±479.0	19.7±1.9	4.2±0.3	3.2±0.3

注：2022年1—10月由四川省畜牧科学研究院在宣汉县测定。

三、饲养管理

蜀宣花牛以舍饲为主，适度规模或规模养殖比重比品种育成时有明显提高。耐粗饲能力强，对饲养条件要求不高。粗饲料主要为饲用玉米、甜象草、玉米秸秆、酒糟等，精料补充料为玉米、麦麸、菜粕、豆粕和预混料等。

四、推广应用

四川省宣汉县培育了佳肴、巴人村、汉玺等省、市龙头企业7家，实现了产业化生产，已注册“蜀宣花牛”工商地理标志和“宣汉肉牛”地理产品标志。蜀宣花牛已推广应用到吉林、重庆、云南等全国13个省市，截至2021年年底，累计推广种牛18.76万头，冻精245.5万剂。蜀宣花牛是四川省主推品种，2015年发布了农业行业标准《蜀宣花牛》(NY/T 2828)。2020年四川省发布了地方标准《蜀宣花牛繁殖技术规程》(DB51/T 2704)。

五、品种评价

蜀宣花牛生长速度快，乳肉性能优良，性情温驯，耐粗饲，耐湿热，抗逆性强，既适合放牧饲养，也适宜舍饲养殖，可作为地方黄牛经济杂交改良父本。今后应持续开展本品种选育，强化肉用性能选择，扩大品种规模，推行杂交高效利用。

羊 概述

四川养羊业历史悠久。据《华阳国志·巴志》记载："其畜牧在沮(今涪陵附近)""土植五谷，牲具六畜。"说明四川省东部丘陵地区早在春秋战国时期已"五谷""六畜"俱全了。1978年，在茂汶羌族自治县内（今茂县）出土的战国时期石棺墓群中的陶绵羊及大量家养羊的骨骼，说明四川省西北地区在2 000多年前就已普遍养羊，羊也是当时游牧主要的畜种。

新中国成立后，我国曾先后开展了2次畜禽遗传资源调查。据第二次调查结果显示，四川有羊品种资源14个，其中地方品种11个，培育品种3个。地方品种包括成都麻羊、白玉黑山羊、北川白山羊、川南黑山羊、川中黑山羊、古蔺马羊、建昌黑山羊、美姑山羊、板角山羊、西藏山羊和西藏羊，培育品种包括南江黄羊、雅安奶山羊和凉山半细毛羊。

2023年，第三次全国畜禽遗传资源普查工作完成，四川省的羊遗传资源总数达到20个，其中地方品种16个、培育品种4个。与第二次调查相比，新增了欧拉羊（2018年）、南充黑山羊（2021年）、玛格绵羊（2021年）、凉山黑绵羊（2021年）和勒通绵羊（2021年）5个地方品种，以及简州大耳羊（2013年）1个培育品种。这些羊品种资源普遍具有适应性强、耐粗饲和肉质好等优良特性，是四川省养羊业可持续发展的宝贵资源。

基于川东白山羊的原产地和中心产区主要位于重庆市的开州区、万州区等地，本次普查四川省只有零星分布，因此未将川东白山羊纳入本志书。此外考虑到部分地方资源的不同类型，如川中黑山羊有金堂型和乐至型，川南黑山羊有自贡型和江安型，为了充分反映其资源现状，本志书遂将它们单独成篇描述。

成都麻羊 CHENGDU BROWN GOAT

成都麻羊（Chengdu brown goat），俗名四川铜羊，属肉皮兼用型山羊地方品种。

一、产地与分布

成都麻羊原产于成都市大邑县和双流县，中心产区为成都市大邑县，在成都市东部新区、邛崃市、简阳市，眉山市东坡区、彭山区均有分布。

中心产区位于北纬30°06'—31°43'、东经102°30'—104°05'，海拔471～1 500m，属亚热带气候。年平均气温15.2～16.6℃，无霜期大于337d。年平均降水量900～1 300mm，相对湿度82%。年平均日照时数1 042～1 412h。土壤以灰色及灰棕色潮土的平原冲积土为主。东部有龙泉山，西北部有邛崃山与高原山地相连，水系为岷江水系。农作物主要有水稻、小麦、玉米、甘薯、豆类以及油菜、花生等。

二、品种形成与变化

（一）品种形成

成都麻羊起源于《山海经》中被称为“女儿山”的牧马山，以三国时期刘备在此牧马而得名。虽然名为牧马，真实历史牧羊居多。据《温江县志》中记载，铜羊：角短，毛浅，色黑红，人家间畜之。成都麻羊是经过长期自然选择及人工培育，在川西低中山和丘陵地带特有的自然条件下形成的优良地方品种。

（二）群体数量及变化情况

据2011年版《中国畜禽遗传资源志·羊志》记载，1985年成都麻羊群体数量6.27万只，1995年群体数量10.85万只，2008年群体数量35.07万只。据2021年第三次全国畜禽遗传资源普查结果，成都麻羊群体数量为4 077只，其中种公羊233只，能繁母羊1 663只。

三、品种特征与性能

（一）体型外貌特征

1．外貌特征　成都麻羊全身被毛短、有光泽，呈赤铜色、麻褐色或黑红色。从两角基部中点沿颈脊、背线延伸至尾根有一条纯黑色毛带，沿两侧肩胛经前肢至蹄冠又有一条纯黑色毛带，两条毛带在鬐甲部交叉，构成一明显“十”字形，习称“十字架”，尤以公羊的黑色毛带最为明显。从角基部前缘经内眼角沿鼻梁两侧至口角各有一条纺锤形浅黄色毛带，形似“画眉眼”。头大小适中，额宽、微突，鼻梁平直，耳为竖耳。公、母羊多有角，呈镰刀状。公羊及多数母羊有胡须，部分羊颈下有肉髯。颈长短适中，背腰宽平，尻部略斜。四肢粗壮，蹄质坚实。公羊前躯发达，体躯呈长方形，体态雄壮，睾丸发育良好。母羊后躯深广，体型较清秀，体躯略呈楔形，乳房发育良好，呈球形或梨形。

2．体重和体尺　在舍饲条件下，成都麻羊成年体重和体尺见表1。

成都麻羊成年公羊

成都麻羊成年母羊

表1　成都麻羊成年体重和体尺

性别	数量（只）	体重(kg)	体高(cm)	体长(cm)	胸围(cm)	管围(cm)
公	20	58.9±7.5	74.5±2.8	78.5±4.1	93.5±3.7	9.2±0.5
母	79	39.9±7.3	64.5±2.9	70.1±3.7	80.7±5.9	7.1±0.6

注：2022年9月由成都市西岭雪农业开发有限公司在大邑县测定。

（二）生产性能

1．生长发育　在舍饲条件下，成都麻羊初生、断奶、6月龄和12月龄体重见表2。

表2　成都麻羊不同阶段体重

测定阶段	性别	数量（只）	体重(kg)
初生	公	61	2.4±0.5
	母	60	2.3±0.4

（续）

测定阶段	性别	数量（只）	体重(kg)
断奶	公	61	8.6±0.6
	母	60	8.6±0.6
6月龄	公	20	18.3±0.6
	母	60	18.4±0.7
12月龄	公	20	27.8±1.7
	母	60	26.4±2.2

注：2022年3—12月由成都市西岭雪农业开发有限公司在大邑县测定。

2．繁殖性能　成都麻羊公羊6月龄性成熟，母羊3～4月龄性成熟，初配年龄公、母羊均为8～10月龄。母羊发情周期21d，妊娠期150d，常年发情，春、秋季节最为明显。产羔率初产母羊为175%，经产母羊为213%。

3．屠宰性能　在舍饲条件下，6月龄成都麻羊屠宰性能见表3。

表3　成都麻羊屠宰性能

性别	数量（只）	宰前活重(kg)	胴体重(kg)	净肉重(kg)	屠宰率(%)	胴体净肉率(%)	眼肌面积(cm^2)	GR值(mm)
公	15	19.8±1.4	8.9±0.9	6.4±0.7	44.7±2.5	72.1±3.7	6.2±0.9	7.8±0.6
母	15	18.5±1.1	7.9±0.6	5.9±0.7	42.9±2.4	73.6±5.1	6.7±1.4	6.7±0.7

注：2022年10月由成都市西岭雪农业开发有限公司在大邑县测定。

4．板皮特性　成都麻羊皮肤组织结构致密、薄厚均匀、板质好，成革后平整光洁、粒纹细致、柔软坚韧、富于弹性，其板皮面积见表4。板皮竖向拉力强度为（57.07±2.73）N/mm^2，伸长率45%。

表4　成都麻羊板皮面积（m^2）

皮张	成年		周岁		10月龄	
	羯羊（n=3）	母羊（n=6）	羯羊（n=7）	母羊（n=3）	羯羊（n=6）	母羊（n=6）
鲜皮	0.72±0.05	0.65±0.04	0.56±0.04	0.51±0.03	0.54±0.03	0.47±0.02
风干皮	0.61±0.01	0.55±0.01	0.47±0.01	0.43±0.01	0.46±0.01	0.40±0.02

注：引自2011年版《中国畜禽遗传资源志·羊志》。

四、饲养管理

成都麻羊较温驯、易管理，适合丘陵和农区饲养。饲养方式主要为圈养和季节性放牧。

五、品种保护

2007年成都麻羊被列入《四川省畜禽遗传资源保护名录》，2008年在大邑县建立成都麻羊种畜场，2013年该种畜场被确认为省级保种场，2014年成都麻羊被列入《国家畜禽遗传资源保护名录》，2018年该场被确定为国家级成都麻羊保种场。四川省畜禽遗传资源基因库采集保存有成都麻羊冷冻精液、胚胎等遗传材料，作为活体保种的补充。

六、评价和利用

成都麻羊具有肉质细嫩、膻味较轻、板质优良、抗病力和适应性强、遗传性能稳定等特点，是我国优良的地方山羊品种。以成都麻羊为育种材料，先后培育了南江黄羊、简州大耳羊等肉用山羊品种。2007年成都市发布了地方标准《成都麻羊》（DB51/T 654），2021年成都市发布区域地方标准《成都麻羊饲养管理技术规程》（DB5101/T 110）。2015年“双流黄甲麻羊”获国家地理标志产品。今后应制定选育标准，积极开展本品种选育，健全繁育体系，提高生产性能，重点提升其产肉性能。

川中黑山羊（金堂型）CHUANZHONG BLACK GOAT

川中黑山羊（金堂型）(Chuanzhong black goat)，属肉用型山羊地方品种。

一、产地与分布

川中黑山羊（金堂型）中心产区为成都市金堂县，成都市青白江区、双流区、简阳市，德阳市，内江市，南充市，眉山市和凉山彝族自治州部分区县也有分布。

中心产区位于北纬30°29′—30°57′、东经104°20′—104°52′，海拔386～1 046m。属亚热带季风气候区，气候温和，四季分明，雨量充沛，无霜期长，年平均降水量920.5mm，年平均气温17.2℃，最高气温39℃，最低气温0℃，无霜期283d。土壤类型主要为黄红色紫泥、棕紫泥、黄壤、冲积土。龙泉山脉由北向南贯穿中部，东面为丘陵地带，西面沿江河两岸为冲积平原，沿山边缘为浅丘地带。河流属沱江、岷江水系，有沱江、清白江、毗河等大、小江河13条。农作物以水稻、玉米、油菜、小麦、大豆、高粱、马铃薯、甘薯为主，饲草以黑麦草、饲用玉米、紫花苜蓿等为主。

二、品种形成与变化

（一）品种形成

据《金堂县志》记载，早在20世纪30年代，金堂县就有相当数量的黑山羊。40年代初，外国传教士引入努比亚奶山羊，改良本地黑山羊。1954年，金堂县委农业科兽防组对金堂县的养羊情况进行调查，全县的黑山羊约占羊总数的60%。1995年起，成都市对黑山羊进行了6年连续选育，形成了体型外貌基本一致、遗传性能稳定的黑山羊群体。2001年四川省畜牧食品局正式将其命名为金堂黑山羊，认定为地方山羊品种。2010年国家畜禽遗传资源委员会将金堂黑山羊和乐至黑山羊合并命名为川中黑山羊。2011年版《中国畜禽遗传资源志·羊志》中，金堂黑山羊被称为川中黑山羊（金堂型）。

（二）群体数量及变化情况

据2009年版《四川畜禽遗传资源志》记载，川中黑山羊（金堂型）2005年群体数量25.25万只，其中能繁母羊11.24万只。据2021年第三次全国畜禽遗传资源普查结果，川中黑山羊（金堂型）群体数量为2.26万只，其中种公羊为1 227只，能繁母羊为1.09万只。

三、品种特征与性能

（一）体型外貌特征

1. 外貌特征　川中黑山羊（金堂型）全身被毛为黑色，肤色为白色；头中等大小，有角或无角，角形为弓形、直立形或镰刀形；耳中等大小，多数为半垂耳和立耳；鼻梁趋于平直；颈部长短适中，部分山羊颈部下方长有肉髯；体躯呈长方形，背腰平直或微微下凹，四肢粗壮，蹄呈黑色，蹄质坚实；尾短小上翘。公羊睾丸大小一致，无隐睾；母羊乳房较大，发育良好，呈梨形或球形，乳头较长，大小一致，基本无附乳头。

川中黑山羊（金堂型）成年公羊

川中黑山羊（金堂型）成年母羊

2. 体重和体尺　在舍饲条件下，川中黑山羊（金堂型）成年体重和体尺见表1。

表1　川中黑山羊（金堂型）成年体重和体尺

性别	数量(只)	体重(kg)	体高(cm)	体长(cm)	胸围(cm)	管围(cm)
公	20	73.1±0.8	80.8±1.4	89.4±1.0	99.0±1.0	11.6±0.2
母	60	56.7±1.8	69.8±1.1	74.1±1.3	88.0±2.2	9.0±0.2

注：2022年8月由成都蜀新黑山羊产业发展有限责任公司在金堂县测定。

（二）生产性能

1. 生长发育　在舍饲条件下，川中黑山羊（金堂型）初生、断奶、6月龄和12月龄体重见表2。

表2　川中黑山羊（金堂型）不同阶段体重

测定阶段	性别	数量(只)	体重(kg)
初生	公	60	2.7±0.3
	母	62	2.6±0.5
断奶	公	60	11.6±1.7
	母	61	10.9±0.5

（续）

测定阶段	性别	数量（只）	体重（kg）
6月龄	公	20	28.2±0.8
	母	60	26.1±0.9
12月龄	公	20	43.5±1.3
	母	60	38.9±1.5

注：2022年5月由成都蜀新黑山羊产业发展有限责任公司在金堂县测定。

2．繁殖性能 川中黑山羊（金堂型）母羊6月龄达性成熟，初配年龄为8～9月龄，全年发情，发情周期为18～22d，妊娠期为148～153d，产羔率为204%～244%。公羊8～10月龄达性成熟，初配年龄为12～18月龄，配种方式以本交为主，公母比例为1：（15～20），公羊利用年限为4～6年。

3．屠宰性能 在舍饲条件下，12月龄川中黑山羊（金堂型）屠宰性能见表3。

表3 川中黑山羊（金堂型）屠宰性能

性别	数量（只）	宰前活重（kg）	胴体重（kg）	净肉重（kg）	屠宰率（%）	净肉率（%）	胴体净肉率（%）	眼肌面积（cm^2）	GR值（mm）
公	15	44.7±1.2	22.2±0.8	19.0±0.7	49.6±1.0	42.6±0.9	85.8±2.0	14.0±0.8	27.8±1.0
母	15	37.2±1.2	17.9±0.9	14.8±0.9	48.2±1.8	39.7±2.1	82.5±3.1	8.8±0.3	15.2±0.8

注：2022年12月由成都蜀新黑山羊产业发展有限责任公司在金堂县测定。

四、饲养管理

川中黑山羊（金堂型）饲养方式以舍饲为主，饲料以青绿饲料和精料相结合。

五、品种保护

2007年川中黑山羊被列入《四川省畜禽遗传资源保护名录》，目前川中黑山羊（金堂型）尚未建立保种场或保护区。

六、评价和利用

川中黑山羊（金堂型）具有生长发育快、繁殖力高、产肉性能好、肉质细嫩、膻味轻、板皮面积大、耐粗饲、抗病力强、适应性强、适应范围广、遗传性能稳定等特点，适宜于山区和丘陵地区养殖。2012年，农业部批准对“金堂黑山羊”实施农产品地理标志登记保护。2015年建成金堂黑山羊原种场，2019年被遴选为国家级肉羊核心育种场。2020年，川中黑山羊（金堂型）被农业农村部农产品质量安全中心纳入全国名特优新农产品名录。

川中黑山羊（乐至型）

CHUANZHONG BLACK GOAT

川中黑山羊（乐至型）(Chuanzhong black goat)，属肉用型山羊地方品种。

一、产地与分布

川中黑山羊（乐至型）中心产区为资阳市乐至县，在资阳市、成都市、内江市、自贡市、德阳市、广元市、遂宁市及南充市等部分区县均有分布。

中心产区位于北纬30°00′—30°30′、东经104°45′—105°15′，海拔297～596.3m。属亚热带季风气候区，年降水量923mm，年平均气温17.1℃，无霜期320～331d。土壤类型主要有冲积性水稻土、紫色土性水稻土、黄壤性水稻土、红棕紫泥土、红棕紫泥田等。地势西北略高于东南，沟谷纵横，沱江和涪江分水线自北向南，纵贯县境，形成东西两大树枝状水系。农作物主要为水稻、玉米、小麦、甘薯、油菜、大豆等，饲草料主要为饲用玉米、黑麦草、菌草、甜象草、皇竹草等。

二、品种形成与变化

（一）品种形成

早在清朝道光年间《乐至县志》就有“唯黑山羊，纯黑味美，不膻”的记载。证明很早以前当地就已饲养山羊，在当地生态环境条件下，经群众长期精心选育，形成适应性强、产肉性能好的优良山羊资源。2010年国家畜禽遗传资源委员会将金堂黑山羊和乐至黑山羊合并命名为川中黑山羊。2011年版《中国畜禽遗传资源志·羊志》中，乐至黑山羊被称为川中黑山羊（乐至型）。

（二）群体数量及变化情况

据2009年版《四川畜禽遗传资源志》记载，2005年川中黑山羊（乐至型）群体数量44.96万只，其中能繁母羊21.62万只。据2021年第三次全国畜禽遗传资源普查结果，川中黑山羊（乐至型）群体数量3.16万只，其中种公羊883只，能繁母羊1.58万只。

三、品种特征与性能

（一）体型外貌特征

1. 外貌特征　川中黑山羊（乐至型）全身被毛为黑色、具有光泽，冬季内层着生短而细密的绒毛。部分羊头部有栀子花状白毛。头中等大，有角或无角。公羊角粗大，向后弯曲并向两侧扭转，母羊角较小，呈镰刀状。耳中等偏大，有垂耳、半垂耳和立耳。公羊鼻梁微拱，母羊鼻梁平直，颈长短适中，背腰宽平。成年公羊颌下有毛须，成年母羊部分颌下有毛须。体质结实，体型高大，四肢粗壮，蹄质坚实，尾短而上翘。公羊体态雄壮，前躯发达。母羊后躯发达，乳房呈球形或梨形。

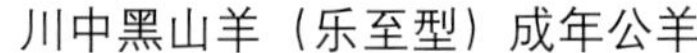
川中黑山羊（乐至型）成年公羊

川中黑山羊（乐至型）成年母羊

2. 体重和体尺　在舍饲条件下，川中黑山羊（乐至型）成年体重和体尺见表1。

表1　川中黑山羊（乐至型）成年体重和体尺

性别	数量(只)	体重(kg)	体高(cm)	体长(cm)	胸围(cm)	管围(cm)
公	21	73.5±8.8	82.6±5.6	75.8±4.4	101.7±6.0	12.0±0.7
母	64	48.9±11.1	68.3±3.9	70.4±4.3	89.9±5.2	9.7±0.5

注：2022年5月由西南民族大学在乐至县测定。

（二）生产性能

1. 生长发育　在舍饲条件下，川中黑山羊（乐至型）初生、断奶、6月龄和12月龄体重见表2。

表2　川中黑山羊（乐至型）不同阶段体重

测定阶段	性别	数量(只)	体重(kg)
初生	公	73	2.9±0.3
	母	70	2.7±0.2
断奶	公	65	11.4±1.6
	母	60	11.0±0.9
6月龄	公	21	30.0±2.1
	母	63	27.8±1.7

（续）

测定阶段	性别	数量（只）	体重(kg)
12月龄	公	20	56.5±3.0
	母	64	42.8±2.1

注：2022年3—10月由西南民族大学在乐至县测定。

2. 繁殖性能　川中黑山羊（乐至型）母羊初情期4～5月龄，5～8月龄达性成熟，初配月龄为10～11月龄，全年发情，发情周期21d，妊娠期152d，产羔率250%。公羊初情期4～6月龄，5～8月龄达性成熟，初配月龄12～18月龄，使用年限5～6年。采用本交方式配种，公母比例1：（20～30）。

3. 屠宰性能　在舍饲条件下，6月龄川中黑山羊（乐至型）屠宰性能见表3。

表3　川中黑山羊（乐至型）屠宰性能

性别	数量（只）	宰前活重(kg)	胴体重(kg)	净肉重(kg)	屠宰率(%)	净肉率(%)	胴体净肉率(%)	眼肌面积(cm^2)	GR值(mm)
公	15	32.1±4.5	17.1±3.0	6.6±1.2	53.0±2.9	20.5±1.2	38.7±1.6	11.7±2.4	4.4±0.7
母	15	29.0±2.9	15.4±1.8	5.8±0.8	52.9±2.1	20.0±1.1	37.9±1.6	10.5±2.0	2.9±0.3

注：2022年12月由西南民族大学在乐至县测定。

四、饲养管理

川中黑山羊（乐至型）以舍饲为主，半舍饲为辅。饲料以青绿饲料和精料相结合。

五、品种保护

2012年川中黑山羊被列入《四川省畜禽遗传资源保护名录》，2015年在乐至县建立了川中黑山羊（乐至型）省级保种场。

六、评价和利用

川中黑山羊（乐至型）体格大、生长发育快、繁殖性能突出、产肉性能好、耐粗饲、适应性强、遗传稳定。今后应着重以高繁殖率和高产肉性能为开发利用方向，加强对该品种的保种与选育工作，建立完善的繁育体系，积极改善饲养管理条件，不断提高其繁殖性能和生产性能。2018年，农业部正式批准对“乐至黑山羊”实施农产品地理标志登记保护。

川南黑山羊（自贡型）

CHUANNAN BLACK GOAT

川南黑山羊（自贡型）(Chuannan black goat)，属肉皮兼用型山羊地方品种。

一、产地与分布

川南黑山羊（自贡型）中心产区为自贡市富顺县、荣县，在自贡市贡井区、沿滩区，泸州市、眉山市、宜宾市、广安市部分区县均有分布。

中心产区位于北纬29°08′—29°38′、东经104°03′—104°40′，海拔288～902.5m。属亚热带季风气候区，大陆性季风气候显著，四季分明、气候温和、降水充沛，年降水量924.5mm，年平均气温17.8℃，最高气温42℃，最低气温0℃，无霜期333d。棕紫泥土、灰棕紫泥土、红紫泥土、红棕紫泥土、暗紫泥土占土地总面积的90%。地貌分区特征较明显，由北向南呈波状起伏，北部多为低山、高丘地形，中部多为低丘、中丘地形，南部多为中丘、高丘地形，平坝主要分布在沿河两岸。河流系沱江和岷江水系上游的支小河流，都属山溪河，滩多水浅。农作物主要有水稻、小麦、玉米、油菜、高粱等。

二、品种形成与变化

（一）品种形成

自贡市养羊历史悠久，《四川经济文化博览·自贡卷》记载着富顺县赵化镇早在宋朝就养殖有自贡黑山羊，《盐都佳肴趣话》中记载荣县长山桥张八羊杂汤有100多年历史。据新中国成立前的史料记载，1931—1940年间，富顺县年产山羊皮500担。据《四川各县牲畜统计》记载，民国三十年（1941年）富顺养羊14万只。经过长期的自然选择和人工选育，逐步形成优良地方山羊遗传资源。

（二）群体数量及变化情况

据2011年版《中国畜禽遗传资源志·羊志》记载，2008年川南黑山羊（自贡型）在自贡市群体数量为78.72万只，其中公羊2.55万只，能繁母羊43.30万只。据2021年第三次全国畜禽遗传资源普查结果，川南黑山羊（自贡型）群体数量为1.51万只，其中种公羊为548只，能繁母羊8 777只。

三、品种特征与性能

（一）体型外貌特征

1. 外貌特征　川南黑山羊（自贡型）全身被毛呈黑色、富有光泽。成年羊换毛季节有少量毛纤维末梢呈棕色。成年公羊有毛髯，颈、肩股部着生蓑衣状长毛，沿背脊有粗黑长毛，部分额部有鬏毛。公羊多有胡须，母羊少有胡须。体质结实，体型中等，结构匀称。多数有角，公羊角粗大，向后下弯曲，呈镰刀形；母羊角较小，呈“八”字形。头中等大小，鼻梁直，额较窄，竖耳。颈长短适中，背腰平直，胸深广，肋骨开张，荐部较宽，尻部较丰满。公羊睾丸对称、大小适中，发育良好；母羊乳房丰满、呈球形。

川南黑山羊（自贡型）成年公羊

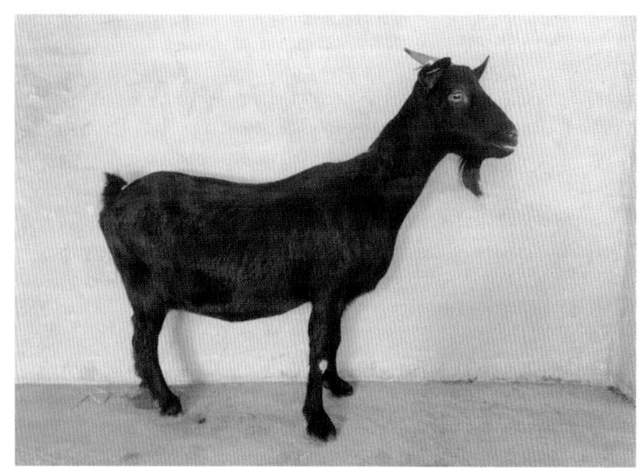

川南黑山羊（自贡型）成年母羊

2. 体重和体尺　在舍饲条件下，川南黑山羊（自贡型）成年体重和体尺见表1。

表1　川南黑山羊（自贡型）成年体重和体尺

性别	数量(只)	体重(kg)	体高(cm)	体长(cm)	胸围(cm)	管围(cm)
公	20	53.8±6.8	68.1±3.1	75.6±5.3	97.5±3.8	11.4±0.4
母	60	37.7±2.2	58.8±1.8	65.5±2.9	74.2±4.6	8.5±0.2

注：2022年6月由四川省自贡市荣县养殖业服务中心在荣县测定。

（二）生产性能

1. 生长发育　在舍饲条件下，川南黑山羊（自贡型）初生、断奶、6月龄和12月龄体重见表2。

表2　川南黑山羊（自贡型）不同阶段体重

测定阶段	性别	数量(只)	体重(kg)
初生	公	60	2.3±0.2
	母	60	2.2±0.1

（续）

测定阶段	性别	数量（只）	体重(kg)
断奶	公	60	9.4±0.6
	母	60	7.9±0.5
6月龄	公	20	24.0±1.5
	母	60	17.8±1.0
12月龄	公	20	36.3±3.2
	母	60	26.5±1.5

注：2022年3—10月由四川省自贡市荣县养殖业服务中心在荣县测定。

2. 繁殖性能　川南黑山羊（自贡型）母羊7月龄达性成熟，初配年龄为10月龄，全年发情，发情周期为20～23d，妊娠期为150～152d，母羊产羔率为220%～235%。公羊11月龄达性成熟，初配年龄为12月龄。配种方式以本交为主，公母羊比例为1∶15，公羊利用年限为3～5年。

3. 屠宰性能　在舍饲条件下，12月龄川南黑山羊（自贡型）屠宰性能见表3。

表3　川南黑山羊（自贡型）屠宰性能

性别	数量（只）	宰前活重(kg)	胴体重(kg)	净肉重(kg)	屠宰率(%)	净肉率(%)	胴体净肉率(%)	眼肌面积(cm^2)	GR值(mm)
公	15	35.4±2.4	16.1±1.2	12.4±1.4	45.5±1.7	34.9±2.0	76.9±5.0	10.8±1.5	5.1±0.8
母	15	25.9±1.5	11.7±0.9	9.1±0.8	45.2±2.0	35.2±1.9	77.9±4.7	11.6±1.8	4.9±0.7

注：2022年5—11月由四川省自贡市荣县养殖业服务中心在荣县测定。

四、饲养管理

川南黑山羊（自贡型）主要采用舍饲和半舍饲的方式进行饲养，品种适应性较强，易管理，饲料主要以精料加草料为主，部分养殖场育肥后期以全价颗粒料饲喂。

五、品种保护

2012年川南黑山羊被列入《四川省畜禽遗传资源保护名录》，2013年在荣县建立了川南黑山羊（自贡型）省级保种场。

六、评价和利用

川南黑山羊（自贡型）具有前期生长发育快、早熟、繁殖力高、适应性强等优点，尤以羔羊肉质细嫩、膻味轻为显著特点。但其体型偏小，今后应在保持优良肉质的基础上，不断提高其产肉性能，提高群体整齐度。

川南黑山羊（江安型）

CHUANNAN BLACK GOAT

川南黑山羊（江安型）(Chuannan black goat)，属肉皮兼用型山羊地方品种。

一、产地与分布

川南黑山羊（江安型）中心产区为宜宾市江安县，宜宾市翠屏区、南溪区、叙州区、长宁县、高县、筠连县、兴文县与屏山县，泸州市的江阳区、纳溪区、龙马潭区、泸县、叙永县与古蔺县亦有分布。

中心产区位于北纬28°22′—28°56′、东经104°57′—105°14′，海拔236.8～996m。属亚热带季风和湿润气候，年平均气温17.9℃，最低气温-0.9℃，最高气温41.1℃，年平均降水量1 040mm，无霜期为347d。土壤类型有灰砂壤、黄壤、紫泥、紫红泥、酸性黄壤等。产区地处四川盆地南缘与云贵高原的过渡地带，长江从西至东横穿而过，境内除长江外有大小河流147条，分属长江、沱江水系，包括绵溪河、和尚洞河、高洞河等。农作物主要有水稻、玉米、油菜、甘薯、马铃薯、大豆等。

二、品种形成与变化

（一）品种形成

江安县养羊历史悠久，据史料记载，唐宋以前，江安为夷僚杂居之地，夷人以牧为主。《汉书·西南夷列传》记载："缘淯井溪转斗凡十一阵破之获其牛羊……甚众，夷人相率来附……"另据清朝嘉庆年间《江安县志》记载："禽兽类：牛（有水黄二种）、马、骡、猪、羊……""畜类：凡民间畜牧……劝农课桑外宜肩及之……"江安的黑山羊于1980年收录于《宜宾地区畜禽品种志》。上述史料证明，产区很早以前就已养羊，且贸易发达、畜牧兴旺。经过长期的自然选择和人工选育，逐步形成优良地方山羊遗传资源。

（二）群体数量及变化情况

据2011年版《中国畜禽遗传资源志·羊志》记载，2008年川南黑山羊（江安型）在江安县群体数量为12.05万只，其中种公羊0.36万只，能繁母羊6.21万只。据2021年第三次全国畜禽遗传资源普查结果，川南黑山羊（江安型）群体数量为1.31万只，其中种公羊为757只，能繁母羊5 675只。

三、品种特征与性能

（一）体型外貌特征

1．外貌特征　川南黑山羊（江安型）全身被毛呈黑色，富有光泽，肤色白色。成年羊换毛季节有少量毛纤维末梢呈棕色。成年公羊有毛髯，颈、肩和股部着生蓑衣状长毛，沿背脊有粗黑长毛。公羊多有胡须，母羊少有胡须。多数有角，公羊角粗大，向后下弯曲，呈镰刀形。母羊角较小，呈八字形。头大小适中，额宽，面平，鼻梁微隆，竖耳。颈长短适中。体质结实，体型中等，结构匀称。背腰平直，胸深广，肋骨开张，荐部较宽，尻部较丰满，四肢细，蹄色为黑色，尾短小上翘。公羊睾丸对称，大小适中，发育良好；母羊乳房丰满，呈球形，左右乳头大小一致，无附乳头。

川南黑山羊（江安型）成年公羊

川南黑山羊（江安型）成年母羊

2．体重和体尺　在舍饲条件下，川南黑山羊（江安型）成年体重和体尺见表1。

表1　川南黑山羊（江安型）成年体重和体尺

性别	数量(只)	体重(kg)	体高(cm)	体长(cm)	胸围(cm)	管围(cm)
公	20	46.6±7.3	70.2±5.2	65.9±6.5	90.6±7.4	11.2±0.7
母	60	30.8±4.6	59.6±3.4	57.9±3.8	77.3±4.0	8.8±0.6

注：2022年5月由西南民族大学在江安县测定。

（二）生产性能

1．生长发育　在舍饲条件下，川南黑山羊（江安型）初生、断奶、6月龄和12月龄体重见表2。

表2　川南黑山羊（江安型）不同阶段体重

测定阶段	性别	数量(只)	体重(kg)
初生	公	65	1.7±0.3
	母	60	1.7±0.3
断奶	公	60	8.9±1.8
	母	71	8.6±2.5

（续）

测定阶段	性别	数量（只）	体重（kg）
6月龄	公	20	20.3±2.2
	母	60	16.5±2.3
12月龄	公	20	32.7±2.5
	母	68	26.3±2.8

注：2022年3—10月由西南民族大学在江安县测定。

2. 繁殖性能　川南黑山羊（江安型）母羊3月龄达性成熟，初配年龄为5～6月龄，全年发情，发情周期21d，妊娠期148d，母羊平均产羔率205%。公羊5月龄达性成熟，初配年龄为6～7月龄，配种方式以本交为主，公母比例为1：（20～30），公羊利用年限为5～6年。

3. 屠宰性能　在舍饲条件下，12月龄川南黑山羊（江安型）屠宰性能见表3。

表3　川南黑山羊（江安型）屠宰性能

性别	数量（只）	宰前活重（kg）	胴体重（kg）	净肉重（kg）	屠宰率（%）	净肉率（%）	胴体净肉率（%）	眼肌面积（cm^2）	GR值（mm）
公	15	31.4±3.7	14.6±1.7	11.2±1.8	46.4±2.4	35.6±3.0	76.7±4.6	10.9±1.3	4.0±0.6
母	15	25.3±4.6	11.6±2.7	8.8±2.2	45.3±3.6	34.5±4.3	76.0±5.0	8.1±1.6	2.5±0.5

注：2022年12月由西南民族大学在江安县测定。

四、饲养管理

川南黑山羊（江安型）饲养方式以半舍饲为主，饲料以青绿饲料为主，在冬、春枯草季节或母羊产羔时适当补饲精饲料。

五、品种保护

目前尚未建立保种场或保护区。

六、评价和利用

川南黑山羊（江安型）繁殖率高，适应性强，早期生长快，膻味小，耐粗饲，板皮质优，遗传性能稳定。2017年，国家质检总局批准对“江安黑山羊”实施地理标志产品保护。今后应在保持优良肉质的基础上，以本品种选育为主，有计划地开展选种选配工作，积极改善饲养管理条件，不断提高羊只产肉性能，提高群体整齐度。

北川白山羊 BEICHUAN WHITE GOAT

北川白山羊（Beichuan white goat），属肉用型地方品种。

一、产地与分布

北川白山羊中心产区为绵阳市北川羌族自治县白什乡和都贯乡。在北川羌族自治县的擂鼓镇、永安镇、禹里镇等14个乡镇和绵阳市游仙区新桥镇等区域也有分布。

产区地处四川盆地西北部，位于北纬31°35′—31°38′、东经104°26′—104°29′。地势西北高、东南低，全境峰峦起伏，沟壑纵横，境内最高海拔4 769m，最低海拔540m。属于亚热带季风性湿润气候，年平均降水量1 230.5mm，年平均气温15.7℃，无霜期286d。土壤质地以砾石土为主，其次为壤土和黏土。耕地面积0.74万hm^2，草地面积6.47万hm^2；主要农作物包括水稻、玉米、马铃薯、大豆、油菜、小麦等，主要饲草包括皇竹草、黑麦草、厚朴叶等。

二、品种形成与变化

（一）品种形成

北川羌族自治县古为羌人聚居地，史书记载："羌从羊、喜牧羊"。山羊被羌族人民奉为神灵，羊图腾崇拜（羊头作"神像"）是一种在羌族先民中普遍存在的崇拜形式，养羊业是羌人的主要生活和经济来源。据县志记载，清宣统二年全县山羊群体数量3万余只，中心产区在以羌、藏民族聚居为主的地方。北川羌族自治县多为山区，白色山羊醒目，易于管理；传统上羌人在祭祀和过年时要宰杀大肥骟羊，因而人们选择生长快、个体大和白色的羊作为种羊。北川白山羊是经过长期人工选择形成的优良地方山羊品种。

（二）群体数量及变化情况

据2011年版《中国畜禽遗传资源志·羊志》记载，2005年北川白山羊群体数量为14.4万只，2007年群体数量为14.95万只，2008年群体数量为9.31万只。据2021年第三次全国畜禽遗传资源普查结果，北川白山羊群体数量为7 519只，其中种公羊381只，能繁母羊5 318只。

三、品种特征与性能

（一）体型外貌特征

1. 外貌特征　北川白山羊被毛多呈白色，毛短而粗，公羊头颈、胸部、四肢外侧被毛较长。体质结实，结构紧凑。头较小，额微突，鼻梁平直，耳中等大小、直立。多数个体有角，向后呈倒八字形弯曲，公羊角大，宽而略扁，母羊角细小。颈粗壮，少数个体有肉髯；体躯呈圆桶状，前胸宽深，肋骨张开较好，腹大而不下垂，背腰平直，尻略斜。四肢较短、粗壮，蹄质坚实，尾部短小而上翘。公羊睾丸对称，母羊乳房大小适中，乳头短。

北川白山羊成年公羊

北川白山羊成年母羊

2. 体重和体尺　舍饲条件下，北川白山羊成年体重和体尺见表1。

表1　北川白山羊成年体重和体尺

性别	数量(只)	体重(kg)	体高(cm)	体长(cm)	胸围(cm)	管围(cm)
公	22	49.13±7.90	66.86±5.05	75.25±2.21	85.72±6.72	8.96±0.65
母	64	37.28±7.46	58.69±5.51	67.81±4.08	77.99±6.04	7.57±0.47

注：2022年4—12月由四川农业大学在绵阳市测定。

（二）生产性能

1. 生长发育　舍饲条件下，北川白山羊初生、断奶、6月龄和12月龄体重见表2。

表2　北川白山羊不同阶段体重

测定阶段	性别	数量(只)	体重(kg)
初生	公	60	2.60±0.52
	母	64	2.60±3.24
断奶	公	60	11.07±1.09
	母	65	9.48±1.13
6月龄	公	20	15.85±2.82
	母	60	16.16±2.52

（续）

测定阶段	性别	数量（只）	体重(kg)
12月龄	公	25	28.74±3.33
	母	60	25.61±2.77

注：2022年4—12月由四川农业大学在绵阳市测定。

2. 繁殖性能　北川白山羊公羊5月龄达初情期，母羊4月龄达初情期。公羊10月龄达初配年龄，母羊6月龄。母羊发情周期21d，发情持续期48h，妊娠期146d，年产1.78胎。产羔率初产母羊140%，经产母羊210%。羔羊成活率90%。

3. 屠宰性能　舍饲条件下，6月龄北川白山羊屠宰性能见表3。

表3　北川白山羊屠宰性能

性别	数量（只）	宰前活重(kg)	胴体重(kg)	净肉重(kg)	屠宰率(%)	净肉率(%)	胴体净肉率(%)	眼肌面积(cm^2)	GR值(mm)
公	15	14.85±2.39	6.79±1.34	5.27±1.10	45.49±2.61	35.23±2.54	77.44±2.51	4.93±1.03	7.16±1.86
母	15	14.38±2.13	6.40±1.06	4.97±0.81	44.45±2.24	34.50±1.97	77.63±1.45	4.99±0.87	6.37±1.00

注：2022年11月由四川农业大学在绵阳市测定。

四、饲养管理

北川白山羊主要采用“放牧+补饲”的养殖模式，养殖圈舍以半开放式为主，配种方式采用自然交配。精饲料以玉米、黄豆、麦麸、酒糟、豆腐渣和青贮玉米为主。部分规模化养殖场采用舍饲的模式，饲料主要为青绿饲料和精料补充料。

五、品种保护

2012年北川白山羊被列入《四川省畜禽遗传资源保护名录》，2013年在北川羌族自治县建立了北川白山羊保护区，同年该保护区被确定为省级北川白山羊保护区。

六、评价和利用

北川白山羊具有遗传性能稳定、适应性强、适合山区放牧和舍饲养殖等特点，是我国优良的地方山羊品种。2008年后，北川白山羊群体数量呈下降趋势。今后应注重北川白山羊提纯复壮工作，提高保种质量，重点加强其生长性状的选育改良。

古蔺马羊

GULIN MA GOAT

古蔺马羊（Gulin Ma goat），俗名马羊，属皮肉兼用型地方品种。

一、产地与分布

古蔺马羊中心产区为泸州市古蔺县石宝镇，古蔺县的其他乡镇均有分布。

中心产区地处四川省南部边缘山区与云贵高原接壤处，位于北纬27°40′—28°20′、东经105°36′—106°35′。境内山峦起伏，河谷交错，大部分地区海拔700～1 300m。属于亚热带季风性湿润气候，年平均降水量748.4～1 112.7mm，年平均气温23℃，无霜期232～363d。古蔺县耕地面积7.32万hm^2，林地面积20.51万hm^2。主要农作物为水稻、玉米、高粱等。

二、品种形成与变化

（一）品种形成

古蔺马羊因多数羊无角，形似马头，故称马羊。古蔺马羊产区地处川南边缘山区，为各族人民聚居的地方，特别是在苗族较集中的山区，长期以来群众喜欢养羊，民间有去势羊育肥、吃烫皮羊肉的习惯，逢年过节或红白喜事，常宰杀肥大阉羊办酒席。群众选留种羊多要求"单脊胛扁，胸肋骨深，长摆高稍"的体型和无角，逐渐形成古蔺马羊这一地方品种。

（二）群体数量及变化情况

据2011年版《中国畜禽遗传资源志·羊志》记载，1985年古蔺马羊群体数量为2 525只，1995年群体数量为1 8179只，2008年群体数量仅7 520只，其中能繁母羊3 850只。据2021年第三次全国畜禽遗传资源普查结果，古蔺马羊群体数量6 940只，其中种公羊337只，能繁母羊3 346只。

三、品种特征与性能

（一）体型外貌特征

1. 外貌特征　古蔺马羊被毛主要为麻灰色和褐黄色，相较体躯腹部毛色浅。公羊被毛较长，在颈、肩、腹侧和四肢下端多为黑灰色长毛，母羊被毛较短。古蔺马羊体型较大，体质结实，体躯近似砖块形。头部中等大、形似马头，额平，鼻梁平直，两耳向侧前方伸直，面部两侧各有一条白色毛带，俗称狸面。公、母羊多为无角，均有胡须，少数个体颈下有肉髯。颈长短适中，胸宽深，背平直，尻部略斜，四肢较高，骨骼粗壮，尾短小上翘。公羊睾丸大而对称，母羊乳头大小匀称，极少数有附乳头。

古蔺马羊成年公羊　　古蔺马羊成年母羊

2．体重和体尺　在舍饲条件下，古蔺马羊成年体重和体尺见表1。

表1　古蔺马羊成年体重和体尺

性别	数量（只）	体重（kg）	体高（cm）	体长（cm）	胸围（cm）	管围（cm）
公	20	37.54±9.50	66.14±7.13	70.80±8.04	76.20±8.82	8.67±0.90
母	69	34.05±4.94	62.35±2.89	72.52±4.55	75.87±4.56	8.08±0.49

注：2022年4—12月由古蔺马羊科技有限公司在古蔺马羊保种场测定。

（二）生产性能

1．生长发育　在舍饲条件下，古蔺马羊初生、断奶、6月龄和12月龄体重见表2。

表2　古蔺马羊不同阶段体重

测定阶段	性别	数量（只）	体重（kg）
初生	公	60	2.03±0.37
	母	60	1.91±0.27
断奶	公	60	8.23±0.91
	母	60	7.70±0.73
6月龄	公	20	14.33±0.58
	母	60	14.33±0.79
12月龄	公	20	25.31±0.93
	母	60	25.67±1.23

注：2022年4—12月由古蔺马羊科技有限公司在古蔺马羊保种场测定。

2. 繁殖性能　古蔺马羊公羊5月龄达性成熟、母羊4月龄达性成熟，初配年龄母羊为6月龄、公羊为7月龄。母羊常年发情，发情周期17 ~ 21d，妊娠期141 ~ 151d，年产两胎，平均产羔率175%，初产母羊产羔率150%，经产母羊产羔率200%。

3. 屠宰性能　在舍饲条件下，6月龄古蔺马羊屠宰性能见表3。

表3　古蔺马羊屠宰性能

性别	数量（只）	宰前活重(kg)	胴体重(kg)	净肉重(kg)	屠宰率(%)	净肉率(%)	胴体净肉率(%)	眼肌面积(cm^2)	GR值(mm)
公	15	15.51 ±2.27	6.63 ±0.95	4.35 ±1.03	42.77 ±2.14	28.01 ±5.02	65.51 ±11.36	4.17 ±1.30	6.25 ±1.06
母	15	16.81 ±3.25	7.61 ±1.65	5.33 ±1.25	45.11 ±2.86	31.57 ±2.55	69.97 ±3.04	4.95 ±0.95	7.82 ±1.20

注：2022年11月由古蔺马羊科技有限公司在古蔺马羊保种场测定。

四、饲养管理

古蔺马羊主要采用“放牧+补饲”的养殖模式，饲草料以各种青草、农作物秸秆、树叶等为主，散养户以放牧为主。

五、品种保护

2012年古蔺马羊被列入《四川省畜禽遗传资源保护名录》，2020年在古蔺县建立了古蔺马羊保种场，2022年该保种场被确定为四川省古蔺马羊保种场。

六、评价和利用

古蔺马羊具有体型中等、性成熟早、繁殖力高、适应性广、肉质细嫩多汁、膻味轻等特点，且性情温驯，易于管理。今后应加强本品种选育，提高其生长速度和繁殖力等重要经济性状。

板角山羊 BANJIAO GOAT

板角山羊（Banjiao goat），属皮肉兼用型山羊地方品种。

一、产地与分布

板角山羊原产地为四川省达州万源市和重庆市城口县、巫山县和武隆县，四川中心产区为万源市官渡镇和大竹镇。达州市万源市、宣汉县、渠县及达川区部分乡镇也有分布。

中心产区位于北纬30°39′—32°19′、东经107°28′—108°31′，海拔600～1 400m，属于山地地貌，亚热带季风性湿润气候。年平均降水量1 271mm，年平均气温14.8℃，年平均无霜期258d。产区水源丰富，任河、前河等河流流经境内；土壤主要有水稻土、紫色土、黄壤土等类型，耕地面积3.13万hm^2，草地面积1.85万hm^2。主要农作物包括水稻、玉米、马铃薯等，主要饲草料为农作物秸秆、黑麦草、高丹草等。

二、品种形成与变化

（一）品种形成

板角山羊是川东边缘山区的一个地方品种，因具有一对大而扁长的角而得名。当地群众素有选择白色、大体型的山羊进行饲养繁育的习惯。从当地土种羊中选优去劣，通过自然选择和人工选育，形成了个体大、肉肥嫩且板皮面积大、质地致密、弹性好、毛色白、角扁而弯曲的山羊品种。

（二）群体数量及变化情况

据2011年版《中国畜禽遗传资源志·羊志》记载，2000年板角山羊群体数量约50.5万只，2008年群体数量为45.23万只。据2021年第三次全国畜禽遗传资源普查结果，四川省板角山羊群体数量为8 859只，其中种公羊918只，能繁母羊4 693只。

三、品种特征与性能

（一）体型外貌特征

1. 外貌特征　板角山羊被毛以白色为主，黑色、杂色个体很少。成年公羊被毛粗长，成年母羊被毛较短。体型中等，骨骼粗壮、结实。头中等大，额凸，鼻梁平直，耳大、直立。公、母羊均有角，角宽而略扁，向后弯曲扭转。颈长短适中。体躯呈椭圆桶形，背腰较平直，尻略斜。公羊前躯发达，母羊后躯发达。四肢健壮，蹄质坚实、呈淡黄白色或褐色。

板角山羊成年公羊

板角山羊成年母羊

2．体重和体尺　在舍饲条件下，板角山羊成年体重和体尺见表1。

表1　板角山羊成年体重和体尺

性别	数量(只)	体重(kg)	体高(cm)	体长(cm)	胸围(cm)	管围(cm)
公	23	48.39±12.71	76.52±7.14	68.83±6.44	81.3±7.50	10.26±0.96
母	61	37.66±4.25	72.72±3.09	62.89±3.97	74.79±3.29	8.20±0.65

注：2022年4—12月由四川农业大学联合万源市农业农村局在万源市测定。

（二）生产性能

1．生长发育　在舍饲条件下，板角山羊初生、断奶、6月龄和12月龄体重见表2。

表2　板角山羊不同阶段体重

测定阶段	性别	数量(只)	体重(kg)
初生	公	63	1.89±0.22
	母	60	1.84±0.81
断奶	公	63	7.75±0.85
	母	60	7.98±0.83
6月龄	公	63	18.12±1.03
	母	60	17.88±1.99
12月龄	公	20	25.05±3.82
	母	60	22.80±3.08

注：2022年4—12月由四川农业大学联合万源市农业农村局在万源市测定。

2．繁殖性能　板角山羊公羊4月龄达初情期，8月龄达性成熟，初配年龄为12月龄，利用年限4年。母羊4月龄达初情期，5月龄达性成熟，初配年龄为9月龄，发情周期21d，妊娠期151d，产羔率158%。

3．屠宰性能　在舍饲条件下，12月龄板角山羊屠宰性能见表3。

表3　板角山羊屠宰性能

性别	数量（只）	宰前活重（kg）	胴体重（kg）	净肉重（kg）	屠宰率（%）	净肉率（%）	胴体净肉率（%）	眼肌面积（cm^2）	GR值（mm）
公	15	25.65±4.17	11.73±1.90	8.40±1.57	45.76±2.00	32.72±2.65	71.45±3.91	5.43±1.17	7.61±2.82
母	15	23.48±2.00	9.37±0.95	6.33±0.78	39.91±2.04	26.93±1.85	67.53±3.94	4.13±0.62	5.66±1.24

注：2023年1月由四川农业大学联合万源市农业农村局在万源市测定。

四、饲养管理

板角山羊的养殖以散养户为主，在低山地区以“放牧+补饲”方式饲养，在高山地区以放牧为主，公、母羊混群放牧。

五、品种保护

2012年板角山羊被列入《四川省畜禽遗传资源保护名录》，2014年万源市建立了板角山羊保护区，2022年该保护区被确定为四川省板角山羊保护区。

六、评价和利用

板角山羊具有肉用性能好、板皮品质优良、繁殖力高、适应性强等优点，是我国优良的地方山羊品种。今后应加强本品种选育，提高产肉性能。

白玉黑山羊

BAIYU BLACK GOAT

白玉黑山羊（Baiyu black goat），属肉用型山羊地方品种。

一、产地与分布

白玉黑山羊中心产区为四川省甘孜藏族自治州白玉县灯龙乡、金沙乡、热加乡、赠科乡。在白玉县其他乡镇，德格县、巴塘县及得荣县也有分布。

中心产区位于北纬30°22′—31°40′、东经98°36′—99°56′，地处青藏高原东部、横断山脉北段、金沙江上游东岸、沙鲁里山西侧；境内东部为山地、西部为高山峡谷，最高海拔5 725m、最低海拔2 640m、平均海拔3 500m以上，属高原山地地貌；年平均降水量500～620mm，年平均气温6～10℃，无霜期110～140d，集中于6—10月，属于高原山地气候。水资源主要来源于金沙江支流偶曲河及拉龙措等高原湖泊。农耕地主要为棕壤土质，草场以高山草甸草地和林间草地为主。耕地面积0.56万hm^2，草地面积53.37万hm^2。主要农作物为青稞、芫根、马铃薯等，主要饲草料为农作物秸秆，牧草以禾本科为主。

二、品种形成与变化

（一）品种形成

在公元前4世纪前后，古羌先民定居在现今甘孜藏族自治州金沙江、大渡河流域，羌人以牧羊著称。该品种是在相对封闭的条件下，在自然选择和人工选育下逐渐形成的对以低氧、寒冷、强紫外线为主要特征的高原环境具有良好适应性的地方山羊品种。

（二）群体数量及变化情况

据2011年版《中国畜禽遗传资源志·羊志》记载，1990年白玉黑山羊群体数量5.29万只，2005年群体数量5.80万只，2008年群体数量4.57万只。据2021年第三次全国畜禽遗传资源普查结果，白玉黑山羊群体数量为2 881只，其中种公羊237只，能繁母羊1 587只。

三、品种特征与性能

（一）体型外貌特征

1. 外貌特征　白玉黑山羊全身被毛较长，呈黑色，皮肤为乌黑色，大部分额有白毛。头中等大，额窄小，鼻梁微凸；公羊多有角，少数母羊有角，角形多为螺旋状，少数为镰刀状，向上向后两侧生长；耳小且直立。颈长度适中，无肉髯。躯干整体呈长方形，背腰平直，胸较深，腹中等大小，臀部稍斜，四肢健壮，蹄质坚实，尾短呈锥形。公羊睾丸左右对称；母羊乳房大小适中，发育良好，乳头短。

白玉黑山羊成年公羊

白玉黑山羊成年母羊

2. 体重和体尺　在“放牧+补饲”条件下，白玉黑山羊成年体重和体尺见表1。

表1　白玉黑山羊成年体重和体尺

性别	数量(只)	体重(kg)	体高(cm)	体长(cm)	胸围(cm)	管围(cm)
公	21	34.68±7.45	56.65±3.52	59.49±4.78	76.48±7.10	8.00±0.63
母	61	21.66±3.86	49.51±3.05	52.04±4.33	62.44±4.79	6.36±0.59

注：2022年4—12月由白玉县玉牧康源牧业有限公司在白玉县测定。

（二）生产性能

1. 生长发育　在“放牧+补饲”条件下，白玉黑山羊初生、断奶和6月龄体重见表2。

表2　白玉黑山羊不同阶段体重

测定阶段	性别	数量(只)	体重(kg)
初生	公	63	1.89±0.17
	母	70	1.84±0.23
断奶	公	64	10.01±1.84
	母	70	9.40±1.63
6月龄	公	33	14.87±1.47
	母	103	15.10±0.89

注：2022年4—12月由白玉县玉牧康源牧业有限公司在白玉县测定。

2. 繁殖性能　白玉黑山羊公羊初情期为6～8月龄，性成熟年龄为10～12月龄，初配年龄为18月龄，利用年限7～8年。母羊初情期为4～6月龄，性成熟年龄为6～8月龄，初配年龄为12月龄，发情周期18 ~ 21d，妊娠期146 ~ 160d，发情季节为4—5月，产羔率100.9%。

3. 屠宰性能 在“放牧+补饲”条件下，12月龄白玉黑山羊屠宰性能见表3。

表3 白玉黑山羊屠宰性能

性别	数量（只）	宰前活重（kg）	胴体重（kg）	净肉重（kg）	屠宰率（%）	净肉率（%）	胴体净肉率（%）	眼肌面积（cm^2）
公	15	20.09 ±1.91	8.27 ±1.33	5.35 ±0.64	41.00 ±3.35	26.60 ±1.70	65.12 ±4.61	4.16 ±1.83
母	15	20.23 ±5.01	8.03 ±2.51	5.38 ±1.65	39.13 ±3.57	26.22 ±3.63	66.88 ±5.56	4.72 ±2.03

注：2022年11月由白玉县玉牧康源牧业有限公司在白玉县测定。

四、饲养管理

普通农户全年放牧饲养，一般不补饲，仅在冬春寒冷季节给妊娠母羊补饲少量青稞和青干草。规模养殖场主要采用“放牧+补饲”的养殖模式。

五、品种保护

目前尚未建立保种场或保护区。

六、评价和利用

白玉黑山羊具有高海拔适应性强、耐粗饲、抗逆性强等优点，但体型小，产羔率低。今后应积极开展本品种选育，提高其产肉性能，不断改进群体整齐度。

建昌黑山羊 JIANCHANG BLACK GOAT

建昌黑山羊（Jianchang black goat），属肉皮兼用型山羊地方品种。

一、产地与分布

建昌黑山羊中心产区为凉山彝族自治州的会理市、会东县和德昌县。凉山彝族自治州的宁南、普格、布拖、金阳、喜德、冕宁、越西、甘洛、雷波，攀枝花市的仁和、米易、盐边和云南省的巧家、东川等县（市、区）亦有分布。

产区位于北纬26°21—29°20′、东经100°03′—103°52′，海拔1 000～2 500m，属于亚热带季风和湿润气候区以及高原山地气候区。年平均气温 10～17℃，无霜期200d左右。年平均降水量1 129.0mm，年平均日照时数1 800～2 200h。金沙江、雅砻江、安宁河及其大小支流分布全境，邛海、泸沽湖以及水库、塘堰星罗棋布，水资源丰富。土壤以红壤土、黄壤土为主，粮食作物主要有水稻、玉米、马铃薯、大豆、甘薯、油菜以及大麦、小麦等。草山草坡面积大，植被覆盖度高，牧草种类多，以禾本科为主。饲料作物有光叶紫花苕、黑麦草、白三叶、紫花苜蓿、黄竹草等，农副产品丰富。

二、品种形成与变化

（一）品种形成

据清同治九年（1870年）编撰的《会理州志·物产》中记载，黑山羊早在一百多年前，即已在会理、米易、会东地方饲养。当地居民喜用黑色光亮、手感柔软、有少许波形花纹的幼龄毛皮制成褂子，故多选黑色个体留种。在当地自然生态环境条件下，经当地群众精心选育和饲养，逐渐形成了优良的黑山羊地方品种。

（二）群体数量及变化情况

据2011年版《中国畜禽遗传资源志·羊志》记载，2008年建昌黑山羊存栏231.57万只。据2021年第三次全国畜禽遗传资源普查结果，建昌黑山羊群体数量为53.98万只，其中种公羊2.73万只，能繁母羊28.52万只。

三、品种特征与性能

（一）体型外貌特征

1. 外貌特征　建昌黑山羊被毛为纯黑色，以短毛居多。体质结实，体格中等。头呈三角形，额宽微突，鼻梁平直，立耳。公羊角较粗大，略向后外侧扭转；母羊角较小，微向后、上、外方扭转。颈粗短，公、母羊下颌有胡须，少数羊颈下有肉髯。背腰平直，鬐甲部高于十字部。四肢粗壮，蹄质坚实、呈黑色。尾短小上翘。公羊体态雄壮，睾丸适中；母羊体态清秀，乳房小、长短均匀。

建昌黑山羊成年公羊

建昌黑山羊成年母羊

2. 体重和体尺　在"放牧+舍饲"条件下，建昌黑山羊成年体重和体尺见表1。

表1　建昌黑山羊成年体重和体尺

性别	数量(只)	体重(kg)	体高(cm)	体长(cm)	胸围(cm)	管围(cm)
公	20	42.69±7.63	65.00±2.55	72.75±2.86	83.10±4.66	8.45±0.72
母	61	38.02±4.76	61.49±3.91	67.49±3.54	78.46±4.85	7.93±0.68

注：2022年8月会东县夹马石种羊场在会东县测定。

（二）生产性能

1. 生长发育　在"放牧+舍饲"条件下，建昌黑山羊初生、断奶、6月龄和12月龄的体重见表2。

表2　建昌黑山羊不同阶段体重

测定阶段	性别	数量(只)	体重(kg)
初生	公	60	1.69±0.15
	母	60	1.60±0.13
断奶	公	60	10.54±0.90
	母	60	8.80±0.91
6月龄	公	36	18.99±2.30
	母	61	17.35±2.05

（续）

测定阶段	性别	数量(只)	体重(kg)
12月龄	公	21	30.64±1.90
	母	65	25.55±2.66

注：2022年8月会东县夹马石种羊场在会东县测定。

2. 繁殖性能　在放牧饲养条件下，建昌黑山羊性成熟年龄公羊为6～7月龄，母羊为5～6月龄；初配年龄公羊为8～10月龄，母羊为6～8月龄。母羊发情周期17～22 d，妊娠期146～151d，常年发情，但以春、秋两季尤为集中。平均产羔率152%。

3. 屠宰性能　在“放牧+舍饲”条件下，6月龄建昌黑山羊屠宰性能见表3。

表3　建昌黑山羊屠宰性能

性别	数量(只)	宰前活重(kg)	胴体重(kg)	净肉重(kg)	屠宰率(%)	净肉率(%)	胴体净肉率(%)	眼肌面积(cm^2)	GR值(mm)
公	15	18.21±1.47	8.01±0.74	5.61±0.53	44.00±1.37	30.82±1.19	70.05±1.32	6.40±0.47	8.32±0.75
母	15	17.12±1.56	7.80±0.76	5.63±0.64	45.55±1.00	32.82±1.14	72.03±1.48	6.51±0.57	8.06±0.94

注：2022年9月会东县夹马石种羊场在会东县测定。

四、饲养管理

建昌黑山羊以放牧和半舍饲为主，低山河谷地区多采用半放牧半舍饲方式，二半山区及高山区采用全放牧饲养方式。

五、品种保护

建昌黑山羊2012年被列入《四川省畜禽遗传资源保护名录》，2013年在会理县建立了建昌黑山羊保种场，同年该保种场被确定为省级建昌黑山羊保种场。2018年会东县夹马石种羊场承担其保种任务并延续至今。

六、评价和利用

建昌黑山羊性成熟较早，早期生长发育快，裘皮板皮品质好，遗传性能稳定。2005年四川省发布了地方标准《建昌黑山羊》(DB51/248)，2015年“会东黑山羊”获国家地理标志产品。今后应加大本品种选育力度，提高其繁殖率和肉用性能。

MEIGU GOAT 美姑山羊

美姑山羊（Meigu goat），俗称美姑巴普山羊或巴普山羊，属肉用型山羊地方品种。

一、产地与分布

美姑山羊中心产区为凉山彝族自治州美姑县巴普、井叶特西、九口等乡镇。凉山彝族自治州雷波、昭觉、布拖、普格，乐山市峨边、马边等县亦有分布。

中心产区地处大凉山腹心地带，位于北纬28° 02′—28° 54′、东经102° 53′—103° 21′，海拔800～2 800m。属低纬度高原性气候，年平均气温11.4℃，无霜期180 d左右，年平均降水量814.6mm，年平均日照时数1 801h。土壤以黄棕壤、暗棕壤、紫色土、草甸土为主，农作物主要有玉米、荞麦、马铃薯和豌豆等。天然草地主要牧草有禾本科、莎草科、豆科和菊科等，人工牧草主要有白三叶、多年生黑麦草、紫花苜蓿和皇竹草等。

二、品种形成与变化

（一）品种形成

据2 000多年前《孜孜尼渣》（女王孜孜）中记载，古代美姑彝族人民在祭祀神灵、祈求平安的仪式中所用的动物就是“痴布树尼”，即黑白花公山羊。由于当地彝族群众在婚丧嫁娶、毕摩法事等活动中有宰杀山羊羔羊的习俗，故对产双羔、多羔的公、母羊和后代十分珍惜，把产羔多、生长快的个体留作种用。经过长期的不断选择，形成了适宜当地自然环境的优良地方品种。

（二）群体数量及变化情况

据2011年版《中国畜禽遗传资源志·羊志》记载，2008年美姑山羊存栏5.9万只。据2021年第三次全国畜禽遗传资源普查结果，美姑山羊群体数量为12.93万只，其中种公羊1.01万只，能繁母羊6.82万只。

三、品种特征与性能

（一）体型外貌特征

1．外貌特征　美姑山羊被毛以黑色为主，少数为黑白花，以短毛为主，极少数羊胸腹部和腿部有长毛，冬季被毛内层着生有绒毛。体格中等，体质结实，头中等大小，两耳短、侧立，额较宽，鼻梁平直，唇薄。公、母羊都有角，多弓形，公、母羊大多有胡须，30%左右的羊有肉髯。背腰平直，尻部丰满、斜平适度，尾短小、上翘，四肢粗短，蹄黑色，蹄质坚实。

美姑山羊成年公羊

美姑山羊成年母羊

2．体重和体尺　在“放牧+补饲”条件下，美姑山羊成年体重和体尺见表1。

表1　美姑山羊成年体重和体尺

性别	数量(只)	体重(kg)	体高(cm)	体长(cm)	胸围(cm)	管围(cm)
公	25	51.66±4.52	69.12±2.62	73.64±3.08	82.10±3.01	9.97±0.29
母	63	41.40±4.47	64.48±1.63	69.95±2.47	80.55±3.71	8.82±0.18

注：2022年西昌学院在美姑县测定。

（二）生产性能

1．生长发育　在“放牧+补饲”条件下，美姑山羊初生、断奶、6月龄和12月龄体重见表2。

表2　美姑山羊不同阶段体重

测定阶段	性别	数量(只)	体重(kg)
初生	公	60	2.09±0.13
	母	66	1.94±0.11
断奶	公	60	10.54±0.82
	母	66	9.35±0.61
6月龄	公	35	20.93±1.24
	母	62	18.17±0.89
12月龄	公	20	31.77±1.55
	母	65	25.06±1.44

注：2022年由西昌学院在美姑县测定。

2．繁殖性能　在放牧饲养条件下，美姑山羊性成熟年龄公羊为6月龄、母羊为5月龄；初配年龄公羊为8月龄、母羊为7月龄。母羊发情周期为17～22d，妊娠期146～152d，产羔率在210%～240%，常年发情，但以春、秋两季尤为集中。

3. 屠宰性能 在“放牧+补饲”条件下，6月龄美姑山羊屠宰性能见表3。

表3 美姑山羊屠宰性能

性别	数量（只）	宰前活重（kg）	胴体重（kg）	净肉重（kg）	屠宰率（%）	净肉率（%）	胴体净肉率（%）	眼肌面积（cm^2）	GR值（mm）
公	15	20.65±1.24	10.07±0.57	6.99±0.44	48.84±2.45	33.87±1.78	69.38±2.04	6.53±0.89	12.46±1.37
母	15	18.82±1.12	8.89±0.61	6.27±0.65	47.21±2.74	33.33±2.82	70.59±4.25	5.93±0.69	12.68±2.02

注：2022年由西昌学院在美姑县测定。

四、饲养管理

美姑山羊行动灵活，能攀登峭壁，适应夏秋季较潮湿、冬春季较寒冷的山区气候环境。饲养方式采用“放牧+补饲”的方法。饲草料以青绿饲料和精饲料为主。

五、品种保护

美姑山羊2012年被列入《四川省畜禽遗传资源保护名录》，2013年在美姑县建立了美姑山羊省级保护区。

六、评价和利用

美姑山羊具有繁殖率高、前期生长发育速度快、抗病力强、抗干旱、适应范围广等特色。2008年获四川省无公害畜产品产地认定证书，2010年获国家农产品地理标志登记证书，2014年获国家工商行政管理总局商标局颁发国家地理标志证明商标；2022年，“美姑山羊”被农业农村部农产品质量安全中心列入2022年第三批全国名特优新农产品名录。今后应持续开展本品种选育，提高其生长和繁殖性能。

西藏山羊 TIBETAN GOAT

西藏山羊（Tibetan goat），属肉、绒、皮兼用型山羊地方品种。

一、产地与分布

西藏山羊原产地为青藏高原，主要分布于西藏自治区、青海省、四川省和甘肃省。在四川省境内，西藏山羊中心产区为阿坝藏族羌族自治州松潘县，在阿坝藏族羌族自治州马尔康市、松潘县、壤塘县、若尔盖县，甘孜藏族自治州及凉山彝族自治州木里藏族自治县、越西县均有分布。

四川省境内中心产区位于北纬32°06′—33°09′、东经102°38′—104°15′，海拔1 080～5 588m。属青藏高原寒冷气候区，冬长无夏、春秋相连、四季不明，小气候多样且灾害性天气活动频繁。年平均降水量720mm，年平均气温5.7℃。土壤有冲积土、褐色土、黄壤、黄棕壤、棕壤等类型。产区位于岷山山脉中段，是岷江、涪江水系发源地。农作物有青稞、小麦、玉米、马铃薯，主要牧草有小蒿草、紫花针茅、垂穗披碱草、凤花菊和珠芽蓼等。

二、品种形成与变化

（一）品种形成

西藏山羊最早在殷商以前的新石器时代为藏族先民所驯养，距今已有4 000多年历史。由于产区气候环境复杂，饲养管理极为粗放，人工选择的作用小于自然选择，致使该品种仍处于原始状态，生产性能低下，具有耐粗、耐寒、适应性强、易于饲养的特点。

（二）群体数量及变化情况

据2009年版《四川畜禽遗传资源志》记载，2005年西藏山羊群体数量为75.76万只，其中能繁母羊33.17万只。据2021年第三次全国畜禽遗传资源普查结果，四川省境内的西藏山羊群体数量为3.90万只，其中种公羊2 862只，能繁母羊1.93万只。

三、品种特征与性能

（一）体型外貌特征

1. 外貌特征　西藏山羊被毛以全白、全黑者居多，头黑、体花、褐色相对较少。体格中等，头型适中，耳长灵活，鼻梁平直，颈部细长且无肉髯。体躯呈长方形，胸部深广，背腰平直，尻较斜。四肢细，蹄质坚实，有黑色和白色。尾短小、上翘。公羊耳形直立，羊角粗大，角形为对旋形态，睾丸对称、大小适中。母羊耳形有下垂和直立两类，羊角比公羊小，且较细，角形有对旋角和弓形角两种形态，乳房不发达，乳头较小，无附乳头。

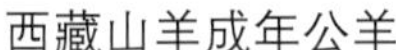

西藏山羊成年公羊

西藏山羊成年母羊

2. 体重和体尺　在放牧条件下，西藏山羊成年体重和体尺见表1。

表1　西藏山羊成年体重和体尺

性别	数量（只）	体重(kg)	体高(cm)	体长(cm)	胸围(cm)	管围(cm)
公	20	22.1±4.9	53.5±4.9	50.7±5.0	71.9±5.4	8.3±0.6
母	60	20.5±4.0	48.8±4.0	49.1±3.9	66.9±5.4	7.3±0.6

注：2022年11月由西南民族大学在雅江县测定。

（二）生产性能

1. 生长发育　在放牧条件下，西藏山羊初生、断奶、6月龄和12月龄体重见表2。

表2　西藏山羊不同阶段体重

测定阶段	性别	数量（只）	体重(kg)
初生	公	62	2.4±0.3
	母	60	2.4±0.3
断奶	公	60	6.4±0.6
	母	60	5.6±0.5
6月龄	公	21	10.0±0.6
	母	61	8.6±0.5
12月龄	公	21	14.9±1.2
	母	62	12.3±1.6

注：2022年3—11月由西南民族大学在雅江县测定。

2．繁殖性能　公羊11月龄、母羊12月龄性成熟。初配年龄母羊为12月龄，公羊为12月龄。发情周期21d，发情持续期48h，妊娠期150d，产羔率100.93%。

3．屠宰性能　在放牧条件下，12月龄西藏山羊屠宰性能见表3。

表3　西藏山羊屠宰性能

性别	数量（只）	宰前活重(kg)	胴体重(kg)	净肉重(kg)	屠宰率(%)	净肉率(%)	胴体净肉率(%)	眼肌面积(cm^2)	GR值(mm)
公	15	15.1±1.1	7.0±0.5	5.0±0.5	46.6±2.1	33.2±1.9	71.4±3.0	7.3±0.8	8.2±1.5
母	15	13.1±1.6	6.1±0.8	4.6±0.5	46.5±1.6	35.4±2.0	76.1±3.2	6.6±0.6	7.0±1.3

注：2022年12月由西南民族大学在雅江县测定。

四、饲养管理

西藏山羊采取终年放牧的方式，羔羊断奶后跟羊群自由放牧采食。饲草丰茂季节一般不补饲，只在冬春季节对妊娠母羊补饲少量青稞、玉米和青干草。羊羔4 ～ 5月龄断奶，公羔5 ～ 6月龄阉割去势。

五、品种保护

2007年西藏山羊被列入《四川省畜禽遗传资源保护名录》，2017年雅江县建立了西藏山羊保护区，2022年该保护区被确定为省级西藏山羊保护区。

六、评价和利用

西藏山羊具有耐粗放、抗逆性强、肉质鲜美等优点，是适应高海拔、高寒牧区严酷生态环境的古老地方品种。羊绒纤维细长、柔软、物理性能好，是毛纺工业的优质原料。羊皮革面平整光滑，革身柔软丰满而有弹性，革里平整，无油腻感，可用于制作皮衣、皮裤、皮具等。今后应加强本品种选育，提高其生产性能。

南充黑山羊

NANCHONG BLACK GOAT

南充黑山羊（Nanchong black goat），属肉皮兼用型山羊地方品种。

一、产地与分布

南充黑山羊中心产区为南充市营山县、嘉陵区，在南充市的顺庆区、高坪区、阆中市、南部县、西充县、仪陇县和蓬安县均有分布。

产区位于北纬30°17′—31°24′、东经105°45′—106°58′，地处四川省东北部、嘉陵江中游，北部为低山区，南部为丘陵区，地势从北向南倾斜，海拔256～889m。属中亚热带湿润季风气候区，四季分明，雨热同季，春早、夏长、秋短、冬暖，无霜期290～320d。年平均气温17℃，年平均日照时数1 200～1 500h，年平均降水量1 100mm。嘉陵江、西溪河、流江河、营山河等大小河流分布全境，水资源丰富。耕地面积11.54万hm^2，土地肥沃，多为紫色土，农作物以水稻、小麦、玉米、油菜、高粱、甘薯、豆类为主，农副产品丰富。草地面积873.33hm^2，草场类型多样，以丘陵草丛为主，种植牧草主要有黑麦草、杂交狼尾草、墨西哥玉米、紫花苜蓿和青贮玉米等。

二、品种形成与变化

（一）品种形成

据《南充市志》（1707—2003）记载，南充历来饲养山羊，板皮质优，是出口畅销货，主要分布在深丘地带。《营山县志》（1989年）等记载，清朝年间，就大量饲养南充黑山羊，板皮质量优，通过重庆路出口到欧洲，当时山羊体型较小，周岁羊体重为15～17.5kg。随着人们不断选育，其生产性能大幅提高，逐渐形成适应力强、耐粗饲管理、抗病力强的独特山羊类群。2021年南充黑山羊通过国家畜禽遗传资源委员会鉴定。

（二）群体数量及变化情况

据2021年第三次全国遗传资源普查结果，南充黑山羊群体数量为2.72万只，其中种公羊1 505只，能繁母羊1.24万只。

三、品种特征与特性

（一）体型外貌特征

1．外貌特征　南充黑山羊全身被毛黑色，富有光泽，皮肤灰白。体质结实，结构匀称，肌肉丰满，体格偏小，全身各部结合良好。头清秀，大小适中，呈三角形；额平宽，鼻梁平直；大部分有角，呈弓形或倒“八”字形；眼大较圆，耳直立侧伸、大小适中；颈部较细，长短适中，无皱褶，部分羊有肉髯。体躯长方形，背腰平直，肋骨拱起，腹略大，尻略斜。四肢短而粗壮，蹄质坚实，呈黑色。公羊体态雄壮，有毛髯，下颌有胡须，睾丸匀称。母羊体形清秀，乳房多数呈球形或梨形。

南充黑山羊成年公羊

南充黑山羊成年母羊

2．体重和体尺　在舍饲条件下，南充黑山羊成年体重和体尺见表1。

表1　南充黑山羊成年体重和体尺

性别	数量（只）	体重（kg）	体高（cm）	体长（cm）	胸围（cm）	管围（cm）
公	123	39.32±4.08	63.69±4.14	70.25±4.32	79.70±4.86	8.30±0.21
母	487	34.27±4.13	60.11±4.30	66.82±4.07	73.99±4.69	7.80±0.22

注：2020—2022年由南充市畜牧站、营山县畜禽繁育改良站等单位在营山县和嘉陵区测定。

（二）生产性能

1．生长发育　在舍饲条件下，南充黑山羊初生、2月龄、6月龄和12月龄体重见表2。

表2　南充黑山羊不同阶段体重

测定阶段	性别	数量（只）	体重（kg）
初生	公	137	1.62±0.11
	母	161	1.55±0.12
2月龄	公	442	7.85±0.87
	母	558	7.50±1.05
6月龄	公	176	18.10±1.60
	母	493	16.70±2.20

（续）

测定阶段	性别	数量（只）	体重（kg）
12月龄	公	154	27.90±2.10
	母	349	24.70±3.20

2. 屠宰性能 在舍饲条件下，周岁南充黑山羊屠宰性能见表3。

表3 南充黑山羊屠宰性能

性别	数量（只）	宰前活重（kg）	胴体重（kg）	屠宰率（%）	净肉率（%）
公	30	26.65±1.75	12.37±0.65	47.49±1.15	34.90±0.65
母	30	24.45±1.93	11.49±0.69	48.07±1.26	35.74±1.10

注：2022年南充市畜牧站和营山县农业农村局在营山县测定。

3. 板皮性能 南充黑山羊板皮面积大、厚薄均匀、弹性和拉力好，是制作皮革的优质原料。周岁南充黑山羊板皮性能见表4。

表4 南充黑山羊板皮性能

性别	数量（只）	鲜皮重（kg）	皮张长度（cm）	皮张宽度（cm）	皮张面积（cm^2）	皮张厚度（mm）
公	30	2.15±0.31	87.2±2.94	72.80±3.55	6 342.4±248.93	1.12±0.09
母	30	2.01±0.35	83.9±3.62	70.60±1.70	5 918.6±203.33	1.09±0.10

注：2022年由南充市畜牧站和营山县农业农村局在营山县测定。

4. 繁殖性能 南充黑山羊公羊6月龄性成熟，初配时间为10月龄；母羊初情期5月龄，初配时间8月龄。母羊常年发情，春秋两季较集中，发情周期为20d，发情持续期平均48h，妊娠期平均149d。母羊年产1.7胎，初产母羊平均产羔率为181%，经产母羊为232%。

四、饲养管理

南充黑山羊适应丘陵地区放牧饲养，大多数散养户全年放牧，少部分散养户和部分规模场采用半舍饲和舍饲养殖。

五、品种保护与利用

目前尚未建立保种场或保护区。

六、品种评价

南充黑山羊性成熟较早，繁殖率高，肉质优良，遗传性能稳定，板皮质地柔软、结实，但体型较小，生长速度较慢。1978年营山县被列为全国山羊板皮基地县。2008年“营山黑山羊”注册地理标志证明商标，2009年营山黑山羊成为中国地理标志保护产品。截至2023年，已建成南充黑山羊原种场1个，一级扩繁场1个，建成年屠宰30万只的肉羊加工生产线，开发了“草药山黑山羊”等系列产品。今后在保持其优良特性的基础上，应加强本品种选育，进一步提高其肉用性能。

西 藏 羊 TIBETAN SHEEP

西藏羊（Tibetan sheep），属肉毛兼用型绵羊地方品种。

一、产地与分布

西藏羊原产地为青藏高原，主要分布在西藏自治区、青海省、四川省、甘肃省、云南省和贵州省。四川省境内的西藏羊中心产区在阿坝藏族羌族自治州若尔盖县，在阿坝藏族羌族自治州的松潘县、壤塘县与红原县，甘孜藏族自治州、凉山彝族自治州部分区县均有分布。

四川省境内中心产区位于北纬32°56′—34°19′、东经102°08′—103°39′，海拔2 400～4 574m。属高原寒温带湿润季风气候，常年无夏，无绝对无霜期，历年平均气温2.9℃，年平均降水量665.8mm。中西部和南部为典型丘状高原，丘陵起伏，谷地开阔，河曲发达，水草丰茂，适宜放牧；北部和东南部为山地，山高谷深，地势陡峭。地处黄河和长江上游，幅员面积106.2万hm^2，草原面积67.5万hm^2，属于高山高寒草地类型，主要农作物为青稞。

二、品种形成与变化

（一）品种形成

西藏羊形成历史悠久，距今约4 000年的西藏昌都卡洛遗址出土的大量“畜骨钻”和“土坯坑窑以及饲养的围栏，栏内有大量的动物骨骼和羊粪堆积……”即可佐证。又据薄吾成《藏羊渊源初探》（1986年）考证，“今天的藏羊是古羌人驯化、培育的羌羊流传下来的。其原产地应随古羌人的发祥地而为陕西西部和甘肃大部，中心产区在青藏高原”。

（二）群体数量及变化情况

据2009年版《四川畜禽遗传资源志》记载，2005年西藏羊群体数量为247.01万只，其中能繁母羊112.88万只。据2021年第三次全国畜禽遗传资源普查结果，四川省境内西藏羊群体数量为43.73万只，其中种公羊3.64万只，能繁母羊23.27万只。

三、品种特征与性能

（一）体型外貌特征

1. 外貌特征　西藏羊分为草地型和山谷型。被毛颜色：草地型以体躯白色为主，体花，纯白、纯黑极少；山谷型毛色为白色。体型特征：草地型体格大，体质结实，结构匀称，体躯较长，近似长方形；山谷型体格较大，体质结实，结构匀称，体躯呈长方形。头部特征：草地型大小适中，近似三角形，鼻梁隆起，绝大多数公母羊均有角；山谷型大小适中，近似三角形，鼻隆起，角呈螺旋形。颈部特征：草地型颈较细长，项下有肉铃者极少；山谷型颈大小适中、无皱纹、无肉髯。胸深广，肋骨弓张良好，背腰平直，后躯略高。四肢较长，关节轮廓明显，筋腱发达。蹄黑色或深褐色，蹄质较坚实。短脂尾、呈锥形。

西藏羊成年公羊

西藏羊成年母羊

2. 体重和体尺　在放牧条件下，西藏羊成年体重和体尺见表1。

表1　西藏羊成年体重和体尺

性别	数量(只)	体重(kg)	体高(cm)	体长(cm)	胸围(cm)	管围(cm)
公	20	72.2±3.0	78.4±1.1	76.6±1.2	104.9±2.5	9.1±0.2
母	60	60.4±3.9	73.2±1.5	71.8±1.5	100.3±2.7	8.6±0.2

注：2022年10月由四川省龙日种畜场在阿坝藏族羌族自治州测定。

（二）生产性能

1. 生长发育　在放牧条件下，西藏羊初生、6月龄和12月龄体重见表2。

表2　西藏羊不同阶段体重

测定阶段	性别	数量(只)	体重(kg)
初生	公	60	3.8±0.4
	母	60	3.8±0.6
6月龄	公	20	35.8±2.7
	母	60	31.5±3.2
12月龄	公	20	47.5±2.7
	母	60	41.4±3.1

注：2022年1—10月由四川省龙日种畜场在阿坝藏族羌族自治州测定。

2．繁殖性能　公羊10～12月龄、母羊12月龄性成熟。初配年龄母羊为18～24月龄，公羊18～24月龄。发情周期15～21d，妊娠期140～160d，一般年产一胎，一胎一羔。

3．屠宰性能　在放牧条件下，12月龄西藏羊屠宰性能见表3。

表3　12月龄西藏羊屠宰性能

性别	数量（只）	宰前活重(kg)	胴体重(kg)	净肉重(kg)	屠宰率(%)	净肉率(%)	胴体净肉率(%)	眼肌面积(cm^2)	GR值(mm)	背脂厚(mm)	尾重(g)
公	15	46.8±5.4	21.5±2.4	15.9±2.0	46.1±1.9	33.8±2.3	73.4±3.1	13.4±0.6	5.1±0.5	1.8±0.3	40.3±6.4
母	15	41.3±4.3	18.5±1.6	14.4±1.3	45.0±2.3	35.0±1.9	77.6±1.0	12.0±0.3	4.1±0.6	1.6±0.2	37.7±4.5

注：2022年10月由四川省龙日种畜场在红原县测定。

4．产毛性能　产毛性能测定结果见表4。

表4　西藏羊产毛性能

性别	数量（只）	剪毛量(g)	净毛量(g)	净毛率(%)	毛纤维直径(μm)	伸直长度(cm)	毛丛自然长度(mm)
公	20	601.5±302.2	384.3±185.7	73.3±7.2	95.5±29.8	6.0±1.9	16.5±6.7
母	60	648.1±191.3	412.5±146.1	73.0±9.8	100.6±30.8	5.2±1.6	16.4±4.3

注：2022年10月由四川农业大学在成都市测定。

四、饲养管理

西藏羊性情胆小温驯，喜群居，易饲养管理。饲养方式为全年放牧，冷季补喂干青料、青贮料、多汁饲料和精饲料，暖季在天然草地放牧育肥，补饲食盐和其他矿物质营养。每年6月初进行一次性剪毛，部分地域先抓绒后剪毛。

五、品种保护

1954年在红原县建立了龙日种畜场，1974年在若尔盖县建立了辖曼种羊场。2007年西藏羊被列入《四川省畜禽遗传资源保护名录》，2015年由龙日种畜场承担保种任务，2017年转由若尔盖县承担。

六、评价和利用

西藏羊数量大、分布广、遗传性能稳定，对高寒牧区生态环境和粗放式饲养管理具有很强的适应能力，可作为高寒地区优良杂交亲本。今后应加强本品种选育，有计划开展科学选种选配工作，提高其生产性能。

OULA SHEEP 欧 拉 羊

欧拉羊（Oula sheep），在四川省俗称“贾洛羊”，属肉毛兼用型绵羊地方品种。

一、产地与分布

欧拉羊主要分布于甘肃省、青海省和四川省。在四川省境内，欧拉羊中心产区位于阿坝藏族羌族自治州阿坝县的贾洛镇、麦尔玛镇、求吉玛乡。阿坝县其他乡镇均有分布。

四川省境内中心产区位于北纬32° 18′ —33° 37′ 、东经101° 18′ —102° 35′ ，海拔2 936 ~ 5 154m。属高原寒温带半湿润季风气候，无明显四季之分，春秋相连，干雨季分明，年平均降水量712mm，年平均气温3℃，历年最低气温–15℃，历年最高气温21℃，日照充足，昼夜温差大，全年无绝对无霜期，相对无霜期33d。土壤多属新积土、黑色石灰土、褐土、棕壤、黄棕壤。地貌分为东北丘状高原、平坦高原区，中西部盆地、高原山地区，南部高、中山河谷林区。以境内长江水系的大渡河上游梭磨河支系、黄河水系的白河支系溪流为水源。农作物种类主要有小麦、玉米、胡豆、青稞等。草地饲用植物以禾本科牧草为主，菊科、莎草科、杂类草次之，豆科牧草较少。

二、品种形成与变化

（一）品种形成

欧拉羊原属西藏羊类群之一，是由古羌人驯化古羱羊培育成古羌羊而流传下来的，是我国三大原始绵羊品种之一。170年以前，若尔盖县唐克乡曾有蒙古族瓦弄等部落居住，蒙古羊随游牧进入该区域。约在100年以前，红原县安曲镇等地曾从青海的果洛，甘肃的齐哈玛、乔科玛迁来一些部落，带来一部分羊只。迁入羊与本地羊进行杂交，经长期自然和人工选育，逐渐形成了适应当地高寒气候的地方绵羊品种。

（二）群体数量及变化情况

据2009年版《四川畜禽遗传资源志》记载，2005年欧拉羊在四川的群体数量为9.40万只，其中公羊4.27万只，母羊5.13万只。据2021年第三次全国畜禽遗传资源普查结果，欧拉羊的群体数量为2.73万只，其中种公羊1 780只，能繁母羊1.43万只。

三、品种特征与性能

（一）体型外貌特征

1．外貌特征　被毛毛色体躯以白色为主，体花多为棕色花片，少数黑色花片。纯白、纯黑极少。被毛较短，白色毛为长毛，有色花片的毛为粗短毛。体格较大，体质结实，结构匀称，体躯较长，近似长方形。头大小适中，近似三角形，鼻梁隆起。绝大多数公母羊均有角，角长、粗、卷。颈较细长，项下有肉铃者极少。胸宽、深广，肋骨弓张良好，背腰平直，后躯略高。四肢较长，关节轮廓明显，筋腱发达。蹄黑色或深褐色，蹄质较坚实。尾瘦小、呈锥形。

欧拉羊成年公羊

欧拉羊成年母羊

2．体重和体尺　在放牧条件下，欧拉羊成年体重和体尺见表1。

表1　欧拉羊成年体重和体尺

性别	数量(只)	体重(kg)	体高(cm)	体长(cm)	胸围(cm)	管围(cm)
公	20	95.7±3.8	88.2±3.1	87.1±2.0	115.1±5.7	9.8±0.4
母	60	72.1±5.4	80.4±1.6	79.9±1.9	109.0±3.7	9.0±0.2

注：2022年10月由四川省龙日种畜场在阿坝藏族羌族自治州测定。

（二）生产性能

1．生长发育　在放牧条件下，欧拉羊初生、6月龄和12月龄体重见表2。

表2　欧拉羊不同阶段体重

测定阶段	性别	数量(只)	体重(kg)
初生	公	60	3.9±0.4
	母	60	3.8±0.4
6月龄	公	20	47.2±3.6
	母	60	39.3±3.3
12月龄	公	20	70.3±3.5
	母	60	54.1±3.1

注：2022年1—10月由四川省龙日种畜场在阿坝藏族羌族自治州测定。

2. *繁殖性能* 欧拉羊公羊10月龄达性成熟，母羊12月龄达性成熟。初配年龄母羊为18～24月龄，公羊为18～24月龄。发情周期15～20d，妊娠期150d，多数一胎一羔。

3. *屠宰性能* 在放牧条件下，12月龄欧拉羊屠宰性能见表3。

表3 欧拉羊屠宰性能

性别	数量（只）	宰前活重(kg)	胴体重(kg)	净肉重(kg)	屠宰率(%)	净肉率(%)	胴体净肉率(%)	眼肌面积(cm^2)	GR值(mm)	背脂厚(mm)	尾重(g)
公	15	69.7±2.7	30.9±2.4	22.2±2.3	44.3±3.2	31.9±3.2	71.8±2.9	19.4±0.7	6.7±1.0	2.9±0.6	47.9±2.7
母	15	54.5±3.9	25.1±2.5	18.8±2.2	46.1±3.4	34.5±3.4	74.6±2.3	13.3±1.0	5.2±0.5	2.3±0.5	42.6±4.1

注：2022年10月由四川省龙日种畜场在红原县测定。

4. *产毛性能* 欧拉羊产毛性能见表4。

表4 欧拉羊产毛性能（12月龄）

性别	数量（只）	剪毛量(g)	净毛量(g)	净毛率(%)	毛纤维直径(μm)	伸直长度(cm)	毛丛自然长(mm)
公	20	726.0±229.1	474.6±154.7	75.3±8.6	124.1±28.0	5.3±1.2	17.5±5.2
母	60	604.1±203.2	381.4±134.4	72.9±9.7	118.9±34.8	5.8±1.9	13.7±3.7

注：2022年10月由四川农业大学在成都市测定。

四、饲养管理

欧拉羊饲养管理方式为全年放牧，暖季在天然草地放牧育肥，补饲食盐和其他矿物质营养，冷季补饲干青料、青贮料、多汁饲料和精饲料。近年来，阿坝藏族羌族自治州有放牧加补饲或将架子羊全圈养，进行短期育肥的饲养方式。每年6月初进行一次性剪毛，部分地域为先抓绒后剪毛。

五、品种保护

目前尚未建立保种场或保护区。

六、评价和利用

欧拉羊具有体型大、产肉多、肉鲜嫩、抗病力强、生长发育快、耐粗饲、适应高寒地区放牧饲养等优良特性，加之长期封闭繁育，不受外血影响，是牧区优势畜种和宝贵基因资源。今后应加强本品种选育，提高其生产和繁殖性能。

玛格绵羊 MAGE SHEEP

玛格绵羊（Mage sheep），属肉毛兼用型绵羊地方品种。

一、产地与分布

玛格绵羊中心产区为甘孜藏族自治州得荣县玛格山一带的日雨镇、太阳谷镇、奔都乡、八日乡、古学乡。在得荣县其他乡镇和乡城县也有分布。

中心产区位于北纬28°09′—29°10′、东经99°07′—99°34′，海拔1 990～5 599m。属亚热带干旱河谷气候区，高原山地气候。年平均日照时数1 967h。年平均降水量为363.3mm。年平均气温14.6℃，最高气温36℃，最低气温-8.9℃，无霜期243d。草地面积13.94万hm^2，耕地面积0.42万hm^2。农作物主要有玉米、青稞、小麦和荞麦，牧草以禾本科、豆科、菊科等为主。

二、品种形成与变化

（一）品种形成

据汉文史籍记载，藏族属于两汉时西羌人的一支。纳西族渊源于远古时期居住在我国西北河湟地带的羌人；《说文解字》羊部："羌，西戎牧羊人也，从羊、从人"。《得荣县志》（2000年版）记载，境内民族主要由公元7世纪松赞干布统一高原时，阿里、江孜、贡布、江达等地迁徙而来的吐蕃人，以及公元1451—1509年间，云南纳西王向康南各地军事扩张时随军的纳西人和当地土著人构成。迁徙民族带来的绵羊经过长期的饲养和人为选择，逐步形成了适应干旱河谷气候、耐粗饲、抗热和抗病力强的绵羊类群。由于主产区位于得荣县玛格山一带，故称玛格绵羊。2021年玛格绵羊通过国家畜禽遗传资源委员会鉴定。

（二）群体数量及变化情况

据2021年第三次全国遗传资源普查结果，玛格绵羊群体数量为2.03万只，其中种公羊678只，能繁母羊7 279只。

三、品种特征与特性

（一）体型外貌特征

1. 外貌特征　玛格绵羊公、母羊头、颈、耳部毛色为黑色，其余部位为白色。体格较小，结构紧凑，体躯呈圆桶状。头大小适中，颈短；母羊多为无角，有角的其角小呈黑色，公羊角略粗大，母羊角细而短。胸宽、胸深适度，背腰平直，尾短小，呈圆锥形。蹄质坚实，部分个体四肢有黑色斑点。公羊睾丸大小适中，母羊乳房匀称，柔软而有弹性。

玛格绵羊成年公羊

玛格绵羊成年母羊

2．体重和体尺　在自然放牧条件下，玛格绵羊成年体重和体尺见表1。

表1　玛格绵羊成年体重和体尺

性别	数量(只)	体重(kg)	体高(cm)	体长(cm)	胸围(cm)	管围(cm)
公	75	46.90±1.66	70.15±1.18	91.70±1.34	90.15±2.39	7.66±0.63
母	139	40.17±1.56	65.6±1.38	87.12±10.43	86.87±1.19	6.84±0.35

注：2016年和2017年，甘孜藏族自治州畜牧站在得荣县、乡城县和巴塘县测定。

（二）生产性能

1．生长发育　在自然放牧条件下，玛格绵羊初生、6月龄和12月龄体重见表2。

表2　玛格绵羊不同阶段体重

测定阶段	性别	数量(只)	体重(kg)
初生	公	63	1.54±0.10
	母	98	1.73±0.11
6月龄	公	153	9.80±0.94
	母	201	9.41±0.97
12月龄	公	136	18.95±0.78
	母	185	17.88±1.05

注：2016年和2017年由甘孜藏族自治州畜牧站在得荣县、乡城县和巴塘县测定。

2．屠宰性能　在自然放牧条件下，周岁玛格绵羊屠宰性能见表3。

表3　玛格绵羊屠宰性能

性别	数量(只)	宰前活重(kg)	胴体重(kg)	净肉重(kg)	屠宰率(%)	净肉率(%)	眼肌面积(cm^2)	GR值(mm)
公	15	19.34±2.05	8.73±0.73	6.57±0.58	45.23±1.54	34.53±1.03	9.31±1.04	2.31±0.41

（续）

性别	数量（只）	宰前活重(kg)	胴体重(kg)	净肉重(kg)	屠宰率(%)	净肉率(%)	眼肌面积(cm^2)	GR值(mm)
母	15	17.73±1.38	8.09±0.86	5.97±0.66	45.53±1.56	33.62±1.21	7.49±0.17	1.07±0.17

注：2018年由甘孜藏族自治州畜牧站在得荣县测定。

3．产毛性能　玛格绵羊每年5月剪毛一次，剪毛量见表4。

表4　玛格绵羊产毛性能

年龄	性别	数量（只）	剪毛量(kg)
成年	公	42	1.75±0.25
	母	181	1.49±0.24

注：2016年由甘孜藏族自治州畜牧站、得荣县农牧农村局在得荣县测定。

4．繁殖性能　玛格绵羊公羊10～12月龄达性成熟，母羊8～10月龄达性成熟，初配年龄均为12～18月龄。每年6—9月母羊发情配种，发情周期为平均18d，发情持续24～36h，妊娠期平均149d，一年一胎，一胎一羔。多采用自然交配，公、母羊配种比例为1：(15～20)，公羊利用年限为8～9岁。

四、饲养管理

玛格绵羊对干旱河谷自然生态条件适应性强，且善攀爬，饲养方式以放牧为主，每年4—9月到高山夏秋季草场放牧，10月至次年3月到山脚冬春季草场放牧。

五、品种保护与利用

目前尚未建立保种场或保护区。

六、品种评价

玛格绵羊具有耐粗饲、耐干旱、抗热、抗病力强等优点，今后应加强本品种选育，提高其产肉性能和繁殖性能。

勒通绵羊

LETONG SHEEP

勒通绵羊（Letong sheep），属肉毛兼用型绵羊地方品种。

一、产地与分布

勒通绵羊中心产区为甘孜藏族自治州理塘县的禾尼乡和村戈乡。理塘县的高城镇、格木乡、德巫乡、拉波乡、奔戈乡和麦洼乡等乡镇及雅江县的红龙乡、柯拉乡均有分布。

中心产区地处甘孜藏族自治州西南部，金沙江与雅砻江之间，横断山脉中段，位于北纬28°57′—30°43′、东经99°19′—100°56′。最高海拔6 204m，最低海拔2 800m，海拔5 000m以上高山有20座。属青藏高原亚湿润气候区，气候垂直变化显著，最低气温-30.6℃，最高气温25.6℃，年平均气温3.1℃，年平均降水量700mm左右，年平均日照时数2 672h，无霜期50d。理塘县总面积为136.67万hm^2，其中，草地面积占全县总面积的65.64%，可利用草地面积为70.89万hm^2，占草地面积的79.02%，草地植物种类丰富，可食牧草达200余种；耕地面积为4 266hm^2，占全县总面积的0.30%，粮食作物以青稞、小麦、马铃薯、豌豆、胡豆、玉米为主。

二、品种形成与变化

（一）品种形成

勒通绵羊养殖历史可以追溯到汉武帝时期，理塘是牛、羊缴外的地方，领地属于蜀郡西部督尉。据《西康之畜牧事业》（1942年）记载，理塘地区绵羊多为纯牧业者饲之，该绵羊头、颈及胸部多呈片状棕褐色，尾短小。据《四川省甘孜藏族自治州畜种资源》（1984年）记载，古羌族是生活在理塘地区的古老民族之一，以养羊为主，牧民用羊毛自织氆氇、用羊皮缝制的皮衣、皮裤，是农牧民重要的生产生活资料。勒通绵羊是在当地特殊的地理环境下，经长期自群繁殖，形成适应性强、生产性能优良的地方绵羊类群。理塘，藏语称为“勒通”，“勒”意为青铜，“通”意为草坝、地势平坦，全意为平坦如铜镜似的草坝，勒通绵羊因产于理塘而得名。2021年勒通绵羊通过国家畜禽遗传资源委员会鉴定。

（二）群体数量及变化情况

据2021年第三次全国畜禽遗传资源普查结果，勒通绵羊群体数量为6.68万只，其中种公羊

2 906只，能繁母羊3.39万只。

三、品种特征与特性

（一）体型外貌特征

1. 外貌特征 勒通绵羊具有典型“五棕一白”特征，头、颈、耳、胸部及四肢被毛为棕褐色，其他部位为白色。部分头顶至鼻梁有一条白色毛带，少数头、颈为黑色，有毛辫结构。公、母羊均有角，角为扁平状螺旋形，向两侧伸张；头呈三角形，鼻微隆，耳小微垂，颈长短适中。胸宽而深，背腰平直；尾短小，呈圆锥形。蹄质坚实。

勒通绵羊成年公羊

勒通绵羊成年母羊

2. 体重和体尺 在自然放牧条件下，勒通绵羊成年体重和体尺见表1。

表1 勒通绵羊成年体重和体尺

性别	数量(只)	体重(kg)	体高(cm)	体长(cm)	胸围(cm)	管围(cm)
公	124	55.87±3.32	79.17±3.23	101.68±4.31	111.19±6.42	8.72±0.41
母	145	49.60±7.16	73.95±4.22	94.18±6.77	99.23±5.85	8.13±0.24

注：2016年由甘孜藏族自治州畜牧站、理塘县农牧农村和科技局等单位在理塘县测定。

（二）生产性能

1. 生长发育 在自然放牧条件下，勒通绵羊初生、6月龄和12月龄体重见表2。

表2 勒通绵羊不同阶段体重

测定阶段	性别	数量(只)	体重(kg)
初生	公	72	2.41±0.30
	母	89	2.31±0.31
6月龄	公	176	25.02±2.16
	母	218	25.01±2.37
12月龄	公	164	35.42±2.75
	母	189	32.10±4.10

注：2016年由甘孜藏族自治州畜牧站、理塘县农牧农村和科技局等单位在理塘县测定。

2．屠宰性能　在放牧饲养条件下，周岁勒通绵羊屠宰性能见表3。

表3　勒通绵羊屠宰性能

性别	数量（只）	宰前活重(kg)	胴体重(kg)	净肉重(kg)	屠宰率(%)	净肉率(%)	眼肌面积(cm^2)	GR值(mm)
公	15	31.24±4.49	14.93±2.38	11.64±2.02	47.70±2.01	36.16±1.43	14.87±2.51	1.89±1.11
母	15	26.27±4.73	12.33±2.80	9.59±2.33	46.66±3.18	35.39±2.76	12.55±2.20	2.23±1.22

注：2018年由甘孜藏族自治州畜牧站、理塘县农牧农村和科技局等单位在理塘县测定。

3．产毛性能　成年羊每年7月份剪毛一次，产毛性能见表4。

表4　勒通绵羊产毛性能

年龄	性别	数量（只）	品质	剪毛量(kg)
成年	公	30	藏羊毛	1.44±0.53
	母	30		1.06±0.30

注：2018年由甘孜藏族自治州畜牧站、理塘县农牧农村和科技局等单位在理塘县测定。

4．繁殖性能　勒通绵羊公羊性成熟10～12月龄、母羊为8～10月龄，初配年龄为18～21月龄。每年6—9月母羊发情配种，发情周期平均为19d，发情持续24～36h，妊娠期平均152d，当年11月至翌年2月产羔，一年一胎，一胎一羔。公羊可利用到8～9岁，母羊到7～8岁。

四、饲养管理

勒通绵羊具有耐粗饲、抗逆性强等特点，可终年放牧，每年6—10月在海拔4 000m以上的夏秋草场放牧，其余时间在冬春草场放牧。

五、品种保护与利用

目前尚未建立保种场或保护区。

六、品种评价

勒通绵羊适应高海拔、极度寒冷的恶劣环境和粗放的饲养管理条件。今后应加强本品种选育，提高其产肉性能和繁殖性能。

凉山黑绵羊 LIANGSHAN BLACK SHEEP

凉山黑绵羊（Liangshan black sheep），属肉毛兼用型绵羊地方品种。

一、产地与分布

凉山黑绵羊中心产区位于凉山彝族自治州的布拖县和普格县，在州内的盐源、喜德、冕宁、金阳、美姑和木里等县也有分布。

中心产区位于北纬27° 13′ —27° 53′ 、东经102° 26′ —103° 03′ ，属亚热带滇北高原气候，冬长夏短，气候寒冷，雨量充沛，干湿季节明显，日照充足。年平均气温10.1℃，其中最冷月（1月）平均气温1.4℃，最热月（7月）平均气温17.3℃。年平均降水量1 113mm，年蒸发量1 776mm，年均相对湿度75%；年平均日照时数1986h，无霜期201d。土壤以棕壤土、红壤土和紫潮土等为主，粮食作物以玉米、荞麦、马铃薯和燕麦等为主。产区可利用的天然草地占80%以上，以禾本科牧草为主。人工种植牧草品种主要有光叶紫花苕、黑麦草、三叶草和紫花苜蓿等。饲料作物以蔓菁、玉米为主，农副产品丰富。

二、品种形成与变化

（一）品种形成

《西南彝志》《夷俗记·牧羊篇》《越嶲厅全志》《岭外代答·绵羊》和彝文古籍《勒俄特依》等均记载有彝族迁徙时放牧绵羊的场景。其中《岭外代答》卷六有："绵羊，出邕州溪峒及诸蛮国，……有白黑二色，毛如茧纩，剪毛作毡……"的记载。由于彝族人民在民间活动中对黑毛、螺旋角等的偏好，喜欢选择黑色绵羊留作种用，经过不断的驯化、选择、培育，形成了在当地适应性强、数量多、肉用性能好的黑绵羊优良地方品种。凉山黑绵羊全身被毛黑色，尾部披着裙帘，具有浓郁的民族风情，被牧民爱称为"黑色精灵"。

（二）群体数量及变化情况

据2021年第三次全国遗传资源普查结果，凉山黑绵羊群体数量为30.86万只，其中种公羊1.55万只，能繁母羊19.44万只。

三、品种特征与特性

（一）体型外貌特征

1. 外貌特征　凉山黑绵羊全身被毛以纯黑色为主，少数个体头颈、躯干和四肢分布有白色或黄褐色杂斑。皮肤黑色、无皱褶。体型呈圆桶状。头型短宽、额宽而平，鼻梁微隆，公羊有角，呈螺旋形或捻曲状向后外弯曲，母羊绝大多数有角、扁平呈镰刀状向后。耳中等大小、半垂，舌面及舌底周边黏膜呈浅乌黑或乌黑色。胸深广，背腰平直，臀部稍丰满，尻部宽平略斜，尾瘦短呈扁锥形，紧贴于臀部。四肢粗壮，蹄质坚实，蹄黑色或深褐色。公羊睾丸大小适中、对称；母羊乳房小短、大小均匀，无附乳。

凉山黑绵羊成年公羊

凉山黑绵羊成年母羊

2. 体重和体尺　在自然放牧条件下，凉山黑绵羊成年体重和体尺见表1。

表1　凉山黑绵羊成年体重和体尺

性别	数量(只)	体重(kg)	体高(cm)	体长(cm)	胸围(cm)	管围(cm)
公	32	53.51±8.44	74.09±4.87	67.74±3.10	95.82±5.14	10.04±1.18
母	65	39.08±7.63	65.74±3.52	62.51±3.46	81.87±4.85	8.27±0.61

注：2018年8—9月由凉山彝族自治州畜牧草业与水产技术推广中心等单位在布拖县测定。

（二）生产性能

1. 生长发育　凉山黑绵羊初生、断奶、6月龄和12月龄体重见表2。

表2　凉山黑绵羊不同阶段体重

测定阶段	性别	数量(只)	体重(kg)
初生	公	66	2.61±0.42
	母	64	2.47±0.35
断奶	公	66	11.30±0.69
	母	64	10.33±0.99
6月龄	公	66	24.20±1.53
	母	64	22.13±2.12

（续）

测定阶段	性别	数量（只）	体重（kg）
12月龄	公	66	36.77±2.30
	母	64	31.26±2.23

注：2018—2019年由凉山彝族自治州畜牧草业与水产技术推广中心等单位在布拖县测定。

2. 产肉性能　在自然放牧条件下，周岁凉山黑绵羊屠宰性能见表3。

表3　凉山黑绵羊屠宰性能

性别	数量（只）	宰前活重（kg）	胴体重（kg）	净肉重（kg）	屠宰率（%）	净肉率（%）	胴体净肉率（%）	眼肌面积（cm^2）	GR值（mm）	背脂厚（mm）	尾重（g）
公	16	36.11±1.85	16.76±1.20	14.86±1.30	46.49±2.80	41.14±2.79	88.54±3.20	18.73±2.93	5.53±1.19	5.46±0.72	48.58±8.69
母	20	30.91±2.57	14.17±1.41	12.34±0.97	46.09±5.63	40.17±4.6	87.33±4.23	16.79±3.58	8.06±0.78	5.92±0.74	50.85±8.9

注：2022年11月由凉山彝族自治州畜牧草业与水产技术推广中心等单位在布拖县测定。

3. 产毛性能　在自然放牧条件下，成年凉山黑绵羊产毛性能见表4。

表4　凉山黑绵羊产毛性能

性别	数量（只）	剪毛量（g）	净毛量（g）	净毛率（%）	毛纤维直径（μm）	伸直长度（cm）	毛丛自然长度（cm）
公	20	1621±121.43	1213.5±126.38	74.98±5.7	34±11.88	8.72±1.26	4.1±0.91
母	62	1602.58±196.61	1203.06±164.45	75.03±6.18	33.55±9.6	8.2±1.55	4.18±0.9

注：2022年11月由凉山彝族自治州畜牧草业与水产技术推广中心等单位在布拖县测定。

4. 繁殖性能　凉山黑绵羊母羊初情期为4～6月龄，10月龄达性成熟，1.5岁开始配种，发情周期15～19d，妊娠期平均149d，利用年限4～5年；公羊初情期为6～8月龄，利用年限3～5年。母羊一般春季发情，年产一胎，大多一胎一羔，平均产羔率110%。

四、饲养管理

凉山黑绵羊性格温驯、合群性好、耐粗饲、抗病力较强，适合海拔较高的高山和高二半山放牧饲养。饲养方式主要为终年放牧和季节性放牧。

五、品种保护

目前尚未建立保种场或保护区。

六、品种评价

凉山黑绵羊具有生长速度快、肉皮兼用、遗传性能稳定的特点，深受当地养殖户的喜爱，是优良的特色地方绵羊种质资源。“凉山黑绵羊”2018年注册地理标志证明商标，2020年通过国家地理标志产品认证。2023年布拖县在补尔乡竹尔苦村建成了凉山黑绵羊产业园区，主要开展凉山黑绵羊的选育与扩繁、遗传资源的保护与开发利用研究。今后应以本品种选育为主，重点提高其产肉性能和繁殖性能。

YA'AN DAIRY GOAT 雅安奶山羊

雅安奶山羊（Ya'an dairy goat），属乳用型培育品种。

一、品种来源

（一）主要培育单位

雅安奶山羊由四川农业大学和原雅安市西城区畜牧局共同培育。

（二）育种素材和培育方法

1978—1984年，雅安市先后13次从陕西、河南等地引进由当地土种白山羊与瑞士萨能奶山羊级进杂交选育而成的奶山羊作为基础母羊，后又从西北农业大学羊场引进萨能奶山羊公羊进行繁殖扩群。1985年，美国国际小母牛项目组织总部从英国购进78只萨能奶山羊（其中20只公羊）赠送给雅安。后以英国萨能奶山羊进一步改良原有群体，并建立三级良种繁育体系，通过20年的选育，形成雅安奶山羊这一优良乳用品种。

二、品种特征与性能

（一）体型外貌特征

1. 外貌特征　雅安奶山羊被毛为白色、粗短、无底绒，皮肤呈粉红色，部分羊有黑斑。体格高大，结构匀称。头较长，额宽，耳长、伸向前上方。有角或无角，公羊角粗大，母羊角较小。角呈蜡黄色，微向后、上、外方向扭转。公、母羊均有须。母羊颈长、清瘦；公羊颈部粗圆，多数有肉髯。胸宽深，肋骨开张，背腰平直，腹大、不下垂，尻长宽适中、不过斜。母羊乳房容积大、基部宽阔，乳头大小适中、分布匀称、间距宽，乳静脉大、弯曲明显。四肢结实、肢势端正，蹄质坚实。

雅安奶山羊成年公羊

雅安奶山羊成年母羊

2．体重和体尺 在舍饲条件下，雅安奶山羊成年体重和体尺见表1。

表1 雅安奶山羊成年体重和体尺

性别	数量(只)	体重(kg)	体高(cm)	体长(cm)	胸围(cm)	管围(cm)
公	53	92.00±5.60	83.20±3.70	95.30±5.00	97.70±5.30	—
母	60	60.95±12.38	74.69±5.19	81.41±5.89	92.00±6.84	10.88±10.89

注：公羊数据引自2011年版《中国畜禽遗传资源志·羊志》，母羊数据于2022年4月至2023年6月由四川农业大学在雅安市雨城区测定。

(二) 生产性能

1．生长发育 在舍饲条件下，雅安奶山羊初生、断奶、6月龄和12月龄体重见表2。

表2 雅安奶山羊不同阶段体重

测定阶段	性别	数量(只)	体重(kg)
初生	公	60	3.39±0.70
	母	61	3.34±0.72
断奶	公	59	10.67±0.81
	母	60	9.72±1.08
6月龄	公	12	27.42±5.31
	母	20	24.30±4.99
12月龄	公	11	45.92±5.04
	母	60	38.08±6.99

注：2022年4月至2023年6月四川农业大学在雅安市雨城区测定。

2．繁殖性能 母羊初情期为4～5月龄，性成熟为6～7月龄，初配年龄为8～12月龄，窝产羔数1～3只，平均产羔率186.3%，发情期为7—9月，发情周期平均20d，妊娠期平均150d。公羊初情期为5月龄，初配年龄为10～12月龄。

3．屠宰性能　在舍饲条件下，12月龄雅安奶山羊屠宰性能见表3。

表3　雅安奶山羊屠宰性能

性别	数量（只）	宰前活重(kg)	胴体重(kg)	净肉重(kg)	屠宰率(%)	净肉率(%)	胴体净肉率(%)	眼肌面积(cm^2)	GR值(mm)
公	5	45.22±4.39	24.84±2.18	19.04±2.34	55.06±3.80	42.14±4.04	76.48±3.00	8.62±1.29	13.94±1.29
母	5	35.06±5.33	17.28±2.49	13.14±2.26	49.38±2.55	37.48±2.79	75.8±2.53	6.94±2.34	10.12±1.40

注：2023年2月由四川农业大学在雅安市雨城区测定。

4．产乳性能　雅安奶山羊泌乳性能好，乳成分质量高。雅安奶山羊泌乳期为8～9个月（平均约为260d），年产奶500～600kg。雅安奶山羊不同胎次的乳成分测定结果见表4。

表4　雅安奶山羊不同胎次乳成分测定结果

胎次	样品量（份）	乳脂率(%)	乳蛋白率(%)	乳糖率(%)
1	48	3.84±0.78	4.40±0.73	4.33±0.70
2	40	4.06±0.73	4.40±0.66	4.21±0.68
3	28	4.39±0.58	4.62±0.68	4.39±0.63
4	28	4.41±0.59	4.30±0.64	4.36±0.08

注：2022年4月至2023年6月由四川农业大学在雅安市雨城区测定。

三、饲养管理

养殖方式以舍饲为主，羊舍多为高床。饲料多为黑麦草、甘薯秧及各种杂草，辅以玉米、豆粕等精料，每天饲喂2次或3次。泌乳期平均为260d，每天挤奶一次，挤奶方式为人工挤奶或使用小型挤奶机挤奶。

四、推广利用

1985年建立了雅安奶山羊种羊场，曾向雅安市名山区、雨城区周边乡镇和眉山市推广种羊。

五、品种评价

雅安奶山羊体型大、产奶量较高、繁殖性能良好，对潮湿多雨的气候条件适应能力强。除用于产奶外，公羔育肥可作肉用。

南江黄羊 NANJIANG YELLOW GOAT

南江黄羊（Nanjiang yellow goat），属肉用型山羊培育品种。

一、品种来源

（一）培育时间及主要培育单位

南江黄羊由南江县畜牧局、四川省畜牧兽医研究所、四川省畜禽繁育改良总站等单位共同培育，于1996年通过国家畜禽遗传资源委员会审定（农03新品种证字第1号）。

（二）育种素材和培育方法

20 世纪50年代开始，南江县畜牧局等单位以成都麻羊、金堂黑山羊、努比亚山羊为父本，以南江县本地山羊为母本，采用多品种复杂杂交,历经40多年时间培育而成。

二、品种特征与性能

（一）体型外貌特征

1. 外貌特征　南江黄羊被毛呈黄褐色，毛短、紧贴皮肤、富有光泽，面部多呈黑色，鼻梁两侧有一条浅黄色条纹。公羊从头顶部至尾根沿背脊有一条宽窄不等的黑色毛带；前胸、颈、肩和四肢上端着生黑而长的粗毛。公、母羊大多数有角，头较大，耳长大，部分羊耳微下垂，颈较粗。体格高大，背腰平直，后躯丰满，体躯近似圆桶形。四肢粗壮。

南江黄羊成年公羊

南江黄羊成年母羊

2. 体重和体尺　在“放牧+补饲”条件下，南江黄羊成年体重和体尺见表1。

表1　南江黄羊成年体重和体尺

性别	数量(只)	体重(kg)	体高(cm)	体长(cm)	胸围(cm)	管围(cm)
公	53	63.70±6.39	75.34±2.88	82.75±2.82	94.51±3.39	11.34±0.84
母	203	44.58±5.45	66.55±2.72	72.66±3.38	82.53±4.41	8.44±0.65

注：2022年由四川南江黄羊原种场测定。

(二) 生产性能

1. 生长发育　南江黄羊初生、断奶、6月龄和12月龄体重见表2。

表2　南江黄羊不同阶段体重

测定阶段	性别	数量(只)	体重(kg)
初生	公	114	2.39±0.27
	母	204	2.28±0.64
断奶	公	114	11.64±1.04
	母	204	10.81±0.76
6月龄	公	251	30.92±1.67
	母	485	22.97±1.79
12月龄	公	114	38.48±3.37
	母	204	30.80±3.37

注：2022年4—10月由四川南江黄羊原种场测定。

2. 繁殖性能　南江黄羊母羊常年发情，集中于春秋两季，母羊初情期为3月龄，性成熟为4月龄，初配年龄为6～8月龄，平均产羔率196%。母羊发情周期19.5d，妊娠期147.9d。公羊初情期5～6月龄，性成熟7～8月龄，初配12～18月龄，利用年限5～6年。

3. 屠宰性能　在放牧条件下，周岁南江黄羊屠宰性能见表3。

表3　周岁南江黄羊屠宰性能

性别	数量(只)	宰前活重(kg)	胴体重(kg)	净肉重(kg)	屠宰率(%)	净肉率(%)	胴体净肉率(%)	眼肌面积(cm^2)	GR值(mm)
公	15	31.97±1.49	15.89±0.81	12.06±0.92	49.70±0.91	37.70±1.84	75.82±2.82	12.76±1.52	5.55±0.40
母	15	28.28±0.84	13.61±0.64	10.48±0.50	48.11±0.96	37.03±0.72	77.02±1.02	12.04±1.88	5.52±0.35

注：2022年12月由四川南江黄羊原种场测定。

4. 板皮特性　南江黄羊皮板致密，坚韧性好，富有弹性，抗张强度高（42.05N/mm^2），延伸率大（16. 4%），板皮面积大，平均板皮面积周岁羊6 593cm^2、成年羊8 842cm^2，是皮革工业的优质原料。

三、饲养管理

南江黄羊以放牧为主，冬春季节放牧与补饲相结合。近年来在饲草料条件较好的区域，舍饲养殖效果也较好。

四、推广利用

南江黄羊先后被推广到重庆、贵州、湖北等28个省（自治区、直辖市），累计推广种羊30万余只，杂交效果明显，经济效益显著。先后发布了《南江黄羊》(NY809)、《南江黄羊饲养技术规程》(NY/T1249)、《南江黄羊繁育技术规程》(NY/T1250）和《南江黄羊种羊生产技术规范》(DB51/T1840）等农业行业和地方标准。

五、品种评价

南江黄羊是我国第一个通过国家畜禽遗传资源委员会审定的肉用山羊培育品种，其具有体格大、生长发育较快、四季发情、繁殖率高、适应能力强和板皮品质好等特性。今后应进一步改善饲养管理条件，加强选育，改进肉用体型，提高其产肉性能。

LIANGSHAN SEMI-FINE-WOOL SHEEP

凉山半细毛羊

凉山半细毛羊（Liangshan semi-fine- wool sheep），属毛肉兼用型绵羊培育品种。

一、品种来源

（一）培育时间及主要培育单位

凉山半细毛羊由凉山彝族自治州畜牧局、四川农业大学、四川省畜牧科学研究院和凉山彝族自治州畜牧兽医科学研究所等单位联合培育，于2009年通过国家畜禽遗传资源委员会审定（农03新品种证字第6号）。

（二）育种素材和培育方法

凉山半细毛羊是以本地山谷型藏羊为母本，引进新疆细毛羊、边区莱斯特羊、林肯羊等多个细毛和半细毛羊品种公羊进行复杂杂交选育而成的。从1956年开始，经历了细毛羊杂交、半细毛羊杂交和自群繁育三个阶段选育而成。

二、品种特征与性能

（一）体型外貌特征

1. 外貌特征　凉山半细毛羊毛色纯白，肤色基本为白色，体格匀称，呈长方形或圆筒形；头大小适中，耳小直立，公、母羊均无角，鼻梁微隆，颈部粗壮，无皱褶；胸部宽深，背腰平

凉山半细毛羊成年公羊

凉山半细毛羊成年母羊

直，尻部较宽平，长瘦尾，四肢粗壮、坚实，蹄质黑色；公羊睾丸大小适中，左右匀称；母羊乳房大小一致，乳头大小适中；羊毛光泽强、匀度好，细度48～50支纱，毛丛呈辫形结构，羊毛弯曲呈较大波浪形，白色或乳白色，腹毛着生良好。

2．体重和体尺　在“放牧+补饲”条件下，凉山半细毛羊成年体重和体尺见表1。

表1　凉山半细毛羊成年体重和体尺

性别	数量(只)	体重(kg)	体高(cm)	体长(cm)	胸围(cm)	管围(cm)
公	20	72.09±7.80	67.98±1.76	78.24±4.37	109.45±5.53	9.64±0.53
母	100	50.40±6.79	63.27±3.69	70.23±3.25	97.10±8.46	8.39±0.55

注：2021—2022年凉山半细毛羊原种场在布拖县测定。

（二）生产性能

1．生长发育　在“放牧+补饲”条件下，凉山半细毛羊初生、断奶、6月龄和12月龄体重见表2。

表2　凉山半细毛羊不同阶段体重

测定阶段	性别	数量(只)	体重(kg)
初生	公	60	3.37±0.34
	母	60	3.18±0.31
断奶	公	60	25.16±3.95
	母	60	23.85±2.91
6月龄	公	20	32.61±2.09
	母	100	28.17±3.38
12月龄	公	20	46.93±2.09
	母	100	42.59±4.05

注：2021—2022年由凉山半细毛羊原种场在布拖县测定。

2．繁殖性能　公羊10月龄、母羊8月龄性成熟。初配年龄母羊10～15月龄，公羊12～18月龄。发情周期17 d，发情持续期48h，妊娠期147.5 d，年产一胎，产羔率108%。

3．屠宰性能　在放牧条件下，周岁凉山半细毛羊屠宰性能见表3。

表3　凉山半细毛羊屠宰性能

性别	数量(只)	宰前活重(kg)	胴体重(kg)	净肉重(kg)	屠宰率(%)	净肉率(%)	胴体净肉率(%)	眼肌面积(cm^2)	GR值(mm)	背脂厚(mm)	尾重(g)
公	15	46.70±2.75	21.70±1.32	16.97±1.16	46.45±1.15	36.31±1.33	78.15±1.62	8.65±1.15	14.20±2.79	1.79±0.19	178.00±40.21
母	15	42.32±3.35	19.78±1.33	15.63±1.02	46.83±1.98	37.03±1.66	79.07±0.83	8.06±0.95	16.45±3.65	1.85±0.24	174.67±45.49

注：2022年由凉山半细毛羊原种场在布拖县测定。

4．产毛性能　成年凉山半细毛羊产毛性能见表4。

表4　凉山半细毛羊产毛性能

性别	数量（只）	剪毛量(g)	净毛量(g)	净毛率(%)	毛纤维直径（μm）	伸直长度(cm)	毛丛自然长度(cm)
公	20	6 195.50±336.49	4 157.65±248.42	67.10±1.37	35.53±1.88	22.32±1.41	17.21±1.14
母	60	4 202.80±240.05	2 890.43±178.13	67.05±1.52	34.54±0.91	21.33±0.94	16.53±0.92

注：2021—2022年凉山半细毛羊原种场在布拖县测定。

三、饲养管理

凉山半细毛羊的饲养方式采用放牧和半舍饲养殖。冬、春季节除放牧外，还要补饲精饲料。

四、推广利用

凉山半细毛羊育种核心群形成以来，采用边培育、边推广的模式，将种羊推广到四川省雅安、甘孜、阿坝、南充、达州、乐山、攀枝花等市州，以及云南、贵州等地区，开展纯种繁育和杂交改良，均表现出良好的适应性和生产性能。

五、品种评价

凉山半细毛羊具有早期生长发育快、肉用性能和产毛性能好、适合中高山冷湿地区饲养等特点。该品种的育成丰富了我国半细毛羊品种资源，曾为西南高原民族地区的经济社会发展做出了巨大贡献。今后应加大本品种选育和推广力度，不断改善羊毛产量和品质，提高肉用和繁殖性能，扩大优质羊毛生产基地规模。

简州大耳羊 JIANZHOU GOAT

简州大耳羊（Jianzhou goat），属肉用型山羊培育品种。

一、品种来源

（一）培育时间及主要培育单位

简州大耳羊由简阳市畜牧食品局、西南民族大学、四川省畜牧科学研究院、四川农业大学等单位共同培育，于2013年通过国家畜禽遗传资源委员会审定（农03新品种证字第11号）。

（二）育种素材和培育方法

简州大耳羊是以努比亚山羊和简阳本地山羊为育种材料，杂交培育形成的肉用山羊品种，其血缘75%源自努比亚山羊，25%源自简阳本地羊。新品种培育工作包括三个阶段，即引种杂交形成杂种群体阶段（1981年以前）、级进杂交选育阶段（1981—1997年）、横交固定及世代选育阶段（1998—2012年）。

二、品种特征与性能

（一）体型外貌特征

1．外貌特征　简州大耳羊毛色为黄褐色，腹部和四肢有少量黑色，从枕部沿背脊至十字部有一条宽窄不等的黑色毛带。头中等大小，耳大下垂，成年羊耳长18～23cm；大部分有角，

简州大耳羊成年公羊

简州大耳羊成年母羊

公羊角粗大，向后弯曲，母羊角较小，呈镰刀状；鼻梁微拱；成年公羊下颌有毛髯，少数有肉髯；颈长短适中。背腰平直，四肢粗壮，蹄质坚实；尾短小上翘。公羊体态雄壮，睾丸匀称。母羊体态清秀，乳房多数呈球形，大小一致、乳头短。

2．体重和体尺　在舍饲条件下，简州大耳羊成年体重和体尺见表1。

表1　简州大耳羊成年体重和体尺

性别	数量(只)	体重(kg)	体高(cm)	体长(cm)	胸围(cm)	管围(cm)
公	20	78.7±7.1	80.7±5.2	90.8±4.5	97.5±3.9	10.7±1.0
母	60	51.3±6.2	71.0±2.8	76.0±4.6	83.2±4.6	7.5±0.9

注：2022年6月由四川省天地羊生物工程有限责任公司在简阳市测定。

（二）生产性能

1．生长发育　在舍饲条件下，简州大耳羊初生、断奶、6月龄和12月龄体重见表2。

表2　简州大耳羊不同阶段体重

测定阶段	性别	数量(只)	体重(kg)
初生	公	60	3.1±0.1
	母	60	2.9±0.1
断奶	公	60	16.0±2.1
	母	60	14.1±2.4
6月龄	公	20	29.3±2.7
	母	60	23.7±2.1
12月龄	公	20	51.4±3.6
	母	60	38.3±1.7

注：2022年3—10月由四川省天地羊生物工程有限责任公司在简阳市测定。

2．繁殖性能　简州大耳羊公羊6月龄、母羊5月龄达性成熟。初配年龄公羊平均8月龄，母羊7月龄。母羊发情周期21d，妊娠期149d；平均产羔率229.71%，初产母羊产羔率153.51%，经产母羊产羔率242.41%。

3．屠宰性能　在舍饲条件下，12月龄简州大耳羊屠宰性能见表3。

表3　简州大耳羊屠宰性能

性别	数量(只)	宰前活重(kg)	胴体重(kg)	屠宰率(%)	净肉重(kg)	净肉率(%)	胴体净肉率(%)	眼肌面积(cm^2)	GR值(mm)
公	15	50.3±1.3	25.4±0.9	50.6±1.0	20.2±0.8	40.2±1.0	79.5±1.7	19.6±0.5	8.8±0.4
母	15	36.7±1.5	17.7±0.7	48.2±1.5	13.6±0.5	37.1±1.0	77.0±1.3	18.6±0.5	8.4±0.4

注：2022年11月由四川省天地羊生物工程有限责任公司在简阳市测定。

三、饲养管理

简州大耳羊多采用舍饲方式，其具有母性强、易于管理的特点，适应在海拔3 000m以下地区养殖。饲料以甘薯藤、豌豆秆、胡豆秆、黄豆秆等农作物为主，育肥肉羊用全价颗粒饲料，辅以草料相结合。

四、推广利用

简州大耳羊中心产区为成都市简阳市，已先后推广到眉山市、凉山彝族自治州及湖南、湖北、贵州等省份。2014年四川省发布地方标准《简州大耳羊饲养管理技术规程》(DB51/T 1750)，2015年发布农业行业标准《简州大耳羊》(NY/T 2827)。2018年，在简阳市建立了简州大耳羊省级核心育种场，2023年被遴选为国家级核心育种场。2011年，"简阳羊肉"被国家质检总局登记为国家地理标志产品，2016年，"简阳羊肉汤"被国家工商总局认定为国家地理标志证明商标。

五、品种评价

简州大耳羊具有肉质优良、遗传性能稳定、膻味低、胆固醇含量低、不饱和脂肪酸含量高的优点，可作为重要的高品质羊肉来源。今后应加强对该品种的保护与选育工作，建立优良的繁育体系，以提高繁殖性能、生产性能等。

马驴 概述

四川养马、养驴最早可追溯到唐代，《新唐书·南蛮传》载：“两爨蛮……土多骏马、犀、象、明珠。”说明当时在四川地区就有骏马饲养。唐朝李匡文著的《资暇集》一书载：“成都府出小驷，以其便于难路，号蜀马。”意谓四川马体型小，适于乘骑，很能适应山区驮运和行走。据《倮情述论》及《西昌县志》记载，在南诏时代，有段氏女赶驴驮米送寺斋僧、诵经，距今约1 000余年。

四川马、驴主要分布在川西高原和攀西地区，为当地农牧民代步、运输的主要工具。当地人民根据生产、生活的需要，经过不断选育，逐步形成了适应当地生态环境的甘孜马、建昌马、河曲马、川驴4个各具特点的地方遗传资源。主要分布于甘孜藏族自治州的甘孜马，终年放牧，具有体质坚实、四肢粗壮、被毛较密等适应高原寒冷地区的特性；主要分布于阿坝藏族羌族自治州的河曲马，终年群牧，具有体格高大、体质结实、蹄大扁平、善走沼泽地、役用性能良好、适应性强等特性；主要分布于凉山彝族自治州的建昌马，具有体格较小、机巧灵活、善走崎岖险要山地等特点，为当地山地重要役畜；分布于甘孜藏族自治州、阿坝藏族羌族自治州和凉山彝族自治州的川驴体小精悍，性情温驯，耐粗饲，役用性能好。

改革开放后，我国先后开展了两次畜禽遗传资源调查及一次畜禽遗传资源普查，据第三次全国畜禽遗传资源普查结果，甘孜马、河曲马、建昌马、川驴群体数量分别为7.95万匹、6.87万匹、3.39万匹、0.4582万头，较第二次调查统计的结果分别减少80.2%、增加24.9%、减少85.9%、减少93.7%。四川马、驴数量总体呈现急剧下降趋势。

甘 孜 马 GANZI HORSE

甘孜马（Ganzi horse），俗称西康马、康马，属于乘驮挽兼用型地方品种。

一、产地与分布

甘孜马中心产区为四川省甘孜藏族自治州的石渠、色达、白玉、德格、理塘、甘孜等县，广泛分布于甘孜藏族自治州其他各县。

中心产区位于北纬27°58′—34°20′、东经97°22′—102°29′，地形属丘状高原、高山峡谷，丘状高原海拔4 000 ~ 4 500m，高山峡谷区海拔1 500 ~ 3 000 m。属高原季风型气候，全州年平均气温为0.6 ~ 16.3℃，年平均降水量569 ~ 893mm。海拔2 600m以下地区，无霜期190d以上；海拔2 600 ~ 3 900m地区，无霜期50 ~ 160d；海拔3 900m以上地区，无绝对无霜期。产区水系属长江水系，主要有金沙江、雅砻江及其支流鲜水河、大渡河等。土壤以暗棕壤、山地草甸土和高山草甸土等为主。耕地面积9.09万hm^2，天然草地面积947万hm^2，是典型的半农半牧区，主产青稞、小麦、玉米，农作物秸秆丰富。

二、品种形成与变化

（一）品种形成

原产地的土著民族主要为羌族，后来藏族由西藏东移，人口陆续增加，成了当地的主要民族，并带入西藏地区的藏马，这对甘孜马的形成与发展起了重要的作用。据1939年《西康概况》记载，元朝以来的商业往来中，藏族商人常骑骏马赶逐驮牛，驮运各种土特产，如羊毛、皮张、虫草、贝母等，来康定（原名打箭炉）交换大茶、布匹等物品。据《甘孜、炉霍、新龙概况》记载，甘孜家畜以牛为最多，羊次之，马多为西宁种。由此可知甘孜马为青海玉树马与当地马杂交培育形成。

（二）群体数量及变化情况

据2011年版《中国畜禽遗传资源志·马驴驼志》记载，1985年甘孜马群体数量为18.75万匹，1995年群体数量为24.14万匹；2005年年末甘孜马群体数量为40.24万匹，其中基础母马11.60万匹，种公马0.93万匹。据2021年第三次全国畜禽遗传资源普查结果，甘孜马群体数量7.95万匹，其中种公马1.19万匹，能繁母马2.80万匹。

三、品种特征与性能

（一）体型外貌

1. 外貌特征　甘孜马体质结实，皮肤干燥或略显粗糙，体格中等。头中等大小，多直头。颈较长，多斜颈，头颈、颈肩结合良好。鬐甲高长中等，胸深广，腹稍大，背腰平直。尻部略短、微斜，后躯发育良好。四肢较长而粗壮，肌腱明显，关节强大，蹄质坚实。尾毛长而密，尾础高。毛色多样，骝毛占55%以上。

甘孜马成年公马　　甘孜马成年母马

2. 体重和体尺　在自然放牧条件下，甘孜马成年体重和体尺见表1。

表1　甘孜马成年体重和体尺

性别	数量（匹）	体重(kg)	体高(cm)	体长(cm)	胸围(cm)	管围(cm)
公	15	288.40±30.74	135.53±5.96	139.00±6.78	157.20±5.71	17.70±1.15
母	58	268.51±33.16	126.86±4.53	136.02±5.70	150.10±7.27	15.80±0.87

注：2022年5月、10月由四川省草原科学研究院在甘孜县、道孚县、炉霍县、理塘县测定。

（二）生产性能

1. 生长发育　在自然放牧条件下，甘孜马不同阶段体重见表2。

表2　甘孜马不同阶段体重

测定阶段	性别	数量（匹）	体重(kg)
初生	公	10	25.4±5.13
	母	20	25.8±5.51

（续）

测定阶段	性别	数量(匹)	体重(kg)
6月龄	公	10	110.2±12.41
	母	20	117.0±31.18
12月龄	公	10	155.7±14.43
	母	20	160.1±25.32

注：2022年5月、10月由四川省草原科学研究院在甘孜县、道孚县、炉霍县、理塘县测定。

2. 繁殖性能　甘孜马以自然交配为主，繁殖群公母比1 ∶ 20。公马36月龄性成熟，初配年龄为48月龄，6～10岁配种能力最强。母马24月龄性成熟，48月龄开始配种，发情季节为5—8月，发情周期21d，发情持续期4～7d，妊娠期平均330d。一般三年产两胎或两年产一胎，终生产驹8～9匹。年平均受胎率88%，年产驹率77%。

3. 屠宰性能　自然放牧条件下，甘孜马屠宰性能、肉品质测定结果见表3、表4。

表3　甘孜马屠宰性能

性别	数量(匹)	宰前活重(kg)	胴体重(kg)	净肉重(kg)	骨重(kg)	屠宰率(%)	净肉率(%)	胴体产肉率(%)	肉骨比
公	5	289.40±3.85	125.76±3.23	96.45±2.19	27.44±1.49	43.44±0.68	33.72±0.60	77.84±0.47	3.51
母	5	275.50±5.51	112.59±6.62	87.79±7.11	23.74±2.46	40.85±1.66	31.84±2.03	77.92±2.54	3.69

表4　甘孜马背最长肌肉品质

性别	pH	剪切力(N)	熟肉率(%)	肉色		
				L	*a*	*b*
公	6.25±0.18	106.04±10.88	71.72±6.60	85.79±0.37	57.87±2.92	16.68±0.93
母	6.51±0.21	65.37±20.87	73.45±5.23	95.03±4.14	61.53±6.97	18.13±3.71

四、饲养管理

甘孜马主要饲养于牧区和半农半牧区，饲养管理因马所处生态环境与利用方式的不同而有差异。甘孜马耐粗饲，在牧区终年放牧，露宿；在半农半牧区多有厩舍。冬春季补饲料主要为青干草、精料等。

五、品种保护

尚未建立该品种资源保种场、保护区。

六、评价与利用

甘孜马是经农牧民长期选育形成的地方品种，具有适应性强、耐粗饲、持久力好、遗传性能稳定等优点。今后应加强选种选配，改善饲养管理条件，加强后备马的培育，保持其适应性强等优良特性，不断提高其品质，并向体育、娱乐、乳用等方向做探索性研究与利用。

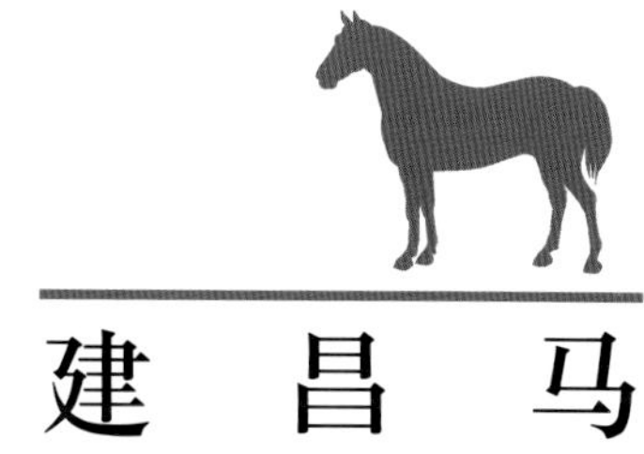

建 昌 马

JIANCHANG HORSE

建昌马（Jianchang horse），属乘驮兼用型地方品种。

一、产地与分布

建昌马分布于四川省凉山彝族自治州美姑、布拖、甘洛、木里、金阳、越西、喜德、普格、冕宁、西昌、雷波、会东、德昌13个县（市）。

产区位于北纬26°03′—29°18′、东经100°04′—103°52′，海拔1 500～5 958m，为亚热带季风和湿润气候，年平均气温10.1～19.5℃，最高温20℃，最低温-15℃，无霜期201～321d，年平均降水量776～1 170mm。产区内水源丰富，河流众多，均为长江水系。干流成系的有金沙江、雅砻江和大渡河三大水系。土质主要为红壤、棕壤。耕地面积57.09万hm^2，草地面积79.60万hm^2，其中，天然草地69.97万hm^2。粮食作物以玉米、荞麦、马铃薯、燕麦等为主。牧草种类繁多，以禾本科为主，牧草品种主要包括光叶紫花苕、燕麦、紫花苜蓿、黑麦草和三叶草。

二、品种形成与变化

（一）品种形成

建昌马以其产区曾用名建昌而得名。唐宋时期所称的“蜀马”，即包括建昌马，俗称“川马”。建昌马因善于登山，故又有“山马”之称。据《史记·货殖列传》记载，西汉时有运往内地市场的“马”，是当时越嶲郡（今四川西昌）、犍为郡（今四川宜宾）置苑牧马。据《方舆胜览》记载，宋时市马于黎（今四川汉源）、叙（今四川宜宾）等州，号“川马”。据《西昌县志》载，建昌马曾作为贡马。这些史料与凉山彝族自治州出土的东汉时期陶马、铜马蹄、基砖上的车马出行图等文物，表明早在2 000多年前当地即盛产良马。产区山多、交通不便，马常用于骑乘或驮运物资，也用于挽车。除供本地需要外，还远销外地。今西昌等县市原属宁远府，据1939年《宁属调查报告汇编》记载，宁属之马约有15万匹，每年外销6 000～7 000匹，出入宁属均以马锅头（赶马帮的人）是赖，入市交易无不乘马，民家可无一牛，但必有一马，极贫之家，亦必养驴，以代人力。由于当地社会经济的需要，促进了建昌马的发展。

（二）群体数量及变化情况

据2011年版《中国畜禽遗传资源志·马驴驼志》记载，1980年建昌马群体数量为7万匹，1985年为11.34万匹，1995年为18.64万匹；2005年群体数量为23.99万匹，其中种公马3.29万匹，能繁母马9.1万匹。据2021年第三次全国畜禽遗传资源普查结果，建昌马群体数量3.39万匹，其中种公马4 797匹，能繁母马1.90万匹。

三、品种特征与性能

（一）体型外貌

1. 外貌特征　建昌马头型为直头，立耳、中等大小，眼睛大小中等，颌凹中等，颈多为斜颈和直颈、长度中等；躯干为斜肩或直肩，胸宽、背腰平直、中等大小肷窝，腹部大小适中，腰短有力，背腰结合良好。尻部结构紧凑，尻略短、微斜。四肢较细，蹄小质坚，多为内向蹄，偶有X状腿型。尾础低，全身被毛短密，鬃、鬣、尾毛密而长。毛色以骝毛、栗毛为主，其次为黑毛。据2021年普查统计，黄骝毛占65%，栗毛占25%，黑毛占5%，青毛占3%，其他毛色占2%，均无白章，暗章主要为“暗线”。

建昌马成年公马

建昌马成年母马

2. 体重和体尺　自然放牧条件下，建昌马成年体重和体尺测定结果见表1。

表1　建昌马成年体重和体尺

性别	数量（匹）	体重（kg）	体高（cm）	体长（cm）	胸围（cm）	管围（cm）
公	18	217.65±17.53	131.23±5.23	127.65 ±3.72	143.29 ±15.33	19.37 ±13.55
母	50	175.37±12.31	123.47±6.76	122.37±8.23	139.27 ±5.02	19.29 ±9.67

注：2022年8月由西昌学院在凉山彝族自治州越西县测定。

（二）生产性能

1. 生长发育　自然放牧条件下，建昌马不同阶段体重测定结果见表2。

表2 建昌马不同阶段体重

测定阶段	性别	数量(匹)	体重(kg)
初生	公	10	17.87±1.64
	母	20	16.75±2.98
6月龄	公	10	52.55±7.37
	母	20	47.20±4.53
12月龄	公	10	126.77±9.11
	母	20	115.65±15.47
18月龄	公	12	171.57±19.70
	母	20	147.35±12.04

注：2022年8月由西昌学院在凉山彝族自治州越西县测定。

2．繁殖性能　母马初情期为14～16月龄，初配年龄20～24月龄，发情季节为3—8月，发情周期18～25d，妊娠期320～340d，年平均受胎率75%，年产驹率70%。公马13～16月龄性成熟，初配年龄14～17月龄，利用年限8～14年。

3．屠宰性能　自然放牧育肥的建昌马屠宰性能测定结果见表3。

表3 建昌马屠宰性能

性别	数量(匹)	宰前活重(kg)	胴体重(kg)	净肉重(kg)	骨重(kg)	屠宰率(%)	肉骨比
公	5	155.60±23.75	86.62±11.79	61.96±12.04	19.88±1.51	55.78±1.38	3.12
母	5	196.06±20.07	94.30±7.18	69.70±4.10	22.52±2.42	48.26±2.83	3.10

注：2022年11月由西昌学院在凉山彝族自治州越西县测定。

四、饲养管理

建昌马常年放牧饲养，隔两三个月农户上山为马匹饲喂一次食盐；少数马进行集中饲养，部分农户家饲养1～2匹作为劳役使用。冬季枯草期，乘马或驮马适当补饲草料。妊娠后期母马每天补饲精料，产后每天补饲豆粉；种公马在配种期每日补饲精料，如鸡蛋；幼驹自行断奶。零星散发马鼻疽传染病，常见寄生虫病主要为绦虫病、线虫病、伊氏锥虫病等。

五、品种保护

尚未建立该资源保种场、保护区。

六、评价与利用

建昌马是在凉山州二半山的气候环境下，经过长期自然和人工选择而形成的以劳役为主的资源类群。其具有生长速度快、耐粗饲、抗逆性强、肉质细嫩等特点，特别适宜二半山区、高寒地区等放牧饲养。建昌马肉用性能和繁殖性能较低，今后应加强本品种选育和选种选配，提高产肉性能和繁殖性能，提高群体整齐度。可向骑乘和肉用方向培育。

河 曲 马

HEQU HORSE

河曲马（Hequ horse），俗称南番马、乔科马、唐克马、索克藏马，属挽乘兼用型地方品种。

一、产地与分布

河曲马原产于甘肃省、四川省、青海省交界处的黄河第一弯曲部，主要分布于四川省、甘肃省和青海省。在四川省境内主要分布在阿坝藏族羌族自治州若尔盖县、阿坝县和红原县。

产区位于北纬31°51′—33°33′、东经101°51′—103°22′，平均海拔3 507m，最高海拔4 875m，最低海拔3 210m。产区属大陆性高原寒温带季风气候，气候寒冷，四季不分明，长冬无夏，雨热同季；日照长，太阳辐射强烈；灾害性天气多。最高气温24.6℃，最低气温–22.8℃，年平均气温2.9℃。年平均降水量860.8mm，无绝对无霜期。境内水源有大渡河上游梭磨河支系、黄河水系的白河支系。土壤分为褐土、暗棕壤、棕壤、亚高山草甸土、高山草甸土、高山寒漠土六类。饲草主要有披碱草属、早熟禾属、羊茅属等。主要农作物有小麦、玉米、青稞等。

二、品种形成与变化

（一）品种形成

河曲马作为我国历史悠久的马品种之一，其形成过程较为复杂。据史料记载，北魏时期的吐谷浑部落从辽东迁移进入黄河第一湾，也就是现在的四川、青海、甘肃三省交界处（即河曲地区），带来的北方草原马成了产区“土著居民”。唐朝安史之乱后，吐谷浑、吐蕃羌等部落一举攻下位于河曲草原上的养马基地，波斯马、大宛马、乌孙马等也落户河曲草原。元朝时期，英勇彪悍的蒙古族人进入河曲地区，蒙古马也被带入河曲地区。自此以后，河曲地区广袤草原成了这些外来马生存和繁衍的“天堂”，经过长期的自然和人工选择形成了河曲马这一独特的品种。

（二）群体数量及变化情况

据2011年版《中国畜禽遗传资源志·马驴驼志》记载，四川省共有河曲马5.5万匹，其中基础母马2.5万匹。据2021年第三次全国畜禽遗传资源普查结果，四川省河曲马群体数量共

6.87万匹，其中种公马0.68万匹，能繁母马3.38万匹。

三、品种特征与性能

（一）体型外貌

1．外貌特征　河曲马以黑毛、青毛、骝毛、栗毛为主。普查时发现，黑毛占30.77%，青毛占26.15%，骝毛占24.62%，栗毛占9.23%，其余毛色占9.23%，头和四肢有白斑。体质粗糙结实，外形均匀厚重，体躯舒展，骨量充实，筋腱强健，肌肉丰满，关节明显。头重稍长，直头、兔头、半兔头各占一定比例。耳长而灵活，眼中等大小，鼻梁隆起，鼻孔开张，鼻翼略薄，唇厚，下唇微下垂，颌凹较宽。颈部长度适中，鬐甲中等，腰背宽广平直，胸部宽深，腹部大而充实，尻宽长度中等，斜尻。四肢端正，关节强壮有力。

河曲马成年公马

河曲马成年母马

2．体重和体尺　河曲马放牧状态下成年体重和体尺见表1。

表1　河曲马成年体重和体尺

性别	数量（匹）	月龄	体重(cm)	体高(cm)	体长(cm)	胸围(cm)	管围(cm)
公	9	85.3±47.8	350.3±48.6	136.0±7.1	147.2±7.5	162.7±13.7	21.8±1.3
母	45	71.5±28.8	292.3±45.6	128.5±5.2	135.8±8.0	152.1±11.8	20.2±1.3

注：2022年5—10月由四川省龙日种畜场在红原县、阿坝县、若尔盖县测定。

（二）生产性能

1．生长发育　在放牧条件下，河曲马不同阶段体重见表2。

表2　河曲马不同阶段体重

测定阶段	性别	数量(匹)	体重(kg)
初生	公	10	29.8±2.6
	母	20	26.9±1.4
6月龄	公	10	106.2±12.9
	母	20	95.3±12.9

（续）

测定阶段	性别	数量(匹)	体重(kg)
12月龄	公	10	159.9±10.6
	母	20	143.1±9.9

注：2022年5—11月由四川省龙日种畜场在红原县、阿坝县、若尔盖县测定。

2. 繁殖性能　河曲马以自然交配为主，繁殖期公母比为1∶10左右。公马24月龄达性成熟，初配年龄30～36月龄。母马24月龄达性成熟，初配年龄24～30月龄，发情季节集中在4—9月，发情周期15～40d，发情持续期3～10d，妊娠期357d；6～12岁为盛产期。

3. 屠宰性能　自然放牧条件下，河曲马屠宰性能测定结果见表3。

表3　河曲马屠宰性能

性别	数量(匹)	屠宰月龄	宰前活重(kg)	胴体重(kg)	净肉重(kg)	骨重(kg)	屠宰率(%)	肉骨比
公	5	52.8±9.6	318±35.17	139.41±8.27	102.19±8.98	36.36±3.10	44.22±4.23	2.81
母	5	48±0	253.40±29.08	109.23±18.66	78.49±14.43	29.82±5.83	42.8±3.11	2.63

注：2022年5—10月由四川省龙日种畜场在红原县、阿坝县、若尔盖县测定。

四、饲养管理

河曲马的饲养方式为全年放牧，饲养管理粗放。冷季补饲干草、青贮料、多汁饲料和精饲料。易患传染病主要为马腺疫；常见寄生虫病主要为毛线科线虫病、圆形科线虫病、马胃蝇幼虫病和叶状裸头绦虫病等。

五、品种保护

尚未建立该资源保种场、保护区。

六、评价与利用

河曲马是我国古老的优良品种，生长在高寒、雨量充沛、地势开阔和牧草茂盛的草地环境，遗传性能稳定，具有耐粗饲、适应性强、挽力大、持久力好等特点，为农牧民骑乘所用。

川　驴

SICHUAN DONKEY

川驴（Sichuan donkey），根据产地不同俗称阿坝驴、会理驴等，属小型役肉兼用型地方品种。

一、产地与分布

川驴中心产区为四川省甘孜藏族自治州的巴塘县、阿坝藏族羌族自治州的阿坝县和凉山彝族自治州的会理县。在甘孜藏族自治州的乡城、得荣等县，凉山彝族自治州的会东、盐源等县均有分布。在云南、贵州、重庆也有少量分布。

中心产区位于北纬26°05′—33°37′、东经98°58′—102°38′，地处四川省西北部、西部和西南部，为青藏高原东南缘。多属丘陵、高原和高山峡谷地区，海拔1 300～4 000m。巴塘县地势西北高、东南低，平均海拔3 300m以上；阿坝县地势由西北向东南逐渐倾斜，平均海拔3 300m；会理县地处西南横断山脉东北部，地势北高南低，平均海拔1 900m。因各地海拔不一，产区气候差别较大。年平均气温3.3～16℃，最低气温-33.9℃，最高气温36℃；无霜期0～241d。干湿季分明，年平均降水量517～1 158mm，年平均日照时数2 400h。河流主要属于长江水系，有金沙江、大渡河及其支流等，溪沟径流繁多，水资源丰富。土壤主要有红壤、棕壤等类型，且随着地形和地貌的变化，具有垂直分布的特点。主要牧草有禾本科、豆科、莎草科、菊科等。主要农作物有水稻、小麦、玉米、黄豆、蚕豆、豌豆等。

二、品种形成与变化

（一）品种形成

据《倮情述论》和《西昌县志》记载，南诏时代（距今1 000余年），有“段氏女赶驴驮米送寺斋僧诵经”的记载。《会理州志》记载：“驴：别名长耳公，曰汉骊、曰蹇驴，似马而长颊，广额，磔耳，修尾，低小，不甚骏，善驮，有褐、黑、白三色”。《广元县重修县志》也记述有“驴乳之成分与人乳相近，可育婴儿，县产形小不敌秦产，可骑乘载物”。这些记载形象而生动地描述了川驴的由来、发展、外貌特点与利用情况。当地群众十分重视公驴的选育，常在优秀的种公驴后代中选择初生体重较大、生长发育快、体质健壮、结构匀称、生殖器官发育正常的公驴作后备种驴，并精心饲养管理。对母驴的选择不太严格，成年后基本均留作繁殖。川驴与产区群众日常生产、生活密切相关，是在特定的自然条件与经济条件下经过长期的选育和饲养形成的地方品种。

（二）群体数量及变化情况

据2011年版《中国畜禽遗传资源志·马驴驼志》记载，1983年川驴存栏3.4万头，1995年存栏4.7万头；2005年年末存栏7.35万头，其中种用公驴0.30万头、基础母驴2.37万头。据2021年第三次全国畜禽遗传资源普查结果，川驴群体数量4 582头，其中种公驴510头，能繁母驴2 392头。

三、品种特征与性能

（一）体型外貌

1. 外貌特征　川驴属小型驴。体质结实、皮肤粗糙。头型为直头，立耳、中等大小，眼睛大小中等，颌凹中等，颈多为斜颈和直颈、长度中等；斜肩，鬐甲稍低，宽胸、直背、直腰、中等腰、草腹、中等大小肷窝，尾毛浓密，尾础高，斜尻。四肢强健干燥，关节明显，蹄较小，正系，外向蹄，蹄质坚实。被毛厚密，粗短，以栗毛为主，黑毛、灰毛次之。栗毛驴可见背线和鹰膀，灰驴具有明显的黑色背线、鹰膀、虎斑，黑驴和栗毛驴有粉鼻、粉眼、白肚皮等特征。

川驴成年公驴

川驴成年母驴

2. 体重和体尺　在自然放牧条件下，川驴成年体重和体尺测定数据见表1。

表1　川驴成年体重和体尺

性别	数量（头）	体重 (kg)	体高 (cm)	体长 (cm)	胸围 (cm)	管围 (cm)	头长 (cm)	颈长 (cm)	胸宽 (cm)	胸深 (cm)	尻高 (cm)	尻长 (cm)	尻宽 (cm)
公	10	118.1 ±7.0	109.4 ±4.7	106.1 ±5.5	118.6 ±4.5	14.6 ±0.8	46.7 ±1.0	46.2 ±1.1	25.5 ±2.1	46.2 ±1.5	111.6 ±5.3	38.0 ±2.6	32.7 ±3.0
母	50	107.4 ±9.5	105.1 ±6.3	105.3 ±7.1	116 ±6.6	13.7 ±1.4	45.2 ±4.2	45.7 ±3.9	23.4 ±3.1	44.4 ±4.3	105.6 ±7.5	32.6 ±4.1	31.5 ±4.1

注：2022年6月由西昌学院在凉山彝族自治州会理市测定。

（二）生产性能

1. 生长发育　在自然放牧条件下，川驴不同阶段体重见表2。

表2　川驴不同阶段体重

性别	数量（头）	初生(kg)	6月龄(kg)	12月龄(kg)
公	10	15.6±1.3	46.6±1.4	55.1±1.8
母	20	14.2±1.4	45.8±1.6	53.7±2.0

注：2022年6月由西昌学院在凉山彝族自治州会理市测定。

2. 繁殖性能　采用自然交配繁殖，繁殖群体公母比1：(5～8)。公驴18～24月龄性成熟，30～36月龄开始配种，5～10岁配种能力最强，利用年限5～12年。母驴18～20月龄性成熟，30～36月龄初配；发情季节为3—10月，配种旺季为4—6月，发情周期20～30d，发情持续期4～7d，妊娠期365～370d；母驴繁殖年龄可到20岁，终生产驹8～12头。

3. 屠宰性能　在自然放牧条件下，川驴屠宰性能测定结果见表3。

表3　川驴屠宰性能

性别	数量（头）	宰前活重(kg)	胴体重(kg)	净肉重(kg)	骨重(kg)	屠宰率(%)	肉骨比
公	5	100.32±10.18	47.56±7.00	31.18±5.62	13.56±1.58	47.34±4.59	2.28
母	5	115.50±18.82	59.56±12.46	40.38±8.94	15.72±1.75	51.48±6.32	2.56

注：2022年6月由西昌学院在凉山彝族自治州会理市测定。

四、饲养管理

川驴采取放牧和舍饲相结合的饲养管理方式。夏秋季集中在离居民点较远的草场自由放牧，冬春季放养于离居民点较近的草场或农耕地上，主要饲喂农作物秸秆，夜间各户舍饲。使役期间，各地根据当地条件适当补饲少量青干草、蔓菁（芫根）、青稞或燕麦等。阿坝县的种公驴在配种期实行系牧，公驴配种期和产驹后母驴补喂少量青稞糠或糌粑面。常见病主要为绦虫病、线虫病等寄生虫病。

五、品种保护

尚未建立该资源保种场、保护区。

六、评价与利用

川驴体小精悍，体质结实，结构良好，性情温驯，耐粗饲、易管理，役用性能好，遗传性能稳定，具有繁殖性能好、抗病力强、肉质细嫩、适应性强等特点。过去川驴是山地重要役畜，随着小型机械普及和交通条件改善，川驴逐渐退出役用，选育主要向肉用方向发展。

禽 概述

四川省具有悠久的养禽历史。1986年在广汉三星堆二号祭祀坑出土了商代晚期的青铜鸡，表明在当时四川地区已有鸡的饲养。而20世纪50年代在成都天回山东汉墓中出土的子母陶鸡、陶公鸡，在双流县陶家渡出土的东汉陶鸭，在宜宾中元纸厂东汉墓出土的陶鹅，均表明四川地区在东汉以前就有大量家禽养殖。当前，家禽产业已成为四川省畜牧产业的重要组成部分。据统计，2023年四川省家禽出栏量达7.65亿只，禽肉产量115万t，仅次于猪肉；禽蛋产量181.1万t。

改革开放之初，我国开展了第一次全国畜禽遗传资源调查，在此基础上，1987年四川省出版了《四川家畜家禽品种志》，该品种志除记载《中国家禽品种志》上已有的彭县黄鸡、峨眉黑鸡、藏鸡、建昌鸭及四川白鹅外，还记载了旧院黑鸡、金阳丝毛鸡、米易鸡、四川麻鸭、钢鹅共10个地方家禽品种。

2006—2009年间，完成第二次全国畜禽遗传资源调查工作后，四川省地方家禽资源数量达14个。其中，鸡10个，分别是旧院黑鸡、彭县黄鸡、米易鸡、石棉草科鸡、四川山地乌骨鸡、峨眉黑鸡、泸宁鸡、凉山岩鹰鸡、藏鸡、金阳丝毛鸡；鸭2个，分别是四川麻鸭和建昌鸭；鹅2个，分别是四川白鹅和钢鹅。

2023年，第三次全国畜禽遗传资源普查工作完成，四川省共有家禽遗传资源25个，包括地方品种19个、培育品种（配套系）6个。其中，地方鸡品种14个，鸭品种3个，鹅品种2个，与第二次调查相比，新增了广元灰鸡（2016年）、平武红鸡（2023年）、羌山云朵鸡（2023年）、黑水凤尾鸡（2023年）、开江麻鸭（2023年）。6个培育品种（配套系）分别是大恒699肉鸡、大恒799肉鸡、温氏青脚麻鸡2号、天府肉鸡、天府农华麻羽肉鸭及天府肉鹅。除此之外，罗曼蛋鸡、海兰蛋鸡、贵妃鸡、樱桃谷鸭、美国王鸽、银王鸽6个家禽引入品种（配套系）在四川省也有一定分布。

彭县黄鸡

PENGXIAN YELLOW CHICKEN

彭县黄鸡（Pengxian yellow chicken），属肉蛋兼用型地方品种。

一、产区与分布

彭县黄鸡原产地为四川省彭州市（原彭县），主要分布在彭州市桂花镇。

彭州市位于北纬30° 59′—31° 10′、东经103° 06′—104° 00′，地处成都市北部，属成都平原与龙门山过渡地带，地势北高南低，地形以平原、丘陵和山区为主。北部为山地，中部为丘陵，南部为冲积平原。海拔500～3 500m。境内四季分明、气候温和、雨量充沛、无霜期长，属四川盆地亚热带湿润气候。年平均气温15.6℃，年平均降水量932.5mm，年平均日照时数1 000h，无霜期276d。彭州水资源丰富，境内河川纵横，有大小河流39条，分属沱江、岷江两个水系。主要农作物有水稻、小麦、油菜、玉米、马铃薯、甘薯等。

二、品种形成与变化

（一）品种形成

彭州市地处成都市郊，气候温和，农产品丰富，交通方便，城镇集市贸易兴旺，历来为家禽产品集散地，养鸡业尤为发达。当地群众素有喜养黄色母鸡和大红公鸡的习惯，养鸡者多选产蛋大、产蛋多、生长快而易肥的鸡留种，逐渐形成了蛋肉兼用型的彭县黄鸡。因其所产的蛋个头大、壳色美观、体型较肥、肉质细嫩，较受消费者欢迎，促进了彭县养鸡业的发展。新中国成立以前，该品种已成为成都平原和丘陵地区黄鸡的代表类型，广泛分布于川西平原和丘陵地区。

（二）群体数量及变化情况

据2011年版《中国畜禽遗传资源志·家禽志》记载，20世纪80年代前，彭县黄鸡是彭州市及周边地区饲养的主要品种，1981年产区彭县黄鸡约28.5万只。80年代中期以后，由于国外高产蛋鸡和快长型肉鸡品种的引入和大面积推广，彭县黄鸡饲养量越来越少，至2005年年底仅有61只，其中公鸡10只、母鸡51只，后经保种扩繁群体数量有所增加。据2021年第三次全国畜禽遗传资源普查结果，彭县黄鸡群体数量共2 518只。

三、品种特征与性能

（一）体型外貌特征

1．外貌特征 彭县黄鸡体型中等，体态浑圆。头大小适中。喙多呈白色，黑色次之，少数呈褐色。冠型以单冠居多，个别玫瑰冠，极少豆冠，冠呈红色。耳叶、肉髯呈红色。虹彩多呈橘黄色，少数呈橙色和淡黄色。胫、皮肤多呈白色，少数呈黑色，极少数个体有胫羽。母鸡颈羽和背羽以黄羽、深麻羽和褐羽为主，胸羽和腹羽以黄羽为主，鞍羽以黄羽和褐羽为主，翼羽和尾羽以黄羽和黑羽为主；公鸡颈羽、背羽和鞍羽以黄羽和红羽为主，胸羽以黄羽和浅麻羽为主，腹羽以黄羽为主，翼羽以黄羽和黑羽为主，尾羽以黑羽为主。雏鸡以黄色绒毛为主，胫色也以黄色为主，少数个体头部绒毛有黑色斑点，部分个体背部有灰褐色绒毛带。

彭县黄鸡成年公鸡

彭县黄鸡成年母鸡

2．体重和体尺 彭县黄鸡成年体重和体尺见表1。

表1 彭县黄鸡成年体重和体尺

性别	体重 (g)	体斜长 (cm)	龙骨长 (cm)	胸宽 (cm)	胸深 (cm)	胸角 (°)	骨盆宽 (cm)	胫长 (cm)	胫围 (cm)
公	3 043.3 ±267.9	28.6 ±1.6	15.7 ±1.0	7.6 ±0.4	11.4 ±0.5	86.5 ±4.2	12.0 ±0.9	12.0 ±0.5	5.4 ±0.3
母	2 223.3 ±345.1	25.7 ±1.4	12.4 ±0.7	7.5 ±0.5	10.7 ±0.6	82.2 ±5.1	10.2 ±0.9	9.1 ±0.5	4.5 ±0.3

注：2022年7月由四川农业大学和四川省彭县黄鸡保种场测定300日龄公、母鸡各30只。

（二）生产性能

1. 生长发育　彭县黄鸡生长期不同阶段体重见表2。

表2　彭县黄鸡生长期不同周龄体重（g）

性别	0	2	4	6	8	10	13	15
公	44.4±3.8	144.7±15.2	351.4±39.2	637.8±78.2	863.3±103.4	1 093.5±144.9	1 426.3±219.0	1 846.2±177.2
母	43.5±3.3	141.6±11.3	321.0±38.0	534.4±71.2	760.1±75.3	920.2±86.4	1 158.1±114.9	1 308.5±116.4

注：2022年4—11月由四川农业大学抽测公、母鸡各32只。

2. 屠宰性能　彭县黄鸡150日龄屠宰性能见表3。

表3　彭县黄鸡屠宰性能

性别	宰前活重(g)	屠体重(g)	屠宰率(%)	半净膛率(%)	全净膛率(%)	胸肌率(%)	腿肌率(%)	腹脂率(%)
公	2 180.0±202.9	1 968.0±192.4	90.3±1.4	84.0±1.6	79.4±1.6	10.9±1.7	21.7±3.3	1.9±0.3
母	1 736.6±196.8	1 540.6±182.0	88.7±1.2	78.5±6.5	71.0±6.0	12.9±2.0	19.7±1.7	0

注：2022年7月由四川农业大学和四川省彭县黄鸡保种场测定公鸡30只、母鸡32只。

3. 肉品质　彭县黄鸡150日龄肉品质见表4。

表4　彭县黄鸡肉品质

性别	剪切力(N)	滴水损失(%)	pH	肉色			水分(%)	蛋白质(%)	脂肪(%)	灰分(%)
				a	*b*	*L*				
公	35.7±3.9	4.6±0.04	5.9±0.1	9.3±3.3	10.1±2.6	47.3±4.6	72.3±2.0	21.9±1.5	6.0±0.5	0.45±0.1
母	35.5±3.3	4.6±0.4	5.9±0.2	6.4±2.3	12.1±3.2	48.7±5.3	72.3±1.5	21.5±1.1	7.4±0.1	0.93±0.1

注：2022年8月由四川农业大学测定公、母鸡各20只的胸肌样品。

4. 蛋品质　彭县黄鸡蛋品质见表5。

表5　彭县黄鸡蛋品质

蛋重(g)	纵径(mm)	横径(mm)	蛋形指数	蛋壳强度(kg/cm²)	蛋壳厚度(mm)	蛋黄色泽(级)	蛋白高度(mm)	哈氏单位	蛋黄重(g)	蛋黄比率(%)	血肉斑率(%)
53.9±3.79	54.5±2.09	41.8±1.02	1.3±0.05	4.4±0.91	0.4±0.04	12.1±1.1	5.4±0.8	73.6±7.07	17.2±1.68	31.9±2.23	18.6

注：2022年10月由四川农业大学测定300日龄鸡蛋150个。

5. 繁殖性能　据调查统计，彭县黄鸡平均216日龄开产，年产蛋140～150个，平均蛋重53.52g；300日龄母鸡平均蛋重53.90g，种蛋受精率89.36%，受精蛋孵化率94.10%，育成期存活率98.10%，产蛋期成活率99.70%。

四、品种保护

彭县黄鸡于2007年被列入《四川省畜禽遗传资源保护名录》。同年在彭州市建立了彭县黄鸡保种场，2013年该保种场被确认为省级保种场。

五、评价和利用

彭县黄鸡体型中等，生长速度中等，耐粗饲，适应性、抗病力强，野外放牧和采食青绿饲草能力强。蛋壳颜色多为浅粉色，肉、蛋营养丰富，肉质细嫩，味道鲜美。在开发利用方面，已注册地理标志证明商标“彭县黄鸡”1个，注册“珍栗黄鸡”“仙山老母鸡”商标两个。

峨眉黑鸡 EMEI BLACK CHICKEN

峨眉黑鸡（Emei black chicken），属肉蛋兼用型地方品种。

一、产地与分布

峨眉黑鸡中心产区为乐山市峨眉山市高桥、龙池、大为和龙门等乡镇，在乐山市峨边彝族自治县、金口河区、沙湾区和五通桥区等地也有分布。

峨眉山市位于北纬29°15′—29°43′、东经103°10′—103°43′，地处川西平原与大小凉山的过渡地带，地貌类型多样，以山地为主，地势起伏大。海拔420～3 099m，平均海拔1 800m。境内气候温和、雨量充沛、垂直气候明显，属亚热带季风和湿润气候，年平均气温17.2℃，年平均降水量1 555mm，年平均日照时数1 100h，无霜期311d。境内主要河流有峨眉河、双福河、临江河和茅杆河。主要土壤类型有黄壤、紫色土、石灰土、黄棕壤、暗棕壤和灰化土等。主要农作物有玉米、甘薯、豆类、水稻、马铃薯、小麦和油菜等。

二、品种形成与变化

（一）品种形成

峨眉黑鸡历史悠久，据传在清代该鸡为纳贡珍品。产地气候温和，天然放牧场所开阔，饲料来源丰富，为峨眉黑鸡生存创造了良好的生态条件。有高山、河流作为天然屏障，加之交通闭塞不便于外界鸡种引入，为峨眉黑鸡形成创造绝佳的地理隔绝和生殖隔离条件。当地群众在养鸡过程中发现，较大体型的黑羽鸡个体在躲避天空敌害等方面更有优势，因此主动选留大体型黑羽鸡。经过产地人民的长期选育和世代饲养，逐渐形成了该品种。

（二）群体数量及变化情况

据2011年版《中国畜禽遗传资源志·家禽志》记载，2006年峨眉黑鸡群体数量约1万只。据2021年第三次全国畜禽遗传资源普查结果，峨眉黑鸡群体数量约为3.5万只。

三、品种特征与性能

（一）体型外貌特征

1. 外貌特征　成年鸡体型较大，全身羽毛黑色且有墨绿色光泽；单冠为主，少量豆冠，冠齿6～9个，颜色以红色为主，部分紫色；肉髯、耳叶颜色与冠色相同，也以红色为主；喙呈黑色，均为平喙；皮肤以白色为主，部分为乌色；胫呈黑色。公鸡胸部突出，背部平直，头昂尾翘，镰羽发达。母鸡少数个体为凤头。雏鸡全身绒毛均为黑色，无头部斑点，无背部绒毛带。

峨眉黑鸡成年公鸡

峨眉黑鸡成年母鸡

2. 体重和体尺　峨眉黑鸡成年体重和体尺见表1。

表1　峨眉黑鸡成年体重和体尺

性别	体重(g)	体斜长(cm)	龙骨长(cm)	胸宽(cm)	胸深(cm)	胸角(°)	骨盆宽(cm)	胫长(cm)	胫围(cm)
公	3 051.8±302.5	27.9±2.9	13.6±1.4	9.4±1.0	10.8±1.1	72.0±7.4	10.3±1.1	13.0±1.3	4.7±0.3
母	2 303.4±235.7	21.1±2.4	10.7±1.2	8.7±1.1	10.5±1.6	67.9±6.7	8.9±1.5	10.2±1.12	4.6±0.4

注：2022年7月由四川省畜牧科学研究院和峨眉山市世海原种鸡场共同测定300日龄公、母鸡各32只。

（二）生产性能

1. 生长发育　峨眉黑鸡公、母鸡平均料重比为4.6。峨眉黑鸡生长期不同周龄体重见表2。

表2　峨眉黑鸡生长期不同周龄体重（g）

性别	出壳	2	4	6	8	10	13	26
公	32.35±3.93	120.0±11.2	203.4±10.8	405.9±30.4	620.8±47.8	874.7±64.8	1 256.8±85.8	2 243.9±335.0
母	32.35±3.93	114.2±10.8	171.9±11.7	365.9±18.8	544.4±50.7	736.4±53.1	1 102.91±51.3	1 811.1±138.1

注：2022年4—11月由四川省畜牧科学研究院和峨眉山市世海原种鸡场测定1日龄混雏120只，其他周龄公、母鸡各32只。

2. 屠宰性能　峨眉黑鸡182日龄屠宰性能见表3。

表3　峨眉黑鸡屠宰性能

性别	宰前活重(g)	屠体重(g)	屠宰率(%)	半净膛率(%)	全净膛率(%)	胸肌率(%)	腿肌率(%)	腹脂率(%)
公	2 282.9±211.8	2 071.8±189.0	90.8±1.2	83.0±1.4	74.3±1.5	17.7±1.4	24.5±1.5	1.9±0.3
母	1 731.1±104.0	1 554.2±94.7	89.8±1.2	81.2±3.7	69.9±3.7	16.3±1.7	22.6±1.3	4.3±0.4

注：2022年11月由四川省畜牧科学研究院和峨眉山市世海原种鸡场测定公、母鸡各32只。

3. 肉品质　峨眉黑鸡182日龄肉品质见表4。

表4　峨眉黑鸡肉品质

性别	剪切力(N)	滴水损失(%)	pH	肉色			水分(%)	蛋白质(%)	脂肪(%)	灰分(%)
				a	*b*	*L*				
公	21.8±0.7	4.3±0.4	6.0±0.4	8.5±0.2	11.5±0.5	64.4±0.8	73.5±1.3	20.4±1.4	2.1±0.2	2.5±0.3
母	21.5±0.9	4.4±0.4	6.1±0.3	8.2±0.2	10.9±0.4	64.9±0.8	73.5±1.6	21.1±1.4	2.0±0.2	1.5±0.1

注：2022年11月由四川省畜牧科学研究院测定公、母鸡各32只的胸肌样品。

4. 繁殖性能　峨眉黑鸡繁殖性能见表5。

表5　峨眉黑鸡繁殖性能

开产日龄	开产体重(g)	300日龄蛋重(g)	产蛋数(个)		就巢率(%)	育雏期成活率(%)	育成期存活率(%)	产蛋期成活率(%)	种蛋受精率(%)	受精蛋孵化率(%)
			入舍母禽	母禽饲养日						
183	1 800	55.3	123	125	17.2	93.2	93.5	91.1	90.1	84.2

注：2022年由四川省畜牧科学研究院和峨眉山市世海原种鸡场测定母鸡325只。

5. 蛋品质　峨眉黑鸡蛋品质见表6。

表6　峨眉黑鸡蛋品质

蛋重(g)	蛋形指数	蛋壳强度(kg/cm^2)	蛋壳厚度(mm)	蛋黄色泽(级)	蛋壳颜色	哈氏单位	蛋黄比率(%)	血肉斑率(%)
55.3±0.8	1.27±0.06	3.9±0.9	0.38±0.03	7.43±1.12	浅褐色/褐色	84.16±4.47	32.5±3	6.7

注：2022年11月由四川省畜牧科学研究院测定300日龄鸡蛋150个。

四、品种保护

2012年峨眉黑鸡被列入《四川省畜禽遗传资源保护名录》。2014年在峨眉山市高桥镇建立了峨眉黑鸡保种场，2015年该保种场被确定为省级峨眉黑鸡保种场。

五、评价和利用

峨眉黑鸡体型较大，外观独特，产肉性能好，肉蛋品质佳，具有抗病力强、适应性强的优点，是优质肉鸡配套系培育的优良素材。在保种和开发利用方面，已组建峨眉黑鸡白皮系和乌皮系共2个品系，成功注册“世海黑鸡”和“峨眉黑鸡”等商标。

SICHUAN MOUNTAIN BLACK-BONE CHICKEN 四川山地乌骨鸡

四川山地乌骨鸡（Sichuan mountain black-bone chicken），别称山地乌骨鸡，属肉蛋兼用型地方品种。

一、产地与分布

四川山地乌骨鸡原产地为宜宾市兴文县、乐山市沐川县，中心产区为宜宾市兴文县、筠连县和珙县，乐山市沐川县，泸州市叙永县，在重庆、贵州等地也有分布。

兴文县位于北纬28°04′—28°27′、东经104°52′—105°21′。有丘陵、低山、中山四种地形，海拔276～1 795m。属亚热带季风性湿润气候，年平均降水量1 432.6mm，年平均日照时数1 151.9h，无霜期340d，年平均气温18.0℃。境内有古宋河、晏江河、建武河等溪河。土壤主要有石灰土、黄壤土、紫色土、黄棕壤等类型。主要农作物有水稻、玉米、油料作物、蔬菜等。

沐川县位于北纬28°45′—29°15′、东经103°32′—104°07′。地形以山地为主，海拔306～1 900m。属亚热带季风性湿润气候，年平均降水量1 332mm，年平均日照时数968h，年平均气温17.3℃。境内有马边河、龙溪河、沐溪河等溪河。土壤以水稻土为主，主要农作物有水稻、玉米、甘薯等。

筠连县位于北纬27°50′—28°14′、东经104°17′—104°47′，海拔368.5～1 777.2m。属亚热带季风性湿润气候，年平均降水量1 458.7mm，年平均日照时数1 064.4h，年平均气温17.6℃。境内有乐义河、镇舟河、巡司河等溪河。土壤主要有水稻土、潮土、紫色土、黄壤土、黄棕壤等类型。主要农作物有水稻、玉米、大豆等。

叙永县位于北纬27°42′—28°31′、东经105°03′—105°40′，地处四川盆地和云贵高原过渡地带的中低山区。地势由东南向西北倾斜，海拔247～1 902m。属亚热带季风性湿润气候，年平均降水量1 172.6mm，年平均日照时数1 170.3h，无霜期362.5d，年平均气温17.9℃。境内有永宁河、赤水河等溪河。主要土壤类型为山地黄壤。主要农作物有大豆、油菜、玉米等。

二、品种形成与变化

（一）品种形成

四川山地乌骨鸡皮、肉、骨、内脏全乌，被誉为“深山珍宝”“带翅的甲鱼”，常用于炖药汤给坐月子的妇女或久病虚弱之人进补。该品种与兴文县1 300多年的僰人文化、叙永县枧槽和筠连团林、联合、高坪等苗族文化密切相关，被当地苗族同胞用作传统中药材，有作为珍贵礼品或用于婚丧嫁娶祭品的习俗，因此得以世代饲养和长期保留，逐渐形成外貌特征一致、遗传性能稳定的品种。

（二）群体数量及变化情况

据2011年版《中国畜禽遗传资源志·家禽志》记载，1985年四川山地乌骨鸡群体数量约297.2万只，1995年约408.6万只，2005年约857.5万只。据2021年第三次全国畜禽遗传资源普查结果，四川山地乌骨鸡群体数量为32.78万只。

三、品种特征与性能

（一）体型外貌特征

1. 外貌特征　成年鸡体型适中，单冠，冠齿6 ～ 9个，鸡冠、肉髯呈紫色，少量呈红色；耳叶颜色以紫色为主，少量呈翠绿色；喙为黑色平喙；胫呈黑色；皮肤呈黑色，舌、内脏、肉、骨等均呈乌色，具有明显的“十全乌”特征；羽毛颜色以泛“绿光”的黑色和纯白色为主，偶有黄麻羽。黑色羽四川山地乌骨鸡主要分布在兴文县、沐川县和叙永县，白色羽主要分布在筠连县。雏鸡绒毛以黑色为主，部分白色，偶有黄色或麻黄色，部分背部有黑、白、褐、灰相间的绒毛带，胫、爪呈黑色。

四川山地乌骨鸡（兴文）成年黑羽公鸡

四川山地乌骨鸡（兴文）成年黑羽母鸡

四川山地乌骨鸡（筠连）成年白羽公鸡

四川山地乌骨鸡（筠连）成年白羽母鸡

四川山地乌骨鸡（沐川）成年公鸡

四川山地乌骨鸡（沐川）成年母鸡

四川山地乌骨鸡（叙永）成年公鸡

四川山地乌骨鸡（叙永）成年母鸡

2. 体重和体尺　四川山地乌骨鸡成年体重和体尺见表1。

表1　四川山地乌骨鸡成年体重和体尺

类群	性别	体重(g)	体斜长(cm)	龙骨长(cm)	胸宽(cm)	胸深(cm)	胸角(°)	骨盆宽(cm)	胫长(cm)	胫围(cm)
兴文	公	2 890.8±307.6	24.1±1.2	18.5±1.1	8.7±1.1	10.9±1.0	63.6±4.5	7.4±0.3	11.8±0.6	5.5±0.6
	母	2 053.6±293.5	20.7±1.2	15.5±1.1	6.7±0.6	9.3±0.9	54.7±2.7	6.9±0.5	9.3±0.5	4.3±0.3

（续）

类群	性别	体重(g)	体斜长(cm)	龙骨长(cm)	胸宽(cm)	胸深(cm)	胸角(°)	骨盆宽(cm)	胫长(cm)	胫围(cm)
沐川	公	2 785.9±445.9	25.5±1.1	11.6±1.7	7.5±1.3	11.3±1.8	63.6±9.9	6.6±1.0	10.6±1.9	5.0±1.0
	母	2 167.5±219.3	21.8±0.8	11.3±0.7	7.3±0.5	10.9±0.5	67.5±6.2	6.6±0.6	9.5±0.4	4.4±0.3
筠连	公	2 258.6±76.6	22.7±0.4	13.7±0.5	8.3±1.1	12.0±0.5	63.3±2.9	6.6±0.4	10.6±0.3	5.1±0.1
	母	1 779.5±63.5	20.5±0.7	12.2±0.6	7.2±0.8	11.3±0.9	59.7±6.9	5.9±0.7	8.8±0.4	4.3±0.2
叙永	公	2 216.1±87.0	26.4±0.8	14.8±0.3	7.1±0.2	11.4±0.2	65.4±7.2	6.7±0.8	10.3±0.2	5.2±0.8
	母	1 938.1±79.1	26.3±0.7	11.9±0.1	6.9±0.2	9.4±0.2	60.3±6.5	6.1±0.7	8.2±0.1	4.8±0.8

注：四川山地乌骨鸡（兴文）于2022年9月由兴文天养极食食品发展有限公司测定；四川山地乌骨鸡（沐川）于2022年10月由沐川县黑凤凰乌骨鸡业有限公司测定；四川山地乌骨鸡（筠连）于2022年7月由筠连县金利生态农业综合开发有限公司测定；四川山地乌骨鸡（叙永）于2021年9月由四川丰岩牧野农业发展有限公司测定。测定数量均为300日龄公、母鸡各32只。

（二）生产性能

1. 生长发育　四川山地乌骨鸡生长期不同周龄体重见表2。

表2　四川山地乌骨鸡生长期不同周龄体重（g）

类群	性别	出壳	2	4	6	8	10	13	26
兴文	公	36.9±3.1	152.3±21.1	395.1±72.3	698.5±119.7	1 007.0±179.6	1 229.6±144.5	1 488.3±150.3	2 456.0±199.0
	母		141.3±17.1	363.4±52.0	611.6±87.3	840.8±90.2	947.9±95.1	1 163.1±104.9	1 672.2±75.4
沐川	公	36.1±4.1	136.8±27.1	365.5±67.9	658.3±87.7	992.5±132.9	1 351.6±342.2	1 719.8±242.3	2 605.4±302.4
	母		126.5±14.7	327.2±50.7	571.6±72.0	809.5±90.1	1 145.9±176.2	1 402.1±192.1	2 070.1±210.5
筠连	公	33.6±1.2	129.3±7.6	219.1±8.8	442.5±45.2	607.3±60.1	836.4±80.7	1 080.8±108.3	2 329.3±261.6
	母		113.8±5.3	185.8±13.8	333.3±40.1	458.2±53.6	696.5±60.9	860.6±87.4	1 879.7±253.4
叙永	公	29.4±0.6	116.1±4.5	352.5±8.5	565.0±40.0	825.7±179.6	1 013.3±132.5	1 608.0±51.9	2 216.1±86.9
	母		109.1±5.8	314.0±6.1	578.0±19.5	640.5±67.2	837.5±92.4	1 224.0±36.7	1 963.0±66.2

注：1.2022年4—11月，四川山地乌骨鸡（兴文）由兴文天养极食食品发展有限公司测定；四川山地乌骨鸡（沐川）由沐川县黑凤凰乌骨鸡业有限公司测定；测定数量为1日龄混雏120只，其他周龄公、母鸡各32只。四川山地乌骨鸡（筠连）和四川山地乌骨鸡（叙永）数据分别为筠连县金利生态农业综合开发有限公司和四川丰岩牧野农业发展有限公司2021年至2023年平均数据。

2. 四川山地乌骨鸡（兴文）、四川山地乌骨鸡（沐川）、四川山地乌骨鸡（筠连）为26周龄，四川山地乌骨鸡（叙永）为40周龄。

2．屠宰性能　四川山地乌骨鸡屠宰性能见表3。

表3　四川山地乌骨鸡屠宰性能

类群	性别	宰前活重(g)	屠体重(g)	屠宰率(%)	半净膛率(%)	全净膛率(%)	胸肌率(%)	腿肌率(%)	腹脂率(%)
兴文	公	2 437.5±273.3	2 150.3±270.2	88.1±1.9	82.7±2.2	78.2±2.5	18.1±2.2	26.1±2.4	1.8±0.8
	母	1 789.3±224.1	1 557.7±202.0	87.0±2.1	75.5±2.9	68.7±2.6	17.7±3.0	20.3±1.4	3.1±1.2
沐川	公	2 683.4±403.2	2 414.3±358.7	90.0±1.6	84.3±1.1	72.0±0.8	15.2±0.7	25.1±1.3	1.9±0.7
	母	2 118.4±251.5	1 880.1±229.9	88.7±1.3	81.7±1.1	71.4±1.1	16.5±1.0	21.1±1.7	4.3±1.4
筠连	公	2 258.6±76.6	2 044.6±67.7	90.5±0.7	83.2±0.5	70.2±0.9	16.7±1.1	22.0±0.5	1.7±1.9
	母	1 779.5±63.5	1 631.0±52.4	91.7±0.4	78.7±4.4	64.9±3.8	19.6±0.7	24.3±0.9	6.0±1.5
叙永	公	2 216.1±86.9	1 944.4±81.9	87.6±0.8	81.2±0.9	63.6±0.9	16.2±1.8	26.1±2.9	1.1±0.2
	母	1 963.0±66.2	1 744.1±75.5	88.7±1.5	73.3±2.0	56.5±1.1	17.2±2.0	22.1±2.5	4.7±3.1

注：2022年6月，四川山地乌骨鸡（兴文）和四川山地乌骨鸡（沐川）分别由兴文天养极食食品发展有限公司、沐川县黑凤凰乌骨鸡业有限公司测定，测定日龄均为182日龄；四川山地乌骨鸡（筠连）和四川山地乌骨鸡（叙永）分别为筠连县金利生态农业综合开发有限公司和四川丰岩牧野农业发展有限公司测定，测定日龄分别为182日龄和280日龄；测定数量均为公、母鸡各32只。

3．繁殖性能　四川山地乌骨鸡繁殖性能见表4。

表4　四川山地乌骨鸡繁殖性能

类群	开产日龄	开产体重(g)	300日龄蛋重(g)	产蛋数(个)		就巢率(%)	育雏期成活率(%)	育成期成活率(%)	产蛋期成活率(%)	种蛋受精率(%)	受精蛋孵化率(%)
				入舍母禽	母禽饲养日						
兴文	165	1 600	52.9	134	138	14.2	87	98.7	82.3	94.1	92.7
沐川	151	1 600	44.7	124	128	9.7	94.9	96.1	92.2	92.4	81.9
筠连	135	1 550	50.3	113	116	16.3	95.2	96.5	93.2	90.5	88.6
叙永	143	1 700	47.7	117	121	15.2	92.3	90.5	85.4	95.6	87.6

注：2022年由兴文天养极食食品发展有限公司测定四川山地乌骨鸡（兴文）母鸡1 212只，由沐川县黑凤凰乌骨鸡业有限公司测定四川山地乌骨鸡（沐川）母鸡640只。四川山地乌骨鸡（筠连）和四川山地乌骨鸡（叙永）分别为筠连县金利生态农业综合开发有限公司和四川丰岩牧野农业发展有限公司2021年至2023年平均数据。

4．蛋品质　四川山地乌骨鸡蛋品质见表5。

表5　四川山地乌骨鸡蛋品质

类群	蛋重(g)	蛋形指数	蛋壳强度(kg/cm^2)	蛋壳厚度(mm)	蛋黄色泽（级）	蛋壳颜色	哈氏单位	蛋黄比率(%)
兴文	52.9±4.0	1.36±0.10	2.9±0.9	0.37±0.08	7.5±1.1	浅褐色（粉色）	83.1±3.4	31.0±4.5
沐川	44.7±3.7	1.30±0.11	3.7±0.8	0.35±0.02	7.5±1.1	浅褐色	81.4±9.4	32.4±4.5
筠连	50.3±1.8	1.31±0.04	3.2	0.30±0.02	8.7±0.6	浅褐色	86.2±5.2	30.6±2.2
叙永	47.7±0.8	1.32±0.01	3.1±0.2	0.32±0.04	8.4±0.7	浅褐色	79.1±0.9	31.2±4.1

注：四川山地乌骨鸡（兴文）和四川山地乌骨鸡（沐川）分别于2022年9月和2022年10月由四川省畜牧科学研究院测定，四川山地乌骨鸡（筠连）和四川山地乌骨鸡（叙永）分别于2021年3月和2022年8月由筠连县金利生态农业综合开发有限公司和四川丰岩牧野农业发展有限公司测定。测定日龄和数量均为300日龄鸡蛋150个。

四、品种保护

2007年四川山地乌骨鸡被列入《四川省畜禽遗传资源保护名录》，2013年在沐川县和兴文县分别建成省级保种场。

五、评价和利用

四川山地乌骨鸡体型较大、产肉性能好，具有“十全乌”特征，肉蛋品质高且为一种药食同源的食材，是培育肉用型优质乌鸡的重要素材。2005年利用四川山地乌骨鸡（兴文）育成大恒S02系 [（2005）新品种证字第02号]。2012年和2017年先后发布四川省地方标准《地理标志产品 兴文山地乌骨鸡》（DB511500/T 36）和《沐川乌骨黑鸡》（DB51/T 2356）。2013年“兴文山地乌骨鸡”获国家质检总局批准予以地理标志产品保护，“沐川乌骨黑鸡”获国家地理标志集体商标认证。2019年“峰岩乌骨鸡”获国家地理标志证明商标。

JIUYUAN BLACK CHICKEN 旧院黑鸡

旧院黑鸡（Jiuyuan black chicken），属肉蛋兼用型地方品种。

一、产区与分布

旧院黑鸡中心产区为达州市万源市，主要分布于达州市万源市、大竹县，巴中市通江县，在遂宁市大英县、重庆市城口县也有分布。

中心产区位于北纬30° 39′ —32° 20′ 、东经107° 28′ —108° 31′ ，辖区面积40.65万hm^2，地处川、陕、渝三省（直辖市）接合部，境内地貌类型主要为山地，山峦重叠，沟壑纵横，地形由东北向西南倾斜。境内海拔高度335 ～ 2 412m。万源市属于北亚热带，冬无严寒，夏无酷热，年平均气温15.6℃，年平均降水量1 194.6mm，年平均日照时数1 500h，年均无霜天数236.7d。立体气候特征明显，气候差异性大。土壤类型以黄土为主，也包括紫色土和石灰岩土。主要农作物有玉米、马铃薯、甘薯等。

二、品种形成与变化

（一）品种形成

万源属典型的农业山区，广大农户养殖旧院黑鸡已有100多年的历史。旧院黑鸡是山区群众为适应山区地理气候条件以及避免天敌危害，经长期驯养，形成的野性较强、体型高大、体格健壮、肌肉结实、抗病力强的黑色鸡种，加之黑鸡肉质细腻、风味独特、口感清香、部分产青壳蛋，因此老百姓喜养当地这种黑鸡，通过自然环境和人为因素的选择，逐渐形成了以原旧院镇为中心、家家户户饲养黑鸡的传统习惯。

（二）群体数量及变化情况

据2011年版《中国畜禽遗传资源志·家禽志》记载，1985年万源市旧院黑鸡存栏约1.7万只，1995年存栏约6.6万只。2005年年底饲养量约60万只。据2021年第三次全国畜禽遗传资源普查结果，旧院黑鸡群体数量为27.42万只。

三、品种特征与性能

(一) 体型外貌特征

1. 外貌特征 旧院黑鸡体型较大。喙呈黑色。冠有单冠和豆冠两种，冠、肉髯呈红色或紫黑色。虹彩呈橘红色。皮肤有白色和乌黑色两种。胫呈黑色，少数个体有胫羽。公鸡羽毛多呈黑红色，其颈羽、鞍羽、镰羽呈黑色，有红色镶边，富有光泽；少部分个体颈羽、翅羽呈红色。母鸡羽毛呈黑色、有翠绿色光泽，少数个体颈羽为有红色镶边的黑羽。雏鸡头部毛多为黑色，颈、腹部绒毛多为黄白色。

旧院黑鸡成年公鸡

旧院黑鸡成年母鸡

2. 体重和体尺 旧院黑鸡成年体重和体尺见表1。

表1 旧院黑鸡成年体重和体尺

性别	体重(g)	体斜长(cm)	龙骨长(cm)	胸宽(cm)	胸深(cm)	胸角(°)	骨盆宽(cm)	胫长(cm)	胫围(cm)
公	2 358.6±290.0	27.97±1.8	14.63±1.0	6.93±0.4	10.54±0.5	38.7±0.6	8.18±0.5	10.2±0.5	5.4±0.1
母	2 095.2±267.6	25.02±1.9	12.19±0.7	6.85±0.6	9.29±0.7	36.4±0.7	7.82±0.4	8.3±0.4	4.8±0.2

注：2022年7月由四川农业大学测定300日龄公、母鸡各32只。

(二) 生产性能

1. 生长发育 旧院黑鸡生长期不同阶段体重见表2。

表2 旧院黑鸡生长期不同周龄体重（g）

性别	出壳	2	4	6	13	43
公	32.1±1.4	144.7 ±10.1	384.5±31.0	755.0±80.8	1836.0±162.2	2358.6±290.0
母	30.0±1.6	143.3±9.1	334.5±27.3	550.0±43.6	1 224.0±116.2	2 095.2±267.6

注：2022年4—11月由四川农业大学抽测公、母鸡各32只。

2. 屠宰性能 旧院黑鸡180日龄屠宰性能见表3。

表3 旧院黑鸡屠宰性能

性别	宰前活重(g)	屠体重(g)	屠宰率(%)	半净膛率(%)	全净膛率(%)	胸肌率(%)	腿肌率(%)	腹脂率(%)
公	1 939.0±188.1	1 760.7±173.5	90.8±0.03	85.7±0.02	82.2±0.02	11.9±0.01	19.9±0.02	0
母	1 594.7±146.9	1 444.0±137.1	90.6±0.02	81.2±0.02	76.4±0.02	13.4±0.01	18.0±0.01	0.67±0.01

注：2022年10月由四川农业大学测定公、母鸡各30只。

3. 肉品质 旧院黑鸡180日龄肉品质见表4。

表4 旧院黑鸡肉品质

性别	剪切力(N)	滴水损失(%)	pH	肉色			水分(%)	蛋白质(%)	脂肪(%)	灰分(%)
				a	*b*	*L*				
公	36.5±3.5	5.3±0.005	6.1±0.2	3.7±0.3	5.9±0.5	37.0±3.6	72.8±0.01	19.8±0.01	1.7±0.001	2.3±0.001
母	38.2±3.3	6.1±0.01	6.1±0.2	6.9±0.7	2.9±0.2	38.9±2.8	73.0±0.01	20.9±0.01	3.9±0.003	2.2±0.002

注：2022年10月由四川农业大学测定公、母鸡各20只的胸肌样品。

4. 蛋品质 旧院黑鸡蛋品质见表5。

表5 旧院黑鸡蛋品质

蛋重(g)	蛋形指数	蛋壳强度(kg/cm^2)	蛋壳厚度(mm)	蛋黄色泽(级)	蛋壳颜色	哈氏单位	蛋黄比率(%)
46.1±3.97	1.31±0.07	3.21±0.95	0.38±0.6	5.71±1.82	绿色/褐色/粉色	81.07±4.18	47±0.06

注：2022年11月由四川农业大学测定300日龄鸡蛋150个。

5. 繁殖性能 旧院黑鸡平均144日龄开产，年产蛋168个，300日龄母鸡平均蛋重46.1g，种蛋受精率84.9% ~ 94.1%，受精蛋孵化率84.0% ~ 93.3%，育成期存活率84.3%，产蛋期成活率99.2%。

四、品种保护

旧院黑鸡于2012年被列入《四川省畜禽遗传资源保护名录》。2015年万源市划定了7个乡镇为该资源保护区，2016年建立了省级旧院黑鸡遗传资源保种场。

五、评价和利用

旧院黑鸡环境适应性强、抗逆抗病性佳、野性较强、耐粗饲；肉质细腻、味道鲜美、营养丰富、口感清香，是我国优质地方种质资源。旧院黑鸡及其鸡蛋先后通过了无公害生产基地认证、有机产品认证、地理标志保护产品认证、生态原产地保护产品认证，“万源旧院黑鸡（蛋）”产地证明商标被评为四川省“著名商标”，获得“天府十宝”的殊荣。

石棉草科鸡 SHIMIAN CAOKE CHICKEN

石棉草科鸡（Shimian caoke chicken），又称草科鸡，属肉蛋兼用型地方品种。

一、产地与分布

石棉草科鸡原产地为四川省雅安市石棉县，中心产区为石棉县草科藏族乡、王岗坪彝族藏族乡及永和乡等。在石棉县其他乡镇也有分布。

石棉县位于北纬28°51′—29°32′、东经101°55′—102°34′，地处青藏高原横断山脉东部，大渡河中游，雅安市西南部。地势险峻，海拔780～5 793m。属亚热带季风性湿润气候，年平均降水量801mm，年平均日照时数1 246h，无霜期333d，气温-3.9～40.9℃，年平均气温17.4℃。境内水资源丰富，流经县域的大渡河干流长72km。土壤偏黏，呈中性至微碱性反应，含钙质多，潜在养分丰富。主要农作物有水稻、玉米、大豆、甘薯、马铃薯等。

二、品种形成与变化

（一）品种形成

石棉草科鸡已有300多年的饲养历史。长期以来，产区藏族群众素有饲养大红公鸡来驱邪和求财的传统习惯。随着该习俗的传承，当地人民对家养鸡长期进行选择，逐渐形成外貌特征基本一致、体格硕大、肉质鲜美的地方鸡种。

（二）群体数量及变化情况

据2011年版《中国畜禽遗传资源志·家禽志》记载，1995年石棉县草科鸡群体数量约18万只，2005年约50万只。据2021年第三次全国畜禽遗传资源普查结果，石棉草科鸡群体数量为5 000余只。

三、品种特征与性能

（一）体型外貌特征

1. 外貌特征　成年鸡体型较大，冠多为红色单冠，部分呈乌色，冠齿6～9个；耳叶、肉髯以红色为主，部分呈乌色；喙直而短粗，多为黑色；胫色以黑色为主，少数呈灰色；皮肤为白色，部分为乌色。公鸡梳羽多为黑色，蓑羽多为红色，少数为黄色镶边黑羽。母鸡多为黑色。雏鸡绒毛以黑色为主，部分为黄色，背部有白色或黑白黄相间的绒毛带；肤色以白色为主，部分呈乌色；喙、胫呈黑色、黄色或灰色。

石棉草科鸡成年公鸡

石棉草科鸡成年母鸡

2．体重和体尺　石棉草科鸡成年体重和体尺见表1。

表1　石棉草科鸡成年体重和体尺

性别	体重 (g)	体斜长 (cm)	龙骨长 (cm)	胸宽 (cm)	胸深 (cm)	胸角 (°)	骨盆宽 (cm)	胫长 (cm)	胫围 (cm)
公	3 529.0 ±445.0	30.8 ±1.2	19.1 ±1.4	10.3 ±1.2	16.5 ±1.8	77.7 ±6.7	11.9 ±0.8	13.3 ±1.1	6.3 ±0.5
母	2 244.0 ±252.0	26.1 ±1.2	15.4 ±1.6	7.5 ±0.7	12.0 ±0.8	72.6 ±6.4	9.5 ±0.8	9.3 ±0.9	4.8 ±0.3

注：2022年8月由石棉县鹏诚养殖有限公司测定300日龄公、母鸡各32只。

（二）生产性能

1．生长发育　石棉草科鸡公、母鸡平均料重比为5.6。石棉草科鸡生长期不同周龄体重见表2。

表2　石棉草科鸡生长期不同周龄体重（g）

性别	出壳	2	4	6	8	10	13	43
公	44.7 ±3.1	165.8 ±8.9	346.3 ±22.3	670.7 ±46.3	936.6 ±63.1	1 263.6 ±98.3	1 847.2 ±174.9	3 533.8 ±372.6
母	44.7 ±3.1	140.6 ±8.5	320.7 ±23.8	623.5 ±48.9	886.9 ±77.2	1 021.7 ±88.0	1 397.8 ±134.1	2 248.4 ±253.6

注：2022年2—12月由石棉县鹏诚养殖有限公司测定1日龄混雏120只，其他周龄公、母鸡各32只。

2．屠宰性能　石棉草科鸡43周龄屠宰性能见表3。

表3 石棉草科鸡屠宰性能

性别	宰前活重(g)	屠体重(g)	屠宰率(%)	半净膛率(%)	全净膛率(%)	胸肌率(%)	腿肌率(%)	腹脂率(%)
公	3 518.8±301.2	3 134.6±272.1	89.1±1.3	78.9±2.4	70.1±3.0	18.8±1.5	22.1±1.2	4.1±0.7
母	2 254.7±321.1	2 015.5±286.4	89.4±1.5	79.1±3.4	68.0±2.8	17.2±1.1	21.8±1.7	10.0±1.5

注：2022年12月由石棉县鹏诚养殖有限公司测定公、母鸡各32只。

3. 繁殖性能 石棉草科鸡繁殖性能见表4。

表4 石棉草科鸡繁殖性能

开产日龄	开产体重(g)	300日龄蛋重(g)	产蛋数(个)		就巢率(%)	育雏期成活率(%)	育成期存活率(%)	产蛋期成活率(%)	种蛋受精率(%)	受精蛋孵化率(%)
			入舍母禽	母禽饲养日						
150	2 200	57.8	115	119	4.1	95.7	97.1	98.2	93.5	88.6

注：2022年由石棉县鹏诚养殖有限公司测定母鸡600只。

4. 蛋品质 石棉草科鸡蛋品质见表5。

表5 石棉草科鸡蛋品质

蛋重(g)	蛋形指数	蛋壳强度(kg/cm^2)	蛋壳厚度(mm)	蛋黄色泽(级)	蛋壳颜色	哈氏单位	蛋黄比率(%)
57.8±0.9	1.34±0.02	3.8±0.1	0.38±0.01	7.7±0.8	浅褐色（粉色）	87.8±0.7	30.0±1.3

注：2022年12月由四川省畜牧科学研究院测定300日龄鸡蛋150个。

四、品种保护

2002年在雅安市石棉县建立了草科鸡保种选育中心场。2012年石棉草科鸡被列入《四川省畜禽遗传资源保护名录》。2013年该场被确定为省级保种场。

五、评价和利用

石棉草科鸡体型较大，外观独特，具有抗病力强、适应性强的优点，且产肉性能好、肉蛋品质佳，是优质肉鸡配套系培育的优良素材。2002年，组建了石棉草科鸡黑羽乌皮、麻黄羽白皮、黑羽白皮3个用于生产的选育基础群。2010年，以石棉草科鸡等为素材育成的大恒699肉鸡配套系通过国家畜禽遗传资源委员会审定。2013年，石棉草科鸡被确立为雅安市石棉县地理标志产品。2015年四川省发布地方标准《草科鸡》(DB51/T 1969)。

金阳丝毛鸡

JINYANG SILKY CHICKEN

金阳丝毛鸡（Jinyang silky chicken），又称“羊毛鸡”“松毛鸡”，属肉蛋兼用型地方品种。

一、产地与分布

金阳丝毛鸡中心产区为凉山彝族自治州金阳县派来镇、基足乡、小银木乡、青松乡、丙底镇等7个乡镇，在毗邻县也有零星分布。

金阳县位于北纬27°22′—27°57′、东经102°56′—103°30′，地处四川省西南部，凉山彝族自治州东南部边沿，金沙江北岸大小凉山交界带。地貌类型以低中山和中山为主，最高海拔4 076m，最低海拔540m，属亚热带季风和湿润气候，年最高气温38℃、最低气温-1℃，年平均气温15.7℃，年平均降水量800mm，年平均日照时数1 574h，无霜期300d。金沙江、金阳河、对坪河、芦稿河、西溪河纵贯全境，土壤以红壤、燥红土、棕壤土、紫红土和暗棕土等为主，质地偏砂。主要农作物有玉米、土豆、燕麦、水稻等。

二、品种形成与变化

（一）品种形成

金阳丝毛鸡属中国丝毛鸡的一个稀有地方品种，是彝族人民长期选择形成的类群。在奴隶社会，这些彝族村寨的奴隶主将丝毛鸡视为肉香、病少的珍鸡，当作神鸡饲养。在祭祀时一只鸡可抵一只羊。由于交通闭塞，村寨间相互不来往，丝毛鸡在部分村寨得以保存留传下来。

（二）群体数量及变化情况

据2011年版《中国畜禽遗传资源志·家禽志》记载，1985年金阳县金阳丝毛鸡饲养量为500余只，1995年为400余只。2005年饲养量约200只，其中公鸡100余只、母鸡90余只。2007年金阳县全境饲养量1 000余只，其中公鸡300余只、母鸡700余只。据2021年第三次全国畜禽遗传资源普查结果，金阳丝毛鸡群体数量为4 782只。

三、品种特征与性能

（一）体型外貌特征

1．外貌特征　金阳丝毛鸡体格较小，体躯稍短，单冠，鸡冠和肉髯颜色以红色为主，部分黑色；耳叶、皮肤、喙以白色为主，部分黑色；全身羽毛呈丝状，头、颈、肩、背、鞍、尾等处的丝状羽毛柔软，但主翼羽、副翼羽和主尾羽具有部分不完整的片羽；羽色较杂，公鸡包括黄、深麻、白、红、浅麻、黑等羽色，母鸡包括深麻、灰、黄、白、浅麻、黑色等，其中纯白和纯黑较少，黄白、黄黑、黑白两色相杂或黄、黑、白三色相杂居多；胫以青色为主，少数有胫羽；雏鸡绒毛呈丝状，绒毛多呈黄、深麻、红、浅麻，少数为白和黑色，胫呈青色，少数有胫羽。

金阳丝毛鸡成年公鸡（白羽）

金阳丝毛鸡成年母鸡（白羽）

金阳丝毛鸡成年公鸡（黑羽）

金阳丝毛鸡成年母鸡（黑羽）

金阳丝毛鸡成年公鸡（麻羽）

金阳丝毛鸡成年母鸡（麻羽）

金阳丝毛鸡成年公鸡（杂羽）

金阳丝毛鸡成年母鸡（杂羽）

2．体重和体尺　金阳丝毛鸡成年体重和体尺见表1。

表1　金阳丝毛鸡成年体重和体尺

性别	体重 (g)	体斜长 (cm)	龙骨长 (cm)	胸宽 (cm)	胸深 (cm)	胸角 (°)	骨盆宽 (cm)	胫长 (cm)	胫围 (cm)
公	2 041.3 ±226.5	22.7 ±1.0	17.7 ±2.5	7.1 ±0.5	11.5 ±0.8	60.4 ±4.9	6.5 ±0.7	10.9 ±1.9	4.5 ±0.2
母	1 736.3 ±230.0	20.8 ±1.1	14.9 ±0.8	6.8 ±0.5	10.3 ±0.9	66.6 ±8.6	6.8 ±0.8	9.4 ±0.4	3.9 ±0.2

注：2022年10月由金阳县金凰报喜农业开发有限公司测定300日龄公、母鸡各32只。

（二）生产性能

1．生长性能　金阳丝毛鸡公、母鸡平均料重比为5.3。金阳丝毛鸡生长期不同周龄体重见表2。

表2　金阳丝毛鸡生长期不同周龄体重（g）

性别	出壳	2	4	6	8	10	13	26
公	32.94 ±3.32	101.1 ±6.4	298.4 ±24.9	515.8 ±52.1	727.3 ±99.5	912.2 ±75.2	1 079.0 ±161.0	1 942.5 ±207.5
母	32.94 ±3.32	97.7 ±8.8	267.7 ±45.5	464.7 ±88.3	640.3 ±97.9	785.0 ±74.2	997.9 ±93.1	1 671.2 ±142.4

注：2022年4—10月由金阳县金凰报喜农业开发有限公司测定1日龄混雏120只，其他周龄公、母鸡各32只。

2．屠宰性能　金阳丝毛鸡182日龄屠宰性能见表3。

表3　金阳丝毛鸡屠宰性能

性别	宰前活重 (g)	屠体重 (g)	屠宰率 (%)	半净膛率 (%)	全净膛率 (%)	胸肌率 (%)	腿肌率 (%)	腹脂率 (%)
公	1 936.0 ±227.5	1 756.8 ±216.4	90.7 ±1.5	82.1 ±1.1	69.6 ±1.2	14.5 ±0.7	30.7 ±1.1	1.8 ±0.5
母	1 678.8 ±214.5	1 534.9 ±203.7	91.4 ±1.2	73.6 ±1.6	62.9 ±1.9	18.3 ±1.0	24.4 ±0.9	5.2 ±1.2

注：2022年10月由金阳县金凰报喜农业开发有限公司测定公、母鸡各32只。

3．繁殖性能　金阳丝毛鸡繁殖性能见表4。

表4　金阳丝毛鸡繁殖性能

开产日龄	开产体重(g)	300日龄蛋重(g)	产蛋数(个)		就巢率(%)	育雏期成活率(%)	育成期存活率(%)	产蛋期成活率(%)	种蛋受精率(%)	受精蛋孵化率(%)
			入舍母禽	母禽饲养日						
143	1 500	51.9	146	151	27.6	93.2	92.6	92.5	92.2	78.5

注：2022年由金阳县金凰报喜农业开发有限公司测定母鸡390只。

4．蛋品质　金阳丝毛鸡蛋品质见表5。

表5　金阳丝毛鸡蛋品质

蛋重(g)	蛋形指数	蛋壳强度(kg/cm^2)	蛋壳厚度(mm)	蛋黄色泽(级)	蛋壳颜色	哈氏单位	蛋黄比率(%)	血肉斑率(%)
51.9±3.4	1.26±0.07	3.3±0.9	0.34±0.03	7.5±1.1	浅褐色	87.6±1.9	30.9±3.6	5.3

注：2022年9月由四川省畜牧科学研究院测定300日龄鸡蛋150个。

四、品种保护

2006年金阳丝毛鸡被列入《国家畜禽遗传资源保护名录》，2007年被列入《四川省畜禽遗传资源保护名录》。2006年凉山彝族自治州启动金阳丝毛鸡的保种工作，建立了金阳丝毛鸡保种场。2022年该保种场被确定为省级保种场，2023年被确定为国家级保种场。

五、评价和利用

金阳丝毛鸡“丝毛”外观性状独特，有一定的观赏价值，属珍稀品种，产区彝族同胞以祭祖和食用阉鸡为主。2011年注册国家地理标志商标，2016年被批准为国家地理标志保护产品，同年，四川省发布地方标准《金阳丝毛鸡》（DB51/T 2216）。在保种和开发利用方面，金阳丝毛鸡主要以纯繁保种为主，尚未进行商业开发。

LIANGSHAN YANYING CHICKEN

凉山岩鹰鸡

凉山岩鹰鸡（Liangshan yanying chicken），曾用名美姑岩鹰鸡、岩鹰鸡、崖鹰鸡、大骨鸡、高脚鸡，属肉蛋兼用型地方品种。

一、产地与分布

凉山岩鹰鸡中心产区为凉山彝族自治州的美姑县和雷波县，在凉山彝族自治州各县均有分布。

美姑县位于北纬28°02′—28°54′、东经102°53′—103°21′，地处四川省西南部、凉山彝族自治州东北部。大部分为高山谷地，海拔325～4 045m。属亚热带季风和湿润气候，年平均降水量1 280mm，年平均日照时数1 790h，无霜期254d，年平均气温11.3℃。县境内水系分属金沙江水系和岷江水系，有美姑河、溜筒河、连渣洛河、瓦候河等大小河流。土壤类型主要有黄棕壤、紫色土、暗棕壤、水稻土、新积土、紫色土等土类。主要农作物有玉米、大豆、马铃薯、荞麦、燕麦等。

雷波县位于北纬27°49′—28°36′、东经103°10′—103°52′，地处四川省西南边缘、凉山彝族自治州东部、金沙江下游北岸。地形地貌由高山峡谷、大江大湖、森林草原、瀑布溶洞组成，海拔380～4 076m，平均海拔1 619m。属亚热带季风气候，年平均降水量900mm，年平均日照时数1 250h，无霜期270d，年平均气温13℃。水系属金沙江水系，主要河流有西宁河、西苏角河、溜筒河等，湖泊有马湖、落水湖。土壤以红壤、紫色土、新冲积土为主，主要农作物有水稻、玉米、小麦、大豆等。

二、品种形成与变化

（一）品种形成

凉山岩鹰鸡具有悠久的饲养历史，品种来源可追溯到秦、汉时期。彝族人民素有养鸡的习俗，出于供奉神灵的需要，常选出优秀的品种放牧在森林、草地等原始生态条件良好的地方。由于产区气候寒冷、海拔较高、天然牧地宽广，高山地区交通不便所形成天然的屏障，阻止了外来品种的杂交，加之本地劳动人民长期有意识的选择，选育了以放牧为主、抗逆性强、体格适中、性状较为稳定的地方鸡种。

（二）群体数量及变化情况

据2011年版《中国畜禽遗传资源志·家禽志》记载，1985年凉山岩鹰鸡群体数量约73万只，1995年约81.6万只，2006年约162万只。据2021年第三次全国畜禽遗传资源普查结果，凉山岩鹰鸡群体数量约28.4万只。

三、品种特征与性能

（一）体型外貌特征

1. 外貌特征　成年鸡体型较大，胸深背宽。冠多为红色单冠，公鸡冠齿6 ~ 10个、母鸡5 ~ 9个。肉髯均为红色，耳叶多为红色，少量母鸡有胡须。喙以浅青色为主，多具鹰嘴特征。公鸡羽毛多呈红色，翼羽和尾羽黑色带墨绿色光泽；母鸡以黄麻羽为主。部分个体有胫羽和趾羽。肉色为粉色，肤色以白色为主，胫色以青色为主，多为高脚鸡，趾4个。雏鸡绒毛以灰褐色为主，头部有黑色斑点，背部有灰褐色绒毛带，部分为全黑色或全黄色绒毛，胫色以浅青色为主。

凉山岩鹰鸡成年公鸡

凉山岩鹰鸡成年母鸡

2. 体重和体尺　凉山岩鹰鸡成年体重和体尺见表1。

表1　凉山岩鹰鸡成年体重和体尺

性别	体重 (g)	体斜长 (cm)	龙骨长 (cm)	胸宽 (cm)	胸深 (cm)	胸角 (°)	骨盆宽 (cm)	胫长 (cm)	胫围 (cm)
公	2 815.1 ±172.5	26.1 ±1.6	13.7 ±2.5	13.9 ±2.2	12.6 ±1.2	69.3 ±3.6	10.3 ±1.7	13.9 ±1.4	6.6 ±0.9
母	2 115.0 ±197.6	23.7 ±1.6	7.5 ±0.5	11.5 ±1.1	11.8 ±1.3	65.2 ±4.2	7.3 ±1.0	10.3 ±1.3	5.0 ±0.5

注：2022年7月由四川省畜牧科学研究院测定300日龄公、母鸡各32只。

（二）生产性能

1. 生长发育　凉山岩鹰鸡公、母鸡平均料重比为5.1。凉山岩鹰鸡生长期不同周龄体重见表2。

表2　凉山岩鹰鸡生长期不同周龄体重（g）

性别	出壳	2	4	6	8	10	13	26
公	34.1 ±1.93	63.5 ±4.4	112.5 ±6.7	299.2 ±21.4	502.4 ±34.1	708.7 ±50.9	1 281.2 ±84.4	2 137.1 ±147.1
母	34.1 ±1.93	63.0 ±4.5	91.6 ±4.5	283.5 ±20.1	497.6 ±34.3	689.2 ±50.2	1 174.9 ±79.7	1 698.8 ±106.9

注：2022年4—11月由四川省畜牧科学研究院测定1日龄混雏120只，其他周龄公、母鸡各32只。

2. 屠宰性能　凉山岩鹰鸡182日龄屠宰性能见表3。

表3　凉山岩鹰鸡屠宰性能

性别	宰前活重 (g)	屠体重 (g)	屠宰率 (%)	半净膛率 (%)	全净膛率 (%)	胸肌率 (%)	腿肌率 (%)	腹脂率 (%)
公	2 137.1 ±150.3	1 944.3 ±151.0	91.0 ±1.8	78.7 ±3.2	63.7 ±3.2	17.1 ±1.4	24.3 ±1.7	1.7 ±3.3
母	1 698.8 ±108.4	1 530.6 ±108.5	90.1 ±2.1	77.5 ±2.5	60.8 ±2.4	17.5 ±1.6	22.2 ±2.0	7.2 ±1.5

注：2022年11月由四川省畜牧科学研究院测定公、母鸡各32只。

3. 繁殖性能　凉山岩鹰鸡繁殖性能见表4。

表4　凉山岩鹰鸡繁殖性能

开产日龄	开产体重(g)	300日龄蛋重(g)	产蛋数(个)		就巢率(%)	育雏期成活率(%)	育成期存活率(%)	产蛋期成活率(%)	种蛋受精率(%)	受精蛋孵化率(%)
			入舍母禽	母禽饲养日						
155	1 500	55.3	93	94	17.5	95.6	97.2	98.4	91.2	88.4

注：2022年由四川省畜牧科学研究院测定母鸡320只。

4. 蛋品质　凉山岩鹰鸡蛋品质见表5。

表5　凉山岩鹰鸡蛋品质

蛋重 (g)	蛋形指数	蛋壳强度 (kg/cm²)	蛋壳厚度 (mm)	蛋黄色泽 (级)	蛋壳颜色	哈氏单位	蛋黄比率 (%)
55.3 ±0.8	1.27 ±0.08	3.7 ±0.8	0.34 ±0.03	7.5 ±1.2	浅褐色	82.4 ±4.6	31.2 ±1.9

注：2022年7月由四川省畜牧科学研究院测定300日龄鸡蛋150个。

四、品种保护

2012年凉山岩鹰鸡被列入《四川省畜禽遗传资源保护名录》，2014年美姑县划定采红乡、苏洛乡、候播乃拖乡、拖木乡等19个乡镇为凉山岩鹰鸡保护区，2022年该保护区被确定为省级保护区。

五、评价和利用

凉山岩鹰鸡是我国西南高寒山区发掘出来的稀有鸡种之一，外观漂亮秀丽，具有鹰嘴喙、腿粗胫高的特点。当地群众喜食阉鸡，因此也有部分以阉鸡的形式进行养殖。自2003年起，美姑县采红乡、苏洛乡、候播乃拖乡、巴普乡等凉山岩鹰鸡养殖乡镇先后被四川省畜牧局认证为“四川省无公害畜产品（岩鹰鸡）生产基地”。2010年，“美姑岩鹰鸡”获得国家农产品地理标志登记证书。

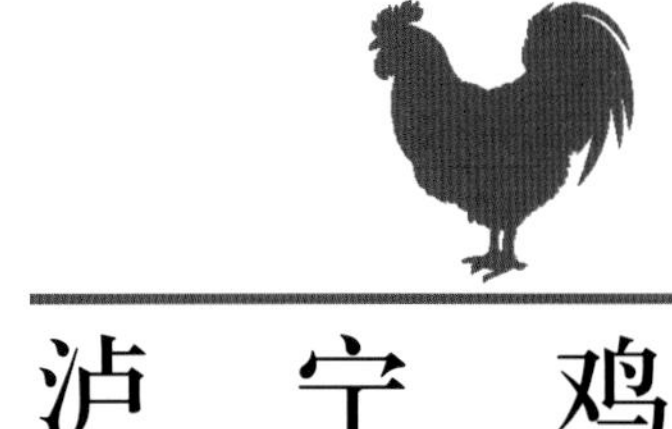

LUNING CHICKEN 泸宁鸡

泸宁鸡（Luning chicken），属肉蛋兼用型地方品种。

一、产区与分布

泸宁鸡中心产区为凉山彝族自治州冕宁县，主要分布于冕宁县辖区内98个村，在湖北省也有零星分布。

中心产区位于北纬28° 10′ —28° 48′ 、东经101° 42′ —102° 09′ ，地处四川省西南部，凉山彝族自治州北部。地貌类型多样，以山地为主，地势起伏大，海拔1 400 ～ 2 700m。产区属于亚热带季风和湿润气候，年平均降水量1 036mm，年平均日照时数2 063h，无霜期237d，年平均气温16.7℃。主要河流有安宁河、雅砻江、南桠河。土壤类型主要有水稻土、新积土、紫色土、红壤、黄棕壤、石灰（岩）土、潮土7个类型。主要农作物有小麦、大麦、玉米、大豆、马铃薯、甘薯、荞麦和水稻等。

二、品种形成与变化

（一）品种形成

泸宁鸡原产于青藏高原东麓、雅砻江大峡谷的泸宁、里庄地区，由于产区地处偏远的山区，山川阻隔，路途遥远，长期以来交通不便，外来鸡种不易传入。加之当地具有气候温和、物产丰富、天然草场宽阔、宜于放养等优越的条件，长期居住在该地区的汉族、彝族、藏族等各族人民根据自己的生活需要精心培育，经过长期自然和人为选择，逐步形成了现在的泸宁鸡。

（二）群体数量及变化情况

据2011年版《中国畜禽遗传资源志·家禽志》记载，1985年泸宁鸡群体数量约4.9万只，1995年约6.5万只，2006年约5.4万只。据2021年第三次全国畜禽遗传资源普查结果，泸宁鸡群体数量约8.9万只。

三、品种特征与性能

（一）体型外貌特征

1. 外貌特征 泸宁鸡体型较大，体态丰满匀称，结构紧凑。多为单冠，偶有豆冠和玫瑰冠，冠齿数6～10个。冠、肉垂和耳叶以紫色为主，占60%～70%。虹彩乌黑或橘黄。成年鸡羽色包括黑色、白色及麻色。皮肤和肉色以乌皮为主，少量白色，骨及内脏以黑色为主；喙呈黑色，短而宽，且弯曲带钩；胫为黑色，以高脚为主，部分矮脚；大部分有胫羽和趾羽，分别约占70%和60%。黑羽系雏鸡绒毛以黑褐色为主，白羽系雏鸡绒毛呈黄色，二者颈部均有部分黄色绒毛带，大部分有胫羽和趾羽，胫色为黑色。

泸宁鸡黑羽系成年公鸡

泸宁鸡黑羽系成年母鸡

泸宁鸡白羽系成年公鸡

泸宁鸡白羽系成年母鸡

2. 体重和体尺 泸宁鸡成年体重和体尺见表1。

表1 泸宁鸡成年体重和体尺

性别	体重 (g)	体斜长 (cm)	龙骨长 (cm)	胸宽 (cm)	胸深 (cm)	胸角 (°)	骨盆宽 (cm)	胫长 (cm)	胫围 (cm)
公	3150.8 ±180.9	26.8 ±0.7	19.4 ±0.6	8.9 ±0.8	11.3 ±1.0	81.2 ±3.0	11.7 ±0.7	13.6 ±0.7	6.5 ±0.5
母	2233.4 ±160.8	22.0 ±0.6	16.5 ±1.1	7.7 ±0.4	10.3 ±0.6	78.1 ±3.9	10.2 ±0.8	11.1 ±1.0	5.0 ±0.4

注：2022年5月由凉山州原生农业综合开发有限责任公司测定300日龄公、母各32只。

（二）生产性能

1. 生长发育　泸宁鸡公、母鸡平均料重比为5.0。泸宁鸡生长期不同阶段体重见表2。

表2　泸宁鸡生长期不同周龄体重（g）

性别	出壳	2	4	6	8	10	13	26
公	39.1±2.9	122.8±8.1	280.2±21.3	570.6±57.5	892.3±93.6	1 386.6±127.0	1 512.2±47.8	2 721.0±163.9
母	39.1±2.9	110.9±5.0	266.0±20.1	457.0±47.3	740.9±43.5	1 323.0±43.2	1 429.2±32.1	2 020.6±127.5

注：2022年4—11月由凉山州原生农业综合开发有限责任公司测定1日龄混雏120只，其他周龄公、母鸡各32只。

2. 屠宰性能　泸宁鸡182日龄屠宰性能见表3。

表3　泸宁鸡屠宰性能

性别	宰前活重(g)	屠体重(g)	屠宰率(%)	半净膛率(%)	全净膛率(%)	胸肌率(%)	腿肌率(%)	腹脂率(%)
公	2 721.0±163.9	2 436.9±158.8	89.5±0.7	82.7±0.7	69.8±0.8	17.5±0.7	24.9±0.8	1.5±0.3
母	2 020.9±127.5	1 826.3±127.0	90.3±0.8	80.1±0.7	68.8±0.7	18.8±0.4	22.8±0.3	3.3±0.1

注：2022年10月由凉山州原生农业综合开发有限责任公司测定公、母各32只。

3. 繁殖性能　泸宁鸡繁殖性能见表4。

表4　泸宁鸡繁殖性能

开产日龄	开产体重(g)	300日龄蛋重(g)	产蛋数(个)		就巢率(%)	育雏期成活率(%)	育成期存活率(%)	产蛋期成活率(%)	种蛋受精率(%)	受精蛋孵化率(%)
			入舍母禽	母禽饲养日						
143	1 900	50.6	121	123	16.5	92.5	94.5	97.0	90.1	89.3

注：2022年由凉山州原生农业综合开发有限责任公司测定母鸡1 200只。

4. 蛋品质　泸宁鸡蛋品质见表5。

表5　泸宁鸡蛋品质

蛋重(g)	蛋形指数	蛋壳强度(kg/cm^2)	蛋壳厚度(mm)	蛋黄色泽(级)	蛋壳颜色	哈氏单位	蛋黄比率(%)
50.9±5.7	1.30±0.10	4.5±0.9	0.36±0.02	7.5±1.1	浅褐色/褐色	85.9±2.1	29.5±5.9

注：2022年5月由四川省畜牧科学研究院测定300日龄鸡蛋150个。

四、品种保护

2012年泸宁鸡被列入《四川省畜禽遗传资源保护名录》，2013年在冕宁县建立了泸宁鸡省级保种场。

五、评价和利用

泸宁鸡觅食力强，耐粗饲、耐寒，抗应激、抗病力强，长期以纯种的方式进行生产。2011年，农业部批准对“泸宁鸡”实施农产品地理标志登记保护。

米　易　鸡 MIYI CHICKEN

米易鸡（Miyi chicken），正常型别名高脚鸡，矮脚型别名草凳鸡，属肉蛋兼用型地方品种。

一、产地与分布

米易鸡中心产区为攀枝花市米易县得石镇、撒莲镇、白马镇、普威镇、草场镇、湾丘彝族乡、白坡彝族乡、麻陇彝族乡、新山傈僳族乡。在盐边县渔门镇、永兴镇、惠民镇、红果彝族乡、共和乡、国胜乡等也有分布。

米易县位于北纬26°42′—27°10′、东经101°44′—102°15′，地处青藏高原东南缘、四川省西南角、攀枝花市东北部。县内山峦叠嶂，沟壑纵横，山谷相间，盆地交错，地势北高南低，呈南北走向，海拔980～3 447m，平均海拔1 836.2m。产区属亚热带季风和湿润气候，全年干雨季节分明而四季不分明，河谷区全年无冬，秋春相连，夏季长达5个多月。年平均降水量1 112mm，年平均日照时数2 379h，无霜期308d，年平均气温19.7℃。全境均属雅砻江流域，主要河流为安宁河和雅砻江。土壤分为黄壤、红壤、赤红壤、黄棕壤和水稻土5大类型。粮食作物以水稻、玉米等为主，蔬菜以茄果类、瓜果类及豆类等为主。

二、品种形成与变化

（一）品种形成

米易鸡正常型因体型高大、胫较长，又称高脚鸡；矮脚型体型矮小、胫短，似草凳样，故又被称为草凳鸡。由于米易鸡具有体型较大、性情温驯、便于饲养管理及风味独特等特点而被当地群众喜爱，因而得以保存下来。1983年四川省组织有关专家认证后成为四川省的地方品种，因为是在米易县发现的，所以命名为米易鸡。

（二）群体数量及变化情况

据2011年版《中国畜禽遗传资源志·家禽志》记载，1985年米易鸡群体数量约9.2万只，1995年约10.6万只，2005年约14.0万只，其中公鸡6.0万只、母鸡8.0万只。据2021年第三次全国畜禽遗传资源普查结果，米易鸡群体数量约1.45万只。

三、品种特征与性能

（一）体型外貌特征

1．外貌特征 米易鸡体型较大，背平而直，似砖块形。多数为单冠，冠齿5～10个，少数为豆冠，冠、肉髯、耳叶呈红色或紫色，虹彩呈栗色。公鸡羽色主要为红色，翼羽、尾羽为黑色，母鸡羽色以黄麻色为主，部分黑色和黄色，皮肤为白色或乌色，喙、胫为黑色，有胫羽和趾羽。米易鸡按体型可分为正常型和矮脚型，其中正常型体型高大，胫较长，约占70%；矮脚型胫短，腹部羽毛几乎触地，形似草凳，约占30%。雏鸡绒毛呈黑、灰色居多，占80%以上，大部分头部有黑色斑点、背部有灰褐色绒毛带和黑色脊线，胫以黑色为主。

米易鸡正常型成年公鸡

米易鸡正常型成年母鸡

米易鸡矮脚型成年公鸡

米易鸡矮脚型成年母鸡

2．体重和体尺 米易鸡成年体重和体尺见表1。

表1 米易鸡成年体重和体尺

类型	性别	体重 (g)	体斜长 (cm)	龙骨长 (cm)	胸宽 (cm)	胸深 (cm)	胸角 (°)	骨盆宽 (cm)	胫长 (cm)	胫围 (cm)
正常型	公	2 918.7 ±81.5	21.4 ±0.6	14.4 ±0.7	9.1 ±0.3	8.6 ±0.1	80.2 ±2.0	10.8 ±0.1	14.2 ±0.1	5.9 ±0.2
	母	2 341.0 ±148.1	19.8 ±0.3	10.4 ±1.93	6.2 ±0.3	9.9 ±0.6	64.7 ±4.4	7.6 ±0.3	10.6 ±0.4	4.4 ±0.3

（续）

类型	性别	体重(g)	体斜长(cm)	龙骨长(cm)	胸宽(cm)	胸深(cm)	胸角(°)	骨盆宽(cm)	胫长(cm)	胫围(cm)
矮脚型	公	2 494.3±167.1	22.4±1.3	17.6±0.9	6.9±0.8	10.2±0.6	66.8±7.1	8.8±0.9	9.4±0.7	6.0±0.4
	母	1 938.3±81.5	19.8±0.9	14.0±0.9	6.7±0.2	10.3±0.4	70.1±4.2	8.3±0.3	8.5±0.5	5.0±0.3

注：2022年7月由米易盛世畜牧业有限责任公司测定正常型和矮脚型300日龄公、母鸡各32只。

（二）生产性能

1．生长发育　米易鸡公、母鸡平均料重比为4.9。米易鸡生长期不同周龄体重见表2。

表2　米易鸡生长期不同周龄体重（g）

类型	性别	出壳	2	4	6	8	10	13	26
正常型	公	37.1±3.8	136.3±11.6	303.4±8.1	580.2±25.3	864.6±30.2	1 105.6±32.4	1 393.8±16.5	2 418.4±190.0
	母		133.1±8.3	289.5±8.8	519.7±44.4	837.4±33.3	1 051.3±51.8	1 331.4±19.1	2 182.0±99.7
矮脚型	公	36.8±3.8	132.5±7.6	293.5±5.9	546.1±29.6	805.9±24.3	1 036.4±18.2	1 335.7±28.2	2 029.2±129.3
	母		132.2±10.7	282.4±8.1	449.1±52.2	768.8±20.0	1 010.2±21.4	1 272.0±12.5	1 885.3±123.4

注：2022年4—11月由米易盛世畜牧业有限责任公司测定正常型和矮脚型1日龄混雏各120只，其他周龄公、母鸡各32只。

2．屠宰性能　米易鸡182日龄屠宰性能见表3。

表3　米易鸡屠宰性能

类型	性别	宰前活重(g)	屠体重(g)	屠宰率(%)	半净膛率(%)	全净膛(%)	胸肌率(%)	腿肌率(%)	腹脂率(%)
正常型	公	2 339.4±167.8	2 150.8±160.0	90.9±1.4	83.4±1.3	76.3±2.5	15.4±1.5	23.1±1.9	1.1±0.5
	母	2 161.3±73.6	1 949.8±90.4	90.2±1.2	79.9±3.1	70.7±2.9	16.6±1.9	19.8±2.1	6.0±0.7
矮脚型	公	2 116.5±209.4	1 926.7±195.8	91.0±1.2	83.5±1.3	75.8±2.6	16.3±1.6	23.1±1.5	1.1±0.5
	母	1 866.8±109.1	1 698.2±107.9	91.0±2.5	82.0±2.1	71.6±2.9	15.5±1.4	19.3±2.0	6.2±1.0

注：2022年11月由米易盛世畜牧业有限责任公司测定正常型和矮脚型公、母鸡各32只。

3．繁殖性能　米易鸡繁殖性能见表4。

表4　米易鸡繁殖性能

类型	开产日龄	开产体重(g)	300日龄蛋重(g)	产蛋数(个)		就巢率(%)	育雏期成活率(%)	育成期存活率(%)	产蛋期成活率(%)	种蛋受精率(%)	受精蛋孵化率(%)
				入舍母禽	母禽饲养日						
正常型	152	1 800	51.3	132	134	17.2	93.2	93.5	91.1	90.1	84.2

（续）

类型	开产日龄	开产体重(g)	300日龄蛋重(g)	产蛋数(个)		就巢率(%)	育雏期成活率(%)	育成期存活率(%)	产蛋期成活率(%)	种蛋受精率(%)	受精蛋孵化率(%)
				入舍母禽	母禽饲养日						
矮脚型	162	1 500	50.1	120	122	17.3	89.3	92.8	91.1	90.0	83.8

注：2022年由米易盛世畜牧业有限责任公司测定正常型和矮脚型母鸡各300只。

4. 蛋品质　米易鸡蛋品质见表5。

表5　米易鸡蛋品质

类型	蛋重(g)	蛋形指数	蛋壳强度(kg/cm^2)	蛋壳厚度(mm)	蛋黄色泽(级)	蛋壳颜色	哈氏单位	蛋黄比率(%)	血肉斑率(%)
正常型	50.6±6.4	1.30±0.10	3.9±0.7	0.37±0.03	7.4±1.0	浅褐色（粉色）/褐色/白色	86.8±1.8	31.0±4.3	0.0
矮脚型	49.9±5.2	1.30±0.10	4.4±4.6	0.37±0.03	7.5±1.1	浅褐色（粉色）/褐色/白色	86.1±1.9	32.5±3.6	1.3

注：2022年11月由四川省畜牧科学研究院测定正常型和矮脚型300日龄鸡蛋各150个。

四、品种保护

2007年米易鸡被列入《四川省畜禽遗传资源保护名录》，2022年以前主要以保护区的形式进行保护。2017年在米易县建立米易鸡种鸡场，2022年该场被确定为省级农业种质资源保护单位。

五、评价和利用

米易鸡具有性情温驯、便于饲养管理、肉质风味佳的优点。在保种和开发利用方面，仅针对矮脚型和正常型进行了系统选育，重点提高体型外貌和生产性能整齐度，尚未进行开发利用。该品种在其原产地以纯种的方式进行生产，以活鸡形式进行销售，已注册商标2个。

藏　　鸡 TIBETAN CHICKEN

藏鸡（Tibetan chicken），属肉蛋兼用型地方品种。

一、产地与分布

藏鸡原产地为青藏高原的农区和半农半牧区，主要分布在西藏自治区、四川省和云南省。在四川省境内，藏鸡中心产区为甘孜藏族自治州的稻城县、乡城县，在阿坝藏族羌族自治州的汶川县、九寨沟县，甘孜藏族自治州的丹巴县、雅江县、理塘县、巴塘县、得荣县等县均有分布。

四川中心产区位于北纬28°34′—29°39′、东经99°22′—100°04′，地处甘孜藏族自治州西南部，横断山脉中北段，沙鲁里山系南端，金沙江东岸纵谷地区，地势呈东北高、西南低的坡状倾斜面，最高海拔5 336m，最低海拔2 560m。产区气候属大陆性季风高原型气候，具有十分明显的地域性差异和垂直变化，雨量少而集中，干湿季分明，日照充足，长冬无夏，春秋相连，雨热同季。常年平均气温10.8℃，年平均降水量501mm，年平均日照时数2 300h，无霜期147d。主要有硕曲、定曲、玛依三条河流。土壤中富含铁、钙、镁、锌、钾、硒等矿物质元素。主要农作物有玉米、薯类、小麦、大麦、荞麦、油菜、元根等。

二、品种形成与变化

（一）品种形成

1913年《巴塘县志·物产》中记有马、骡、驴、牛、绵羊、山羊和鸡等畜禽，可见藏鸡的饲养由来已久。新中国成立前，藏族群众一般无食鸡食蛋的习惯，养鸡的主要目的是用公鸡司晨报晓，同时也作为贡品向上层交纳。新中国成立后，养鸡逐渐成为藏族群众的家庭副业之一，主要用于逢年过节、来客、祭祀等，但饲养管理极其粗放。藏鸡常年栖息于屋檐、畜圈梁架之上，露宿于宅旁树林，处于半野生状态。由于青藏高原高山深谷纵横其间，形成天然隔离屏障，在独特的生态环境中形成了藏鸡这一地方品种。

（二）群体数量及变化情况

据2011年版《中国畜禽遗传资源志·家禽志》记载，1985年四川省藏鸡饲养量约15.1万只，1995年约12.4万只，2005年约10万只。据2021年第三次全国畜禽遗传资源普查结果，四川省藏鸡群体数量为7.12万只。

三、品种特征与性能

（一）体型外貌特征

1．外貌特征　藏鸡体型小巧匀称、紧凑，行动敏捷，头昂尾翘，藏鸡翼羽和尾羽特别发达，善飞翔。藏鸡头部清秀，成年鸡肉、肤、胫，呈黑色或肉色。公鸡大镰羽长达40～60cm，冠大直立，冠齿4～6个。母鸡冠小，稍有扭曲，以黑色居多，少数呈肉色。母鸡冠稍多，冠为红色单冠，耳多为白色，少数红白相间，个别红色。虹彩多呈橘色，黄栗色次之。雏鸡羽色复杂，主要有黄麻、黑麻、褐麻等杂色，少数为白色，纯黑色较少。

藏鸡成年公鸡

藏鸡成年母鸡

2．体重和体尺　藏鸡成年体重和体尺见表1。

表1　藏鸡成年体重和体尺

性别	体重(g)	体斜长(cm)	龙骨长(cm)	胸宽(cm)	胸深(cm)	胸角(°)	骨盆宽(cm)	胫长(cm)	胫围(cm)
公	1 499.8±3.0	19.53±1.21	10.11±1.09	8.99±0.77	10.72±0.44	64.77±10.88	8.68±0.44	10.14±1.06	4.82±0.36
母	1 140.9±11.0	18.88±1.66	9.16±0.88	7.63±0.91	9.47±0.52	70.07±7.98	7.28±0.47	9.22±0.49	4.24±0.20

注：2022年12月由四川省畜牧科学研究院和乡城县藏咯咯农业开发有限公司共同测定300日龄公、母鸡各30只。

（二）生产性能

1．生长发育　公、母鸡平均料重比为5.1。藏鸡生长期不同阶段体重见表2。

表2 藏鸡生长期不同周龄体重（g）

性别	出壳	2	4	6	8	10	13	26
公	38.5±1.8	89.8±8.8	156.3±40.5	268.3±35.5	393.0±67.0	565.5±60.2	727.2±71.4	1 007.7±41.0
母	38.5±1.8	81.6±8.7	120.4±31.1	226.3±24.3	315.1±36.6	457.1±42.6	650.6±67.7	850.5±67.7

注：2022年2月至12月由乡城县藏咯咯农业开发有限公司测定1日龄混雏120只，其他周龄公、母鸡各30只。

2. 屠宰性能　藏鸡300日龄屠宰性能见表3。

表3 藏鸡屠宰性能

性别	宰前活重(g)	屠体重(g)	屠宰率(%)	半净膛率(%)	全净膛率(%)	胸肌率(%)	腿肌率(%)	腹脂率(%)
公	1 466.7±44.1	1 312.1±47.2	89.45±1.51	80.89±0.87	68.71±2.54	12.57±1.02	28.57±1.02	1.93±0.15
母	1 229.7±156.6	1 115.8±149.6	90.73±2.80	77.84±3.15	68.11±3.87	16.60±2.43	25.05±3.42	3.47±0.54

注：2022年12月由乡城县藏咯咯农业开发有限公司测定公、母鸡各30只。

3. 繁殖性能　藏鸡繁殖性能见表4。

表4 藏鸡繁殖性能

开产日龄	开产体重(g)	300日龄蛋重(g)	产蛋数(个)		就巢率(%)	育成期存活率(%)	产蛋期成活率(%)	种蛋受精率(%)	受精蛋孵化率(%)
			入舍母禽	母禽饲养日					
240	913	42	85	90	90	95	91	90	86

注：2022年由乡城县藏咯咯农业开发有限公司测定母鸡500只。

4. 蛋品质　藏鸡蛋品质见表5。

表5 藏鸡蛋品质

蛋重(g)	蛋形指数	蛋壳强度(kg/cm^2)	蛋壳厚度(mm)	蛋黄色泽(级)	蛋壳颜色	哈氏单位	蛋黄比率(%)	血肉斑率(%)
47.10±2.91	1.31±0.05	3.97±1.06	0.34±0.04	14.11±0.87	浅褐/白色	72.70±4.49	36.49±2.91	0.0

注：2022年12月由四川农业大学测定300日龄鸡蛋150个。

四、品种保护

藏鸡于2000年被列入《国家畜禽品种保护名录》，2006年被列入《国家畜禽遗传资源保护名录》，2007年被列入《四川省畜禽遗传资源保护名录》。2014年乡城县建立了国家级藏鸡保种场。

五、评价和利用

藏鸡具有体型轻小、匀称紧凑、胸腿肌肉发达、活泼好动、觅食能力强、耐粗饲等特点，对高寒恶劣多变的气候环境有较良好的适应能力。藏鸡肉质风味好，营养价值高，深受消费者喜爱。2009年发布了国家标准《藏鸡》(GB/T 24702)。2013年国家质检总局批准对“乡城藏鸡”实施地理标志产品保护。

GUANGYUAN GRAY CHICKEN 广元灰鸡

广元灰鸡（Guangyuan gray chicken），属肉蛋兼用型地方品种。

一、产区与分布

广元灰鸡中心产区为广元市朝天区，主要分布于朝天区朝天镇、大滩镇、羊木镇、曾家镇、中子镇、李家镇、麻柳乡和青川县竹园镇。

中心产区位于北纬32° 51′ —32° 87′ 、东经105° 63′ —106° 30′ ，地处四川北部，山地地貌，海拔487 ～ 1 998.3m。年平均日照时数1 351.2h，年平均降水量1 120mm左右，年平均气温26.3℃，最高气温42.5℃，最低气温–8.3℃，无霜期290d，属亚热带季风和湿润气候。产区流经的主要河流为嘉陵江，土质以黄壤土与沙壤土为主。产区主要农作物为玉米、小麦、稻谷、土豆、油菜籽等，饲草以饲用玉米为主，其次是一年生黑麦草、三叶草、苜蓿等。

二、品种形成与变化

（一）品种形成

广元灰鸡原产地地处大巴山脉深处，山川阻隔，路途遥远，长期以来交通不便，外来鸡种不易传入。当地居民素有“无鸡不成席”的风俗，通过山林放养，并以玉米、稻谷等农作物补饲的方式，把养足半年以上的广元灰鸡作为重要节日与招待贵客的菜品。在这样特定的山区环境、气候以及生活习俗下，经长期自然和人工选择，逐步形成了现在具有独特表型的广元灰鸡。广元灰鸡于2016年通过国家畜禽遗传资源委员会的鉴定。

（二）群体数量及变化情况

据《中国畜禽遗传资源（2011—2020年）》记载，广元灰鸡2010年存栏不足万只，2017年广元市存栏6万只。据2021年第三次全国畜禽遗传普查结果，广元灰鸡群体数量为5.83万只。

三、品种特征与性能

（一）体型外貌特征

1．外貌特征　广元灰鸡体型中等，体态浑圆。头中等大小，单冠直立，冠齿6 ～ 7个。

冠、肉髯多呈红色，少数呈紫黑色。耳叶多呈红色，少数呈紫黑色、白色。眼大圆，虹彩呈栗色。喙短粗且带钩，呈黑色。胫细长，呈青色，少数有胫羽。皮肤多呈白色，少数呈黑色。成年公鸡颈羽、鞍羽、背羽、翼羽多呈深灰色，少数表层覆盖有红色羽毛，胸羽、腹羽、尾羽呈灰色。成年母鸡颈羽呈深灰色，鞍羽、背羽、翼羽、胸羽、腹羽、尾羽呈灰色。雏鸡绒毛多呈灰色，少数呈黄色、黑色；头部斑点多呈灰色，少数呈黑色；背部绒毛带多呈灰白色、灰褐色；胫色多呈青色，少数呈黄色。

广元灰鸡成年公鸡

广元灰鸡成年母鸡

2. 体重和体尺　广元灰鸡成年体重和体尺见表1。

表1　广元灰鸡成年体重和体尺

性别	体重(g)	体斜长(cm)	龙骨长(cm)	胸宽(cm)	胸深(cm)	胸角(°)	骨盆宽(cm)	胫长(cm)	胫围(cm)
公	2 735.7±306.9	26.2±1.1	14.3±0.7	6.4±0.6	12.8±0.6	72.4±6.8	9.2±0.4	10.5±0.5	5.5±0.3
母	2 159.1±351.2	22.00±1.7	11.8±0.8	5.9±0.7	10.8±0.7	64.8±4.9	8.4±0.7	8.6±0.4	4.8±0.4

注：2022年8月由四川天冠生态农牧有限公司测定300日龄公、母鸡各30只。

（二）生产性能

1. 生长发育　公、母鸡平均料重比为5.3。广元灰鸡生长期不同周龄体重见表2。

表2　广元灰鸡生长期不同周龄体重（g）

性别	出壳	2	4	6	8	10	13	26
公	32.5±3.3	99.3±9.4	232.0±25.5	489.7±43.2	649.9±82.2	834.5±87.9	1 233.3±117.1	1 988.4±203.5
母	32.5±3.3	96.3±8.8	190.5±22.6	404.0±40.6	539.2±68.1	660.3±51.5	996.7±86.9	1 675.3±236.2

注：2022年由四川天冠生态农牧有限公司测定，0周龄混雏测定100只，2～8周龄公、母各50只，13周龄及26周龄公、母各30只。26周龄为180日龄测定。

2．屠宰性能　广元灰鸡屠宰性能见表3。

表3　广元灰鸡屠宰性能

性别	宰前活重 (g)	屠体重 (g)	屠宰率 (%)	半净膛率 (%)	全净膛率 (%)	胸肌率 (%)	腿肌率 (%)	腹脂率 (%)
公	1 988.4 ±203.5	1 840.1 ±177.2	92.6 ±3.2	85.7 ±5.5	75.5 ±5.9	10.7 ±3.4	17.5 ±4.7	0.7 ±0.3
母	1 675.3 ±236.2	1 536.4 ±220.8	91.7 ±3.8	82.3 ±5.8	71.9 ±6.0	13.1 ±3.7	17.7 ±4.3	2.1 ±1.2

注：2022年12月由四川天冠生态农牧有限公司测定180日龄公、母各30只。

3．繁殖性能　广元灰鸡繁殖性能见表4。

表4　广元灰鸡繁殖性能

开产日龄	开产体重 (g)	300日龄蛋重 (g)	产蛋数(个)		就巢率 (%)	育成期存活率 (%)	产蛋期成活率 (%)	种蛋受精率 (%)	受精蛋孵化率 (%)
			入舍母禽	母禽饲养日					
152	1 698±217.5	52	148.5	155.3	0.7	97.56	97.95	91.27	95.26

注：2022年由广元灰鸡保种场测定母鸡500只。

4．蛋品质　广元灰鸡蛋品质见表5。

表5　广元灰鸡蛋品质

蛋重 (g)	蛋形指数	蛋壳强度 (kg/cm^2)	蛋壳厚度 (mm)	蛋黄色泽 (级)	蛋壳颜色	哈氏单位	蛋黄比率 (%)	血肉斑率 (%)
52.34 ±4.45	1.31 ±0.07	3.97 ±0.90	0.36 ±0.03	12.25 ±0.77	粉色/白色	80.72 ±5.76	32.20 ±3.11	3.33

注：2022年12月由四川天冠生态农牧有限公司测定300日龄鸡蛋150个。

四、品种保护

2013年，广元市朝天区农业农村局在曾家镇大竹村设立了广元灰鸡县区级保种场。

五、评价和利用

广元灰鸡具有行动敏捷、抗病力强等特点，对不同环境的适应性较强，同时广元灰鸡肉质紧实、肉中鲜味物质含量丰富。朝天区在建成广元灰鸡保种场的基础上，先后建成省级核心育种场、原种场，并依托广元灰鸡为育种素材，开展新品系培育。

平武红鸡 PINGWU RED CHICKEN

平武红鸡（Pingwu red chicken），属肉蛋兼用型地方品种。

一、产地与分布

平武红鸡中心产区为平武县坝子乡，主要分布在平武县坝子乡、古城镇、锁江羌族乡和高村乡等乡镇，在南坝镇也有少量分布。

平武县位于北纬31°59′—33°02′、东经103°50′—104°58′，地处青藏高原向四川盆地过渡的东缘地带，具有典型的山地地貌，海拔600～5 588m。产区属亚热带山地湿润季风气候，年平均气温14.7℃，年平均降水量866.5mm，年平均日照时数1 376h，无霜期252d。境内有夺补河、平通河、虎牙河等14条河流。主要土壤类型有黄壤、黄棕壤、暗棕壤、棕色灰化土和草甸土等，呈明显山地垂直带谱特性。主要农作物有玉米、马铃薯、油菜和大豆等。

二、品种形成与变化

（一）品种形成

平武红鸡是在秦巴山脉独特的自然和人文环境下，驯化形成的特色鲜明的地方鸡种。平武县自西汉以来都是白马藏族人的主要活动区域，白马藏族信奉刚山神，每年都要宰杀大红公鸡进行祭祀，也有宰杀大红公鸡用其血涂于梁和柱上祭梁的习俗，用以趋吉避凶。伴随白马人独特的祭祀文化，平武红鸡的养殖一直延续至今。2023年平武红鸡通过国家畜禽遗传资源委员会鉴定成为新资源。

（二）群体数量及变化情况

据2021年第三次全国畜禽遗传资源普查结果，平武红鸡群体数量约2万只。

三、品种特征与性能

（一）体型外貌特征

1. 外貌特征　成年鸡体型中等，结构紧凑匀称，单冠；鸡冠、耳叶以红色为主，脸、肉髯呈鲜红色；喙平，呈青色；胫、爪、距均呈青色，皮肤为白色。公鸡体形呈船形，冠齿6～8个，羽色除尾羽外羽毛均为红色，背羽、翼羽和腹羽呈大红色，梳羽和蓑羽呈金红色，尾羽呈黑色。母鸡体型清秀，羽色以黄麻色为主，腹部丰满。雏鸡绒毛呈黄色或麻色，部分头和背部有棕色斑点或条纹，喙为浅黄色，胫色呈浅青色或黄色。

平武红鸡成年公鸡

平武红鸡成年母鸡

2．体重和体尺　平武红鸡成年体重和体尺见表1。

表1　平武红鸡成年体重和体尺

性别	体重 (g)	体斜长 (cm)	龙骨长 (cm)	胸宽 (cm)	胸深 (cm)	胸角 (°)	骨盆宽 (cm)	胫长 (cm)	胫围 (cm)
公	2 915.0 ±318.0	23.2 ±1.2	12.7 ±0.7	6.3 ±0.7	11.5 ±0.7	24.1 ±1.6	7.3 ±0.7	10.8 ±0.9	5.0 ±0.4
母	1 961.0 ±260.0	19.5 ±0.5	11.5 ±0.9	5.9 ±0.4	10.7 ±0.3	21.7 ±1.3	7.2 ±0.8	9.0 ±0.5	4.0 ±0.3

注：2022年4月由绵阳市游仙区一鸣畜禽养殖场测定300日龄公、母鸡各70只。

（二）生产性能

1．生长发育　公、母鸡平均料重比为4.5。平武红鸡生长期不同周龄体重见表2。

表2　平武红鸡生长期不同周龄体重（g）

性别	出壳	2	4	6	8	10	13	43
公	36.9 ±1.3	135.4 ±14.5	259.3 ±28.8	384.5 ±50.5	811.8 ±91.3	920.5 ±106.1	1 473.5 ±149.5	2 915.0 ±318.0
母	33.0 ±2.7	80.7 ±14.0	179.5 ±25.6	307.0 ±42.5	627.7 ±88.7	734.6 ±102.0	1 077.4 ±233.7	1 960.9 ±256.0

注：2022年2—12月由绵阳市游仙区一鸣畜禽养殖场测定1日龄公、母鸡各165只，其他周龄公、母鸡各60只。

2．屠宰性能　平武红鸡43周龄屠宰性能见表3。

表3　平武红鸡屠宰性能

性别	宰前活重 (g)	屠体重 (g)	屠宰率 (%)	半净膛率 (%)	全净膛率 (%)	胸肌率 (%)	腿肌率 (%)	腹脂率 (%)
公	2 890.0 ±278.1	2 540.3 ±169.0	87.9 ±0.7	82.4 ±1.0	69.2 ±1.1	17.2 ±1.0	27.6 ±1.5	1.9 ±0.1

（续）

性别	宰前活重(g)	屠体重(g)	屠宰率(%)	半净膛率(%)	全净膛率(%)	胸肌率(%)	腿肌率(%)	腹脂率(%)
母	1 809.7±157.2	1 588.9±96.5	87.8±0.8	83.6±2.0	71.7±2.1	17.4±0.7	20.2±1.7	2.8±0.2

注：2022年6月由绵阳市游仙区一鸣畜禽养殖场测定公、母鸡各32只。

3. 繁殖性能　平武红鸡繁殖性能见表4。

表4　平武红鸡繁殖性能

开产日龄	开产体重(g)	300日龄蛋重(g)	产蛋数(个)		就巢率(%)	育雏期成活率(%)	育成期存活率(%)	产蛋期成活率(%)	种蛋受精率(%)	受精蛋孵化率(%)
			入舍母禽	母禽饲养日						
160	1 700	52.4	158	168	1.2	98.1	95.2	91.5	93.7	93.5

注：2022年由绵阳市游仙区一鸣畜禽养殖场测定母鸡1 320只。

4. 蛋品质　平武红鸡蛋品质见表5。

表5　平武红鸡蛋品质

蛋重(g)	蛋形指数	蛋壳强度(kg/cm^2)	蛋壳厚度(mm)	蛋黄色泽(级)	蛋壳颜色	哈氏单位	蛋黄比率(%)	血肉斑率(%)
52.4±2.3	1.31±0.02	3.9±0.1	0.31±0.01	9.2±0.6	粉色	71.7±1.3	34.3±1.4	3.9

注：2022年10月由绵阳市游仙区一鸣畜禽养殖场测定300日龄鸡蛋900个。

四、品种保护

尚未建立该资源保种场、保护区。

五、评价和利用

平武红鸡不仅肉质营养丰富，鲜美细嫩，还具有耐粗饲、抗逆性强和善跳跃等特点。同时，“红冠、红脸、红羽毛”赋予了平武红鸡喜庆艳丽的外观，迎合了产地及周边地区的消费市场。2016年“平武大红公鸡”获四川地理标志产品商标证书。

QIANGSHAN CLOUD CHICKEN 羌山云朵鸡

羌山云朵鸡（Qiangshan cloud chicken），属肉蛋兼用型地方品种。

一、产地与分布

羌山云朵鸡中心产区为阿坝藏族羌族自治州汶川县灞州镇、威州镇、绵虒镇、耿达镇、卧龙镇等乡镇，在茂县南新镇、凤仪镇、沟口镇和理县的桃坪镇、薛城镇等地也有零星分布。

汶川县位于北纬30°45′—31°43′、东经102°51′—103°44′，地处岷江上游，青藏高原东南部、四川省西北部、阿坝藏族羌族自治州境东南部。境内山高谷深，河谷狭窄，海拔900～4 200m。属亚热带干旱河谷气候，年平均气温13.7℃，年平均降水量930mm，年平均日照时数1 368.1h，无霜期258d。境内主要河流有岷江及其支流杂谷脑河、草坡河、寿江。主要土壤类型有粉壤土、壤土和砂质壤土3种。根据土壤肥力条件，当地以种植红脆李、苹果、甜樱桃、核桃等经济林木为主，少量玉米、蔬菜等农作物为辅。

二、品种形成与变化

（一）品种形成

羌山云朵鸡养殖历史悠久，与羌族老百姓生活息息相关，根据史料记载和汶川博物馆文物考证，汶川出土的距今2 300多年的汉代陶鸡文物与羌山云朵鸡的体型外貌特征极其相似。汶川县灞州镇、威州镇、绵虒镇及茂县南新镇、凤仪镇、沟口镇和理县桃坪镇、薛城镇等都是羌族聚居区，都有良好的自然生态环境和悠久的畜禽养殖历史，形成了独特的“鸡”文化；加之，羌族是大熊猫的守护者，因而对有“熊猫羽”特征的羌山云朵鸡喜爱有加，沿袭至今。羌山云朵鸡以“云朵上的民族”“形似云朵”而命名。2023年羌山云朵鸡通过国家畜禽遗传资源委员会鉴定成为新资源。

（二）群体数量及变化情况

据2021年第三次全国畜禽遗传资源普查结果，羌山云朵鸡群体数量约2.6万只。

三、品种特征与性能

（一）体型外貌特征

1．外貌特征　成年鸡单冠直立，冠、肉髯、耳叶呈红色；喙色以青色为主；耳部羽毛呈灰白色；虹彩呈橘红色或褐色；皮肤白色；胫呈黑色或青灰色；羽毛颜色特别，伴随换羽以及背羽、蓑羽的延伸变长，“熊猫羽”特征明显，即以头部白羽为起点，颈部羽毛为黑羽镶白边，向后延伸至背部变为黑羽。公鸡体躯粗壮，体长、胸深，胸部发达，背稍窄，胫高而略粗。母鸡头颈美观，冠小红润。雏鸡绒毛近乎为全黑色，部分眼周、颈部和腹部绒毛呈白色，喙、胫为青色。

羌山云朵鸡成年公鸡

羌山云朵鸡成年母鸡

2．体重和体尺　羌山云朵鸡成年体重和体尺见表1。

表1　羌山云朵鸡成年体重和体尺

性别	体重 (g)	体斜长 (cm)	龙骨长 (cm)	胸宽 (cm)	胸深 (cm)	胸角 (°)	骨盆宽 (cm)	胫长 (cm)	胫围 (cm)
公	2 611.0 ±125.2	20.8 ±3.2	13.4 ±0.8	5.8 ±0.3	11.7 ±0.5	57.3 ±5.9	7.4 ±0.2	10.6 ±0.4	4.9 ±0.2
母	1 914.7 ±157.3	17.3 ±1.0	11.3 ±1.0	5.4 ±0.3	10.5 ±0.5	61.2 ±3.3	7.2 ±0.1	8.1 ±0.3	4.1 ±0.2

注：2022年6月由茂县九顶原生态畜禽养殖有限责任公司测定300日龄公、母鸡各100只。

（二）生产性能

1．生长发育　公、母鸡平均料重比为5.8。羌山云朵鸡生长期不同周龄体重见表2。

表2　羌山云朵鸡生长期不同周龄体重（g）

性别	出壳	2	4	6	8	10	13	43
公	34.1 ±2.9	94.1 ±17.6	203.7 ±50.2	333.4 ±94.4	546.2 ±150.5	791.4 ±221.1	1 393.5 ±121.8	2 611.0 ±125.2
母	32.9 ±2.6	80.6 ±13.9	179.5 ±40.3	306.9 ±76.4	426.1 ±122.9	637.5 ±152.0	1 075.7 ±120.8	1 914.7 ±157.3

注：2022年5月至2023年4月由茂县九顶原生态畜禽养殖有限责任公司测定1日龄公、母鸡各100只，其他周龄公、母鸡各32只。

2. 屠宰性能　羌山云朵鸡300日龄屠宰性能见表3。

表3　羌山云朵鸡屠宰性能

性别	宰前活重(g)	屠体重(g)	屠宰率(%)	半净膛率(%)	全净膛率(%)	胸肌率(%)	腿肌率(%)	腹脂率(%)
公	2 611.0±125.2	2 295.1±117.2	87.9±1.4	81.4±4.9	69.9±4.8	13.4±2.4	26.2±1.9	1.7±0.1
母	1 914.7±157.3	1 730.9±121.5	90.4±1.6	78.6±6.5	64.2±6.5	14.8±2.3	19.6±2.1	2.8±0.1

注：2023年4月由茂县九顶原生态畜禽养殖有限责任公司测定公、母鸡各32只。

3. 繁殖性能　羌山云朵鸡繁殖性能见表4。

表4　羌山云朵鸡繁殖性能

开产日龄	开产体重(g)	300日龄蛋重(g)	产蛋数(个)		就巢率(%)	育雏期成活率(%)	育成期存活率(%)	产蛋期成活率(%)	种蛋受精率(%)	受精蛋孵化率(%)
			入舍母禽	母禽饲养日						
143	1 508	52.1	118	132	1.1	85.2	85.6	87.5	84.0	84.9

注：2022年由茂县九顶原生态畜禽养殖有限责任公司测定母鸡653只。

4. 蛋品质　羌山云朵鸡蛋品质见表5。

表5　羌山云朵鸡蛋品质

蛋重(g)	蛋形指数	蛋壳强度(kg/cm^2)	蛋壳厚度(mm)	蛋黄色泽(级)	蛋壳颜色	哈氏单位	蛋黄比率(%)	血肉斑率(%)
52.1±3.4	1.3±0.1	4.7±0.2	0.3±0.1	9.2±0.6	褐色	76.6±14.7	32.2±1.1	8.0

注：2022年11月由阿坝藏族羌族自治州畜牧科学技术研究所和四川省畜牧科学研究院测定300日龄鸡蛋150个。

四、品种保护

尚未建立该资源保种场、保护区。

五、评价和利用

羌山云朵鸡饲养历史悠久，是四川省西北地区极具特色的遗传资源。其体躯高大、骨骼粗壮、体长胸深、胸部发达，肉用性能良好。同时抗病力强、肉质鲜美，深受消费者欢迎。

黑水凤尾鸡 HEISHUI PHOENIX CHICKEN

黑水凤尾鸡（Heishui phoenix chicken），又名凤尾鸡，属肉蛋兼用型地方品种。

一、产地与分布

黑水凤尾鸡中心产区为阿坝藏族羌族自治州黑水县，主要分布于黑水县色尔古镇、瓦钵梁子乡、维古乡、麻窝乡、扎窝乡、知木林镇、卡龙镇、慈坝乡、晴朗乡、洛多乡、石碉楼乡、木苏镇、西尔镇等乡镇，在茂县赤不苏镇、洼底镇、回龙镇、沟口镇、黑虎镇、渭门镇等地也有少量分布。

黑水县位于北纬31°35′—32°38′、东经102°35′—103°30′，地处四川省西北部、青藏高原东南缘横断山脉中段北端的岷江上游，以高原、山地为主，地貌形态多样，海拔1 790～5 286m，平均海拔3 544m。属季风高原型气候，年平均气温9.5℃，年平均降水量620.2mm，无霜期166d。主要土壤类型有灰褐土、山地褐色土、冲击土等，主要农作物有小麦、青稞、玉米、马铃薯、胡豆等。

二、品种形成与变化

（一）品种形成

黑水凤尾鸡在当地大量民歌和风俗人情中均可见踪迹，被当地藏族人民用于祭祀和报时，也是重要的生活资料来源，养殖历史悠久。国家非物质文化遗产的“圈德迪”（一种古老独特的藏族民间二人舞蹈）中，人们把麦秆和黑水凤尾鸡羽毛制成的头盔戴在头上，意表狩猎文化和农耕文化并存。产区内山岳河谷纵横交错，形成天然的闭锁区域，创造了存储遗传资源的绝佳条件。因生产性能低被大部分农户弃养，只在少数偏远、极端闭锁的藏族村寨自繁自养，并且不向外界流通，逐渐形成该品种。公鸡尾羽较长，就如传说中神鸟“凤凰”的尾巴一样，该鸡由此得名“凤尾鸡”。2023年黑水凤尾鸡通过国家畜禽遗传资源委员会鉴定成为新资源。

（二）群体数量及变化情况

据2021年第三次全国畜禽遗传资源普查结果，黑水凤尾鸡群体数量约2.2万只。

三、品种特征与性能

（一）体型外貌特征

1. 外貌特征　成年鸡体型小而紧凑、近似船形，体躯匀称；头部清秀高昂，单冠直立、色泽鲜红；肉髯、耳叶呈红色，耳部羽毛呈灰白色；皮肤白色，喙、胫为白色，偶有青色。公鸡颈羽为金黄色，鞍羽以红色、黑色为主，间有金属绿色光泽，尾羽发达，通常具有2～4根长而下垂的镰羽，长度可达43.5cm。母鸡全身以浅黄麻色为主，背部到腹部羽色渐变浅的特征明显，主翼羽、尾羽为黄色或黑色。雏鸡绒毛为黄麻色，头部有黑色或褐色斑点，背部有蛙状条纹背线，喙、胫为白色，偶有青色。

黑水凤尾鸡成年公鸡

黑水凤尾鸡成年母鸡

2. 体重和体尺　黑水凤尾鸡成年体重和体尺见表1。

表1　黑水凤尾鸡成年体重和体尺

性别	体重 (g)	体斜长 (cm)	龙骨长 (cm)	胸宽 (cm)	胸深 (cm)	胸角 (°)	骨盆宽 (cm)	胫长 (cm)	胫围 (cm)
公	2 028.0 ±160.0	17.5 ±1.8	12.1 ±1.2	5.3 ±0.3	10.9 ±0.4	20.1 ±1.4	7.6 ±0.1	9.1 ±0.5	4.5 ±0.2
母	1 734.0 ±194.0	16.9 ±1.7	10.4 ±1.0	5.1 ±0.3	10.1 ±0.4	19.7 ±1.2	7.5 ±0.1	7.9 ±0.4	3.9 ±0.2

注：2022年6月由阿坝藏族羌族自治州畜牧科学技术研究所和茂县九顶原生态畜禽养殖有限责任公司共同测定300日龄公、母鸡各100只。

（二）生产性能

1. 生长发育　公、母鸡平均料重比为5.9。黑水凤尾鸡生长期不同周龄体重见表2。

表2　黑水凤尾鸡生长期不同周龄体重（g）

性别	出壳	2	4	6	8	10	13	43
公	33.1 ±2.3	93.4 ±13.0	189.5 ±41.4	318.8 ±81.0	508.3 ±139.6	1 034.9 ±238.0	1 766.9 ±252.3	2 028.4 ±160.3
母	33.1 ±2.3	83.5 ±13.5	166.0 ±40.1	279.8 ±79.9	421.5 ±132.0	829.6 ±192.0	1 233.9 ±235.4	1 734.8 ±194.2

注：2022年6月至2023年3月由阿坝藏族羌族自治州畜牧科学技术研究所和茂县九顶原生态畜禽养殖有限责任公司测定1日龄混雏120只，其他周龄公、母鸡各100只。

2．屠宰性能　黑水凤尾鸡屠宰性能见表3。

表3　黑水凤尾鸡屠宰性能

性别	宰前活重(g)	屠体重(g)	屠宰率(%)	半净膛率(%)	全净膛率(%)	胸肌率(%)	腿肌率(%)	腹脂率(%)
公	2 028.6±160.2	1 779.1±140.5	87.7±1.4	80.8±4.9	69.0±4.9	14.5±2.1	26.6±1.9	0.4±0.1
母	1 734.3±194.1	1 562.6±174.8	90.1±1.7	76.9±6.6	65.2±6.6	15.9±2.2	23.0±2.2	0.8±0.1

注：2022年11月由阿坝藏族羌族自治州畜牧科学技术研究所和茂县九顶原生态畜禽养殖有限责任公司测定300日龄公、母鸡各30只。

3．繁殖性能　黑水凤尾鸡繁殖性能见表4。

表4　黑水凤尾鸡繁殖性能

开产日龄	开产体重(g)	300日龄蛋重(g)	产蛋数(个)		就巢率(%)	育雏期成活率(%)	育成期存活率(%)	产蛋期成活率(%)	种蛋受精率(%)	受精蛋孵化率(%)
			入舍母禽	母禽饲养日						
135	1 420	53.6	120	144	1.2	91.3	92.6	93.2	82.8	82.0

注：2022年由阿坝藏族羌族自治州畜牧科学技术研究所和茂县九顶原生态畜禽养殖有限责任公司测定母鸡325只。

4．蛋品质　黑水凤尾鸡蛋品质见表5。

表5　黑水凤尾鸡蛋品质

蛋重(g)	蛋形指数	蛋壳强度(kg/cm^2)	蛋壳厚度(mm)	蛋黄色泽(级)	蛋壳颜色	哈氏单位	蛋黄比率(%)	血肉斑率(%)
53.1±3.8	1.31±0.11	4.3±0.3	0.40±0.04	9.2±0.4	褐色／粉色	75.8±13.2	32.7±2.6	5.3

注：2022年11月由阿坝藏族羌族自治州畜牧科学技术研究所和四川省畜牧科学研究院测定300日龄鸡蛋150个。

四、品种保护

尚未建立该资源保种场、保护区。

五、评价和利用

黑水凤尾鸡耐粗饲，抗逆性尤其是高原低氧适应性强，斗性强，是我国优秀的地方鸡种质资源。2014年黑水凤尾鸡获得全国农产品地理标志认证。

SICHUAN PARTRIDGE DUCK 四川麻鸭

四川麻鸭（Sichuan partridge duck），属肉蛋兼用型地方品种。

一、产地与分布

四川麻鸭原产地为四川盆地及盆周丘陵地区。20世纪90年代前广泛分布于四川的水稻产区，目前主要分布在自贡市荣县，内江市东兴区，资中县，乐山市沙湾区、犍为县，南充市高坪区，雅安市名山区。重庆市、贵州省等地也有少许分布。

产区位于北纬27°35′—32°40′、东经102°50′—110°20′。境内具有山区、丘陵、平坝等多种地貌类型。产区属亚热带湿润气候，年平均气温16～18℃以上，无霜期240～300d，年平均降水量1 000～1 400mm，年平均日照时数1 000～1 600h。产区内有岷江、沱江和嘉陵江等水系，水库、塘堰多，水域广阔。产区大部分地方土壤类型以紫色土为主，农作物以水稻为主，同时出产小麦、油菜、甘薯、玉米等，饲料作物主要有黑麦草、墨西哥玉米、菊苣等。

二、品种形成与变化

（一）品种形成

四川麻鸭饲养历史悠久。在清代炒谷孵化法（桶孵化）已盛行，据清代同治十三年（1874年）《南溪县志》记载，“鸭望糯，茎高四尺，可望不得啄”，可见在100多年前已有稻田养鸭的习惯。由于四川麻鸭赖以生存的生态环境主要是水稻田，因而长期以来形成便于在稻田中穿梭寻食的轻小窄长体形，故素有“柳叶鸭”的美称。同时由于多采用野营群放方式饲养，形成了四川麻鸭极善游走，可翻越田坎，胸、腿肌发达的特点。

（二）群体数量及变化情况

据2011年版《中国畜禽遗传资源志·家禽志》记载，四川麻鸭已濒临灭绝。2014年开始进行抢救性保护。据2021年第三次全国畜禽遗传资源普查结果，四川省四川麻鸭群体数量为1.06万只。

三、品种特征与性能

（一）体型外貌特征

1．外貌特征　四川麻鸭体格较小，体质坚实紧凑，羽毛紧密，颈长头秀；喙呈橘红色，喙豆多为黑色，胸部突出，胫、蹼呈橘红色。公鸭体形狭长，性指羽2 ～ 4匹，向背部弯曲。毛色较为一致，可分为“青头公鸭”“沙头公鸭”两种。青头公鸭头颈上1/3或1/2羽毛为翠绿色，腹部为白色羽毛，前胸为红棕色羽毛。沙头公鸭头颈上1/3或1/2的羽毛为黑白相间的青色，不带翠绿色光泽。两种公鸭的肩、背为浅灰色细芦花斑纹，前胸为红棕色羽毛。母鸭羽色较杂，以褐麻色居多。褐麻色母鸭的体躯、臀部的羽毛均以浅褐色为底，上具黑色点斑，黑色点斑由头向体躯后部逐渐增大，颜色加深。在颈部下2/3处多有一白色颈圈，镜羽褐麻色，部分为黑色，腹部和胸部绒羽为白色。雏鸭绒毛有黄色和黑色两种，黑色雏鸭为全黑色，黄色雏鸭头顶、两翅尖、尾根有四块黑斑。

四川麻鸭成年公鸭

四川麻鸭成年母鸭

2．体重和体尺　四川麻鸭成年公、母鸭体重和体尺见表1。

表1　四川麻鸭成年体重和体尺

性别	体重(g)	体斜长(cm)	半潜水长(cm)	颈长(cm)	龙骨长(cm)	胫长(cm)	胫围(cm)	胸深(cm)	胸宽(cm)	髋骨宽(cm)
公	1 580.4±115.1	20.8±1.0	50.0±1.5	21.6±1.3	12.5±0.5	7.3±0.2	3.8±0.1	7.6±0.3	8.4±0.3	6.9±0.4
母	1 657.6±151.1	20.6±1.2	45.0±1.9	18.0±1	11.4±0.6	7.0±0.3	3.9±0.2	7.1±0.4	8.1±0.3	6.6±0.6

注：2022年由荣县华锦农业科技开发有限公司测定44周龄公、母鸭各30只。

（二）生产性能

1．生长发育　四川麻鸭0 ～ 8周龄料重比为2.4，不同周龄体重见表2。

表2　四川麻鸭不同周龄体重（g）

性别	出壳	2	4	6	8	13
公	41.0±2.9	199.0±20.3	506.0±91.4	1 014.0±79.9	1 201.0±78.0	1 476.5±138.8
母	40.3±2.9	190.0±27.2	577.0±90.5	996.0±102.5	1 222.0±64.7	1 412.3±149.8

注：2022年由荣县华锦农业科技开发有限公司测定各阶段公、母鸭各30只。

2．屠宰性能　四川麻鸭13周龄屠宰性能见表3。

表3　四川麻鸭屠宰性能

性别	宰前活重 (g)	屠宰率 (%)	半净膛率 (%)	全净膛率 (%)	胸肌率 (%)	腿肌率 (%)	腹脂率 (%)	皮脂率 (%)
公	1 476.5 ±138.8	77.9 ±3.7	71.5 ±3.3	65.1 ±3.1	10.6 ±1.4	12.7 ±1.5	2.0 ±2.5	13.8 ±1.6
母	1 412.3 ±149.8	78.2 ±2.8	71.3 ±3.2	65.1 ±3.0	11.0 ±1.1	12.9 ±1.4	0.6 ±0.58	15.3 ±2.2

注：2022年由荣县华锦农业科技开发有限公司测定13周龄公、母鸭各30只。

3．肉品质　四川麻鸭13周龄胸肌肉品质见表4。

表4　四川麻鸭胸肌肉品质

性别	剪切力 (N)	滴水损失 (%)	pH	肉色			水分 (%)	蛋白质 (%)	脂肪 (%)
				a	*b*	*L*			
公	27.36 ±7.61	2.06 ±0.48	7.55 ±0.59	10.99 ±2.38	5.25 ±1.27	34.6 ±2.98	76.0 ±0.5	19.4 ±0.09	3.81 ±0.45
母	30.87 ±6.94	1.86 ±0.55	7.5 ±0.63	9.31 ±1.46	4.06 ±0.7	32.04 ±2.51	75.9 ±0.67	19.5 ±0.26	4.15 ±0.40

注：2022年由四川农业大学测定13周龄四川麻鸭公、母鸭各30只。

4．繁殖性能　四川麻鸭繁殖性能见表5。

表5　四川麻鸭繁殖性能

开产日龄	开产体重 (g)	300日龄蛋重 (g)	年产蛋数 (个)	就巢率 (%)	育成期存活率 (%)	产蛋期成活率 (%)	种蛋受精率 (%)	受精蛋孵化率 (%)
112	1 400	69.3	201	0	97.4	97.6	89.5	93.8

注：2022年由荣县华锦农业科技开发有限公司统计四川麻鸭3个群体的平均结果。

5．蛋品质　四川麻鸭蛋品质见表6。

表6　四川麻鸭蛋品质

蛋重(g)	蛋形指数	蛋壳颜色	蛋壳厚度 (mm)	蛋壳强度 (kg/cm^2)	蛋黄比率 (%)	哈氏单位
69.31±4.63	1.36±0.06	青色/白色	0.36±0.04	5.02±1.14	36.76±3.36	69.78±7.25

注：2022年由四川农业大学测定300日龄鸭蛋30个。

四、品种保护

2007年四川麻鸭被列入《四川省畜禽遗传资源保护名录》。2014年起在荣县开展四川麻鸭抢救性保护工作。

五、评价和利用

四川麻鸭作为肉蛋兼用型地方优质麻鸭，具有早熟、适应性强、繁殖性能较好、放牧性强等特点，适合稻鸭共作生态养殖。四川麻鸭肉质风味好，适合烧、炖、板鸭等各种烹饪方式，深受消费者喜爱。2018年四川省发布了地方标准《四川麻鸭》（DB51T/2490），“四川麻鸭遗传资源的抢救性保护与开发利用”项目获得了2021年四川省科学技术进步奖三等奖。

建 昌 鸭 JIANCHANG DUCK

建昌鸭（Jianchang duck），属肉蛋兼用型地方品种。

一、产地与分布

建昌鸭中心产区为凉山彝族自治州境内的德昌县和西昌市，主要分布在安宁河流域一带的冕宁、会理、喜德等县，在四川雅安、重庆垫江等地也有少量分布。

中心产区位于北纬27°05′—27°36′、东经101°54′—102°29′，地形复杂多样，以中山地貌为主，地处横断山区康藏高原东缘的安宁河谷地带，海拔1 150 ~ 4 359m。属于亚热带季风气候。年平均气温17.7℃，无霜期300d，年平均降水量约1 000mm，年平均日照时数2 356h。农作物主要有水稻、小麦、玉米等。

二、品种形成与变化

（一）品种形成

建昌鸭的饲养历史悠久，距今近2000年的西昌礼州汉墓出土文物“陶塘”上，已有鸭子雕塑，说明该地区早已养鸭。西昌古名建昌，公元857—873年设为建昌府，当时所产之鸭颇负盛名，故称建昌鸭。当地分布较多的回族居民素有填制板鸭取其腹脂作食用油的习惯，促进了有较好肉用性能和肥肝性能的建昌鸭品种形成。民国《西昌县志》卷二记载，每年产量为二三十万羽，其肉、肝及卵，气味之美，为他省之冠。鸭卵和鸭肝尤为盛名，但鸭肉鲜者，味易平常，若用盐腌之，成为板鸭后，味美不可言矣。

（二）群体数量及变化情况

据2011年版《中国畜禽遗传资源志·家禽志》记载，2005年四川省饲养建昌鸭约53万只。据2021年第三次全国畜禽遗传资源普查结果，建昌鸭种鸭存栏约5 000只。

三、品种特征与性能

（一）体型外貌特征

1. 外貌特征　建昌鸭体型较大，形似平底船，羽毛丰满，尾羽呈三角形向上翘起。头大、颈粗，喙宽、喙豆呈黑色，胫、蹼呈橘黄色，爪呈黑色。

建昌鸭群体中有4种羽色，分别为黄麻羽、褐麻羽、白胸黑羽、白羽，其中黄麻羽、褐麻羽色占60% ~ 70%、白胸黑羽占20%左右、白羽占10%左右。黄麻、褐麻羽公鸭喙多呈草黄色，头、颈上部羽毛及主、副翼羽呈翠绿色，颈部下1/3处多有一白色颈圈。颈下、前胸及鞍部羽毛呈红棕色，腹部羽毛呈银灰色，尾羽呈黑色，尾端有2 ~ 4根性羽向背部弯曲，俗称“绿头红胸、银肚、青嘴公”。母鸭喙多呈橘黄色，全身羽毛以黄麻色居多，褐麻色次之。白胸黑羽

建昌鸭成年公鸭（黄麻羽）

建昌鸭成年母鸭（黄麻羽）

建昌鸭成年公鸭（褐麻羽）

建昌鸭成年母鸭（褐麻羽）

建昌鸭成年公鸭（白胸黑羽）

建昌鸭成年母鸭（白胸黑羽）

建昌鸭成年公鸭（白羽）

建昌鸭成年母鸭（白羽）

鸭和母鸭均无颈圈，前胸羽毛为白色，体羽近黑色，喙多呈黑色。建昌鸭雏鸭绒毛以黑灰色为主，胸前黄灰色，喙呈褐色或者黄色。

2．体重和体尺　建昌鸭成年体重和体尺见表1。

表1　建昌鸭成年体重和体尺

性别	体重(g)	体斜长(cm)	半潜水长(cm)	颈长(cm)	龙骨长(cm)	胫长(cm)	胫围(cm)	胸深(cm)	胸宽(cm)	髋骨宽(cm)
公	2 449.3±112.5	26.01±0.66	52.35±0.81	22.87±0.64	14.41±0.19	7.43±0.215	4.51±0.16	9.28±0.197	10.27±0.12	7.34±0.16
母	2 179.2±233.4	24.36±0.79	47.39±1.54	20.77±1.02	13.77±0.49	7.25±0.24	4.53±0.32	8.70±0.32	9.75±0.37	7.09±0.31

注：2022年由德昌县种鸭场测定成年公、母鸭各30只。

（二）生产性能

1．生长发育　建昌鸭0～8周龄料重比为2.9，不同周龄体重见表2。

表2　建昌鸭不同周龄体重（g）

性别	出壳	2	4	6	8
公	44.5±1.0	228.0±2.3	1 115.6±96.3	1 670.5±129.6	2 215.2±192.8
母	44.7±1.5	241.2±1.8	1 025.5±79.0	1 662.1±128.9	2 124.9±197.2

注：2022年由德昌县种鸭场测定各阶段公、母鸭各30只。

2．屠宰性能　建昌鸭8周龄屠宰性能见表3。

表3　建昌鸭8周龄屠宰性能

性别	宰前活重(g)	屠宰率(%)	半净膛率(%)	全净膛率(%)	胸肌率(%)	腿肌率(%)	腹脂率(%)	皮脂率(%)
公	2 300.0±173.2	89.76±1.52	82.40±1.46	74.37±1.51	11.37±1.05	12.01±1.08	1.64±0.40	13.3±1.81
母	2 034.7±171.7	89.89±1.78	82.67±1.46	74.12±3.11	11.89±0.92	12.01±1.46	1.58±0.44	13.94±2.13

注：2022年由德昌县种鸭场测定8周龄公、母鸭各30只。

3．肉品质　建昌鸭8周龄胸肌肉品质见表4。

表4　建昌鸭8周龄胸肌肉品质

性别	剪切力(N)	pH	肉色		
			a	*b*	*L*
公	35.05±1.56	5.52±0.05	16.92±0.59	6.99±0.42	46.96±0.98
母	36.88±1.91	5.46±0.06	15.42±0.61	6.29±0.23	45.17±0.78

注：2021年由四川农业大学测定8周龄浅麻羽建昌鸭公、母鸭各15只。

4. 繁殖性能　建昌鸭繁殖性能见表5。

表5　建昌鸭繁殖性能

开产日龄	开产体重(g)	300日龄蛋重(g)	年产蛋数(个)	就巢率(%)	育成期存活率(%)	产蛋期成活率(%)	种蛋受精率(%)	受精蛋孵化率(%)
181	2 350	83.7	145	0	93	95	92.3	94.3

注：2022年由德昌县种鸭场统计建昌鸭4个羽色系的平均结果。

5. 蛋品质　建昌鸭蛋品质见表6。

表6　建昌鸭蛋品质

蛋重(g)	蛋形指数	蛋壳颜色	蛋壳厚度(mm)	蛋壳强度(kg/cm^2)	蛋黄比率(%)	哈氏单位
83.74±7.3	1.35±0.06	青色75%　白色25%	0.52±0.06	4.00±0.77	32.46±3.44	82.57±9.83

注：2022年由四川农业大学测定。

6. 填肥性能　对120日龄建昌鸭进行填饲至137日龄，填饲期间只均耗料量5 520g。建昌鸭填肥性能见表7。

表7　建昌鸭填肥性能（g）

性别	填饲结束体重	填饲后肝重
公	3 379.0±88.8	362.8±21.9
母	3 366.7±65.5	362.5±15.6

注：2022年由德昌县种鸭场和四川农业大学测定公、母鸭各30只。

四、品种保护

建昌鸭2000年被列入《国家畜禽品种保护名录》，2006年被列入《国家畜禽遗传资源保护名录》，2007年被列入《四川省畜禽遗传资源保护名录》。2015年在德昌县建成了国家级建昌鸭保种场。

五、评价和利用

建昌鸭是体型较大的优质麻鸭，具有较强的抗逆性，可直接利用，也可作为优质麻羽肉鸭育种素材。德昌县种鸭场与当地龙头企业联合，共同打造和开发“建昌板鸭”产品品牌。2010年、2015年分别成功申报了“建昌鸭”“建昌板鸭”地理标志商标。已发布四川省地方标准《建昌鸭》（DB51/T 2214）、凉山州地方标准《建昌板鸭》（DB5134/T216）。目前已通过审定的“天府农华麻羽肉鸭”“桂柳麻鸭”等配套系均利用了建昌鸭作为主要育种素材。

开江麻鸭 KAIJIANG PARTRIDGE DUCK

开江麻鸭（Kaijiang partridge duck），属肉蛋兼用型地方品种。

一、产地与分布

开江麻鸭原产于达州市开江县，主要分布于开江县内的甘棠镇、任市镇、普安镇等乡镇。

开江县位于北纬30°47′—31°15′、东经107°41′—108°05′，地处四川东部，大巴山脉向南延伸的山区丘陵体系，海拔272～1 376m。属于四川盆地中亚热带湿润气候区，年平均气温17.2℃，年平均降水量1 259.4mm。年平均日照时数1 386.6h，无霜期282.6d。农作物一年两熟，以水稻、小麦、玉米、油菜籽为主，还有甘薯、大豆、花生等。

二、品种形成与变化

（一）品种形成

开江麻鸭产区地理位置封闭、稻田面积广，有“三山夹两槽”的地理屏障、“三山微水七分田”的自然环境，为开江麻鸭的形成创造了条件。开江养鸭历史悠久，从“鸭声雀语送朝昏”等史籍资料可追溯开江养鸭历史有400余年，距今近200年前当地就有“养鸭自宰鲊盐风干做冬至肉”的记载，现仍存有建于满清末年杀鸭还愿的檀神庙、石鸭子传说、古代应考以鸭为礼等与鸭有关的文化和风俗。当地居民一直延续着对鸭蛋、鸭肉、羽绒的消费习惯，造就了开江麻鸭蛋肉兼用、羽色较浅的特点。开江麻鸭2024年通过国家畜禽遗传资源委员会鉴定。

（二）群体数量及变化情况

据2021年第三次全国畜禽遗传资源普查结果，开江麻鸭在开江县群体数量为2.46万余只。

三、品种特征与性能

（一）体型外貌特征

1.外貌特征　开江麻鸭体型较小，体躯狭长，头清秀，颈细长，喙黄色，胫、蹼橘黄色。成年公鸭头、颈为青绿色、有金属光泽，颈部多有白色环状羽圈，背部浅灰色，胸部红棕带白，腹部白色，主翼羽黑灰色，性羽黑色。成年母鸭羽色为浅黄麻色，胸腹部灰麻色，主翼羽黄褐色。雏鸭的绒毛呈黄色，头顶部和尾部有黑色。

开江麻鸭成年公鸭

开江麻鸭成年母鸭

2. 体重和体尺　开江麻鸭成年体重和体尺见表1。

表1　开江麻鸭成年体重和体尺

性别	体重 (g)	体斜长 (cm)	半潜水长 (cm)	龙骨长 (cm)	胫长 (cm)	胫围 (cm)	胸深 (cm)	胸宽 (cm)
公	1 737.3 ±137.6	22.21 ±1.43	57.63 ±2.57	12.56 ±0.42	6.68 ±0.47	3.93 ±0.25	7.98 ±0.77	9.07 ±0.63
母	1 696.9 ±132.3	20.94 ±1.21	52.88 ±2.31	11.47 ±0.69	6.53 ±0.33	3.90 ±0.21	7.85 ±0.69	8.52 ±0.61

注：2022年由达州市畜牧技术推广站、四川农业大学测定成年公、母鸭各30只。

（二）生产性能

1. 生长发育　开江麻鸭不同周龄体重见表2。

表2　开江麻鸭不同周龄体重（g）

性别	出壳	2	4	6	8	13
公	41.1±1.7	213.5±15.7	558.2±35.2	887.0±71.9	1 219.2±73.7	1 398.1±127.1
母	41.0±1.5	209.5±14.2	554.5±33.7	874.6±69.3	1 205.6±71.1	1 327.2±121.7

注：2022年由达州市畜牧技术推广站、四川农业大学测定各阶段公、母鸭各30只。

2. 屠宰性能　开江麻鸭13周龄屠宰性能见表3。

表3　开江麻鸭13周龄屠宰性能

性别	宰前活重(g)	屠宰率(%)	半净膛率(%)	全净膛率(%)	胸肌率(%)	腿肌率(%)
公	1 398.1±127.1	88.19±1.86	82.37±2.36	67.28±3.26	12.51±1.82	12.68±1.22
母	1 327.2±121.7	88.92±1.73	83.21±2.21	67.04±3.28	12.10±1.58	12.42±1.17

注：2022年由达州市畜牧技术推广站、四川农业大学测定8周龄公、母鸭各30只。

3．肉品质　开江麻鸭13周龄胸肌肉品质见表4。

表4　开江麻鸭13周龄胸肌肉品质

性别	剪切力(N)	pH	肉色			肌内脂肪含量(%)
			a	*b*	*L*	
公	24.31±3.93	6.25±0.28	11.03±1.67	3.25±1.41	39.43±4.67	3.60±0.74
母	23.56±4.59	6.30±0.29	10.72±1.55	3.03±1.48	38.75±3.40	3.50±0.84

注：2022年由四川农业大学测定13周龄开江麻鸭公、母鸭各30只。

4．繁殖性能　开江麻鸭繁殖性能见表5。

表5　开江麻鸭繁殖性能

开产日龄	开产体重(g)	300日龄蛋重(g)	年产蛋数(个)	就巢率(%)	种蛋受精率(%)	受精蛋孵化率(%)
120～125	1 450	69～73	185～205	0	90.0	91.0

注：2022年由达州市畜牧技术推广站、四川农业大学统计开江麻鸭3个群体的结果。

5．蛋品质　开江麻鸭蛋品质见表6。

表6　开江麻鸭蛋品质

蛋重(g)	蛋形指数	蛋壳颜色	蛋壳厚度(mm)	蛋壳强度(kg/cm^2)	蛋黄比率(%)	哈氏单位
70.72±5.14	1.39±0.04	白色90% 青色10%	0.57±0.05	3.72±0.75	36.24±4.10	84.27±15.37

注：2022年由四川农业大学测定300日龄种鸭蛋30个。

四、品种保护

尚未建立该资源保种场、保护区。

五、评价和利用

开江麻鸭是在达州开江地区经过长期自然繁衍而形成，其独特的外貌特征和优良的蛋肉兼用特性深受消费者的喜爱。开江麻鸭蛋肉可以制作皮蛋、仔姜鸭、老鸭汤、板鸭等美食。2013年开江麻鸭获得农产品地理标志认证，2014年被农业部批准为农产品地理标志产品，2016年获得商标注册证。

四川白鹅

SICHUAN WHITE GOOSE

四川白鹅（Sichuan white goose），属肉蛋兼用的中型鹅种。

一、产地与分布

四川白鹅原产于四川省，主要分布于四川宜宾、成都、达州、德阳、乐山、眉山、内江等市，广泛分布于四川盆地的平坝、丘陵水稻产区，在毗邻的重庆市也有分布。

产区位于北纬27° 70′—32° 10′、东经102° 30′—108° 40′。海拔250～1 000m，境内具有山区、丘陵、平坝等多种地貌类型。产区属亚热带湿润气候，年平均气温16℃以上，无霜期240～300d，年平均降水量1 000～1 400mm，年平均日照时数1 000～1 600h。产区土质主要为水稻土、冲积土、紫色土等，其中大部分地方为紫色土，土质风化度低，土壤发育浅，肥力高。主要农作物为水稻、小麦、油菜、甘薯、玉米及其他杂粮，饲料作物包括黑麦草、牛皮菜、墨西哥玉米、菊苣等。

二、品种形成与变化

（一）品种形成

清朝康熙二十五年《南溪县志》有记载，鹅，谷粒及鱼虾之属，乡居间有饲者，肉卵供食，毛可制绒。产区境内有岷江、沱江、嘉陵江等水系，水库、堰塘多，饲草繁茂，为鹅的生产提供了良好的自然条件。产区人民历来把养鹅作为一项重要的家庭副业，对四川白鹅的需求主要是产蛋和食肉，且素有以母鸡孵化鹅蛋或人工孵化的习惯，因此在长期的选育中便促成了四川白鹅肉用性能好、产蛋多且就巢性弱的特征特性，逐步将其培育成了肉蛋兼用的中型鹅品种。

（二）群体数量及变化情况

据2011年版《中国畜禽遗传资源志·家禽志》记载，2005年四川省饲养四川白鹅约1 600万只。据2021年第三次全国畜禽遗传资源普查结果，四川省四川白鹅群体数量约5.3万只。

三、品种特征与性能

（一）体型外貌特征

1. 外貌特征　四川白鹅体型中等，成年鹅全身羽毛白色，紧密而有光泽。眼大小适中，明亮而有神，瞳孔呈黑色，虹彩灰蓝色，肤色为肉色，喙、胫、蹼呈橘红色。成年公鹅体型稍大，体躯较长，头雄健粗大，颈稍粗短，额部有半圆形的肉瘤，颌下咽袋不明显。成年母鹅体型稍小，头清秀、颈较细长，肉瘤不明显，腹部稍下垂，腹褶明显。雏鹅羽毛呈黄色。

四川白鹅成年公鹅

四川白鹅成年母鹅

2．体重和体尺　四川白鹅成年公、母鹅体重和体尺见表1。

表1　四川白鹅成年体重和体尺

性别	体重(g)	体斜长(cm)	半潜水长(cm)	颈长(cm)	龙骨长(cm)	胫长(cm)	胫围(cm)	胸深(cm)	胸宽(cm)	髋骨宽(cm)
公	4 358.9±285.9	29.41±1.01	70.55±1.95	28.28±1.34	17.49±0.67	11.04±0.36	5.56±0.43	11.55±0.56	12.34±0.62	8.46±0.51
母	3 869.6±253.7	27.16±1.19	63.28±1.91	25.62±1.44	16.26±0.68	10.14±0.4	5.07±0.22	10.79±0.46	11.48±0.52	7.84±0.33

注：2022年由四川白鹅国家级保种场测定400日龄公、母鹅各30只。

（二）生产性能

1．生长发育　四川白鹅出壳至10周龄料重比为3.13，出壳至10周龄体重见表2。

表2　四川白鹅不同周龄体重（g）

性别	出壳	2	4	6	8	10
公	87.8±7.7	508.4±79.7	1 308.0±132.6	2 266.9±209.7	3 002.1±230.7	3 585.7±153.1
母	85.8±7.7	510.7±73.2	1 122.6±147.0	2 101.6±213.1	2 697.6±248.6	3 126.6±172.2

注：2022年由四川白鹅国家级保种场测定各阶段公、母鹅各30只。

2．屠宰性能　四川白鹅屠宰性能见表3。

表3　四川白鹅屠宰性能

性别	宰前活重(g)	屠宰率(%)	半净膛率(%)	全净膛率(%)	胸肌率(%)	腿肌率(%)	腹脂率(%)	皮脂率(%)
公	3 585.7±153.1	86.4±1.4	79.3±1.3	70.9±1.2	10.3±0.8	16.4±0.1	2.9±0.5	18.5±2.1

（续）

性别	宰前活重 (g)	屠宰率 (%)	半净膛率 (%)	全净膛率 (%)	胸肌率 (%)	腿肌率 (%)	腹脂率 (%)	皮脂率 (%)
母	3 126.6 ±172.2	86.2 ±4.0	78.9 ±2.1	70.7 ±2.3	10.1 ±1.3	16.2 ±1.6	3.1 ±0.7	19.1 ±1.8

注：2022年由四川白鹅国家级保种场测定10周龄公、母鹅各30只。

3. 肉品质　四川白鹅胸肌肉品质见表4。

表4　四川白鹅胸肌肉品质

性别	剪切力 (N)	失水率 (%)	pH	肉色			水分 (%)	蛋白质 (%)	脂肪 (%)
				a	*b*	*L*			
公	49.57 ±8.46	12.68 ±1.73	5.77 ±0.27	11.9 ±1.13	4.67 ±0.76	41.09 ±3.17	73.71 ±1.38	22.27 ±0.92	1.81 ±0.67
母	43.03 ±13.25	13.08 ±2.04	5.73 ±0.46	11.92 ±1.19	4.63 ±0.91	40.85 ±3.11	70.76 ±1.32	21.43 ±0.88	1.83 ±0.72

注：2022年由四川白鹅国家级保种场测定10周龄四川白鹅公、母鹅各30只。

4. 繁殖性能　四川白鹅繁殖具有季节性，繁殖期自当年9月至次年5月，公母配比1∶4。繁殖性能见表5。

表5　四川白鹅繁殖性能

开产日龄	开产体重 (g)	300日龄蛋重 (g)	年产蛋数 (个)	就巢率 (%)	育成期存活率 (%)	产蛋期成活率 (%)	种蛋受精率 (%)	受精蛋孵化率 (%)
233	4 060	145	71	3	97.1	94.1	86.9	90.6

注：2022年统计四川白鹅国家级保种场2个世代及四川白鹅原种场共3个群体的平均值。

四、品种保护

四川白鹅2000年被列入《国家畜禽品种保护名录》，2006年被列入《国家畜禽遗传资源保护名录》，2007年被列入《四川省畜禽遗传资源保护名录》。宜宾市南溪区四川白鹅育种场成立于1987年，2008年被农业部批准为国家级四川白鹅保种场。

五、评价和利用

四川白鹅是我国著名的地方良种，具有生长速度快、繁殖性能好、配合力强、适应性好等特点，在我国中型肉用鹅种中以产蛋量高而著称。由于其优秀的生产性能和广泛的适应性，四川白鹅已被引种到全国各地肉鹅产区用于商品生产或杂交利用。四川白鹅还是一个理想的育种素材，广泛应用于我国肉鹅育种工作中。2009年发布了国家标准《四川白鹅》（GB/T 24699）。在四川白鹅原产地宜宾市南溪区，年出栏白鹅300万只以上，拥有省级著名商标2个（娥天歌、蜀源）；2015年，“南溪白鹅”成功注册国家地理标志证明商标。2016年，“南溪白鹅”成功申报国家地理标志保护产品。2020年宜宾市发布地方标准《地理标志产品 南溪白鹅生产加工技术规范》（DB5115/T 67）。

钢　鹅 GANG GOOSE

钢鹅（Gang goose），又名铁甲鹅、建昌鹅，属肉蛋兼用的中型鹅种。

一、产地与分布

钢鹅原产地为凉山彝族自治州西昌市，主要分布于安宁河流域的西昌、德昌和冕宁的河谷坝区，会理、会东、普格、喜德、越西和盐源等县（市）亦有分布，在重庆、贵州有少量分布。

中心产区位于北纬27°32′—28°10′、东经101°46′—102°25′，海拔1 500～2 500m，有山区和平坝两种地貌类型。产区属亚热带季风和湿润气候，年平均降水量1 000～1 200mm，年平均日照时数2 350h，无霜期280～300d，年平均气温17～18℃，最高气温35℃左右，最低气温–2℃左右。主要农作物包括水稻、小麦、玉米、豆类，饲草料有黑麦草、紫花苜蓿、青贮玉米。

二、品种形成与变化

（一）品种形成

西昌古名建昌，故西昌钢鹅又名建昌鹅。安宁河流域多为丘陵，水草丰盛、雨量充沛、年温差较小，是养鹅的理想环境，大量的农副产品和青绿饲料供给是形成本品种的物质基础。历史上，该地区交通闭塞，长期处于自给自足的自然经济，无外地鹅种流入；同时，产地回族人口多，户户有养鹅的习惯，除肉用外，还取其腹脂作为食用油的来源。长期以来群众注意选择体型大的鹅作种用，这对钢鹅的形成有重要的作用。

（二）群体数量及变化情况

据2011年版《中国畜禽遗传资源志·家禽志》记载，2005年钢鹅存栏为4.9万只。据2021年第三次全国畜禽遗传资源普查结果，钢鹅群体数量为2 012只。

三、品种特征与性能

（一）体型外貌特征

1．外貌特征　钢鹅体型较大，羽毛为灰色，头呈长方形，颈呈弓形，体躯向前抬起，喙宽平、呈灰色，胫、蹼呈橘红色，爪呈黑色。公鹅前额肉瘤比较发达，黑色质坚，前胸圆大；母鹅肉瘤扁平，腹部圆大，腹褶不明显，开始产蛋后，后腹下垂，俗称“蛋包”。从鹅的头顶部起，沿颈的背面直到颈的基部，有一条由宽逐渐变窄的深褐色鬃状羽带。雏鹅羽毛呈灰色，喙呈黑色，胫、蹼呈橘红色。

钢鹅成年公鹅

钢鹅成年母鹅

2．体重和体尺　钢鹅成年体重和体尺见表1。

表1　钢鹅成年体重和体尺

性别	体重(g)	体斜长(cm)	半潜水长(cm)	颈长(cm)	龙骨长(cm)	胫长(cm)	胫围(cm)	胸深(cm)	胸宽(cm)	髋骨宽(cm)
公	4 764.9±512.3	33.7±2.5	67.5±2.3	31.4±2.8	17.1±0.7	10.3±1.0	5.8±0.3	12.7±0.7	12.7±0.6	8.3±0.4
母	4 368.0±452.8	33.2±1.9	61.4±2.9	26.6±1.6	16.8±1.3	9.7±0.5	6.0±0.6	11.9±0.8	11.5±0.8	7.9±0.5

注：2022年由西昌华农禽业有限公司钢鹅保种场测定成年公、母鹅各30只。

（二）生产性能

1．生长发育　钢鹅0～10周龄料重比为3.4，出壳至10周龄体重见表2。

表2　钢鹅不同周龄体重（g）

性别	出壳	2	4	6	8	10
公	97.6±6.1	420.0±81.6	1 130.0±127.6	2 061.0±185.0	3 012.3±233.5	4 285.5±278.7
母	96.3±6.8	413.9±70.2	1 025.8±114.5	1 942.9±161.8	2 758.5±161.9	3 263.7±254.9

注：2022年由西昌华农禽业有限公司钢鹅保种场测定各阶段公、母鹅各30只。

2．屠宰性能　钢鹅屠宰性能见表3。

表3　钢鹅屠宰性能

性别	宰前活重(g)	屠宰率(%)	半净膛率(%)	全净膛率(%)	胸肌率(%)	腿肌率(%)	腹脂率(%)	皮脂率(%)
公	4 282.8±211.5	85.2±1.8	76.4±2.7	68.4±2.5	9.1±0.9	13.5±0.5	2.9±0.4	22.8±1.8

（续）

性别	宰前活重(g)	屠宰率(%)	半净膛率(%)	全净膛率(%)	胸肌率(%)	腿肌率(%)	腹脂率(%)	皮脂率(%)
母	3 263.2±202.6	84.4±2.4	72.1±2.8	62.6±2.7	13.2±1.2	15.3±1.6	3.2±0.4	25.7±2.5

注：2022年由西昌华农禽业有限公司钢鹅保种场测定10周龄公、母鹅各30只。

3．肉品质　钢鹅胸肌肉品质见表4。

表4　钢鹅胸肌肉品质

性别	剪切力(N)	滴水损失(%)	pH	肉色			水分(%)	蛋白质(%)	脂肪(%)
				a	*b*	*L*			
公	36.9±3.1	2.5±0.3	6.0±0.6	17.9±2.8	3.5±1	42.7±4.5	73.1±7.1	20.1±3.3	3.4±1.4
母	36.2±3.2	2.4±0.3	5.9±0.5	19.9±1.8	3.8±1.5	44.2±6.9	73.8±5.8	21.0±2.8	3.9±1.6

注：2022年由四川农业大学测定10周龄钢鹅公、母鹅各15只。

4．繁殖性能　钢鹅具有繁殖季节性，繁殖期自当年10月至次年6月，公母配比1∶4。繁殖性能见表5。

表5　钢鹅繁殖性能

开产日龄	开产体重(g)	年产蛋数(个)	就巢率(%)	育成期存活率(%)	产蛋期成活率(%)	种蛋受精率(%)	受精蛋孵化率(%)
180	4 020	35	82.5	98.2	94.1	89.6	80.2

注：2022年由西昌华农禽业有限公司钢鹅保种场统计3个产蛋年的平均结果。

5．填肥性能　对90日龄钢鹅公鹅进行21d填肥。填肥性能见表6。

表6　钢鹅填肥性能

填肥后体重(g)	肥肝重(g)	最大肥肝重(g)	料肝比	填肥后腹脂率(%)	填肥后皮脂率(%)
6 110.7±796.4	375.5±53.3	586	39.2±7.5	8.7±1.6	24.9±3.5

注：2022年由西昌华农禽业有限公司钢鹅保种场测定公鹅36只。

四、品种保护

钢鹅2006年被列入《国家畜禽遗传资源保护名录》，2012年被列入《四川省畜禽遗传资源保护名录》。2014年在西昌市建立了国家级钢鹅保种场。

五、评价和利用

钢鹅外貌独特，肉用性能、肥肝性能和产蛋量在我国中型灰羽鹅种中处于领先水平。2012年，农业部批准对“西昌钢鹅”实施农产品地理标志登记保护。已开发的特色餐饮食品有“生物发酵板鹅”“全鹅宴”“鹅铜火锅”及“烤鹅串”等，2015年四川省发布了地方标准《钢鹅》(DB51/T 1968)。四川农业大学等单位对钢鹅进行了基因组重测序分析，开展了钢鹅配套系选育工作，建立了钢鹅灰羽系、白羽系选育基础群，并利用钢鹅、四川白鹅等开展经济杂交，在凉山彝族自治州西昌市、德昌县、冕宁县、盐源县等地通过适度规模种养结合模式进行生产。

（配套系）

DAHENG BROILER 699 大恒699肉鸡

大恒699肉鸡（Daheng broiler 699），属肉用型培育配套系。

一、品种来源

（一）培育时间及主要培育单位

大恒699肉鸡由四川大恒家禽育种有限公司、四川省畜牧科学研究院和四川农业大学共同培育，于2010年通过国家畜禽遗传资源委员会审定（农09新品种证字第39号）。

（二）育种素材和培育方法

大恒699肉鸡是以石棉草科鸡、旧院黑鸡和广东882黄鸡为育种素材，以生长速度、繁殖性能和外观性状为主要育种目标育成的二系配套系。

二、品种特征与性能

（一）体型外貌特征

1. 外貌特征　父母代成年鸡体型大，单冠直立，冠齿5～9个；冠、肉垂、耳叶均呈鲜红色；喙灰色，均为平喙；胫呈青色；皮肤呈白色。成年公鸡以红色羽为主，尾羽发达呈金属光泽。成年母鸡颈部、躯干羽色均呈黄麻色，部分个体鞍羽为深麻色。

商品代以红色单冠、青脚、白皮、公鸡红羽、母鸡麻羽为主要特征。公鸡体型大，部分个体胸部有少量黑羽。母鸡部分个体为浅褐色羽。

雏鸡绒羽为黄麻色，头顶有深褐色绒羽带，背部有蛙状条纹背线，喙呈灰色，胫呈青色，皮肤呈白色。

大恒699肉鸡父母代成年公鸡

大恒699肉鸡父母代成年母鸡

大恒699肉鸡商品代群体

2．体重和体尺　大恒699肉鸡父母代成年体重和体尺见表1。

表1　大恒699肉鸡父母代成年体重和体尺

性别	体重 (g)	体斜长 (cm)	龙骨长 (cm)	胸宽 (cm)	胸深 (cm)	胸角 (°)	骨盆宽 (cm)	胫长 (cm)	胫围 (cm)
公	4 051.4 ±114.3	25.1 ±1.3	12.5 ±0.5	8.9 ±0.6	13.1 ±0.9	112.4 ±3.7	9.5 ±0.6	12.4 ±0.5	6.7 ±0.3
母	2 829.1 ±88.1	20.3 ±0.8	11.4 ±0.7	7.9 ±0.3	12.2 ±0.5	102.4 ±3.2	8.1 ±0.3	11.1 ±0.3	4.5 ±0.2

注：2022年6月由四川省畜牧科学研究院测定300日龄公、母鸡各32只。

（二）生产性能

1．配套系父母代　父母代生产性能见表2。

表2　大恒699肉鸡配套系父母代生产性能

开产日龄	开产体重 (g)	300日龄蛋重 (g)	产蛋数(个)		就巢率 (%)	育雏期成活率 (%)	育成期存活率 (%)	产蛋期成活率 (%)	种蛋受精率 (%)	受精蛋孵化率 (%)
			入舍母禽	母禽饲养日						
154	1 900	58.6	169.8	187.4	0.8	94.4	97.0	90.6	91.9	91.4

注：2022年由四川省畜牧科学研究院测定3个群体共计1 050只母鸡。

2．配套系商品代

（1）生长发育　大恒699肉鸡配套系商品代91日龄上市，料重比公鸡为2.54，母鸡为2.61。商品代生长期不同周龄体重见表3。

表3　大恒699肉鸡配套系商品代生长期不同周龄体重（g）

性别	出壳	2	4	6	8	10	13
公	42.7 ±2.5	212.9 ±7.3	603.1 ±17.4	953.0 ±22.5	1 302.9 ±46.5	2 249.5 ±48.7	3 378.6 ±91.3
母	42.4 ±2.7	197.9 ±8.3	533.2 ±17.7	753.1 ±25.3	980.6 ±29.7	1 700.3 ±48.7	2 790.3 ±79.5

注：2022年7—9月由四川省畜牧科学研究院测定出壳公、母鸡各60只，其他周龄公、母鸡各32只。

（2）屠宰性能　大恒699肉鸡配套系91日龄屠宰性能见表4。

表4　大恒699肉鸡配套系商品代屠宰性能

性别	宰前活重 (g)	屠体重 (g)	屠宰率 (%)	半净膛率 (%)	全净膛率 (%)	胸肌率 (%)	腿肌率 (%)	腹脂率 (%)
公	3 378.6 ±91.3	3 078.4 ±86.2	91.1 ±1.7	83.7 ±1.3	72.1 ±1.6	17.9 ±1.3	25.3 ±0.8	2.3 ±0.5
母	2 790.3 ±79.5	2 514.5 ±111.9	90.1 ±2.1	83.0 ±2.4	71.7 ±1.8	17.5 ±1.0	24.6 ±1.1	3.3 ±0.5

注：2022年9月由四川省畜牧科学研究院测定公、母鸡各32只。

（3）肉品质　大恒699肉鸡配套系商品代91日龄肉品质见表5。

表5　大恒699肉鸡配套系商品代肉品质

性别	剪切力 (N)	滴水损失 (%)	pH	肉色			水分 (%)	蛋白质 (%)	脂肪 (%)	灰分 (%)
				a	*b*	*L*				
公	24.3 ±0.8	4.1 ±0.4	6.1 ±0.4	8.9 ±0.3	12.0 ±0.5	66.4 ±0.8	72.5 ±0.8	20.9 ±1.6	1.6 ±0.2	2.7 ±0.2
母	23.9 ±1.0	4.2 ±0.4	6.2 ±0.3	8.7 ±0.2	11.4 ±0.4	66.9 ±0.8	73.4 ±1.1	21.6 ±1.4	1.8 ±0.3	1.4 ±0.1

注：2022年9月由四川省畜牧科学研究院测定公、母鸡各32只的胸肌样品。

三、推广应用

2012年，大恒699肉鸡配套系被四川省政府确定为“突破性创新品种”进行推广，2013年被农业部誉为审定品种的成功典范，2014年被农业部推荐为全国集中连片特殊困难地区适用品种。大恒699肉鸡配套系父母代种鸡已推广到重庆、山东及河南等18个省（直辖市），截至2021年，已累计推广父母代600万套，市场反应良好。先后制定《“大恒699肉鸡”配套系商品代饲养管理规程》（DB51/T 1751）、《“大恒699肉鸡”配套系父母代种鸡饲养管理规程》（DB51/T 1754）和《大恒699肉鸡配套系》（DB51/T 2702）3项四川省地方标准。

四、品种评价

大恒699肉鸡配套系既保持了地方鸡种的优质风味和独特外貌，生产性能又显著优于地方鸡种，适应了国内黄羽肉鸡市场需要，特别适合在林地、果园、草场、农田及荒山等地进行放养。

温氏青脚麻鸡2号

WENSHI PARTRIDGE SHANK CHICKEN NO.2

温氏青脚麻鸡2号（Wenshi partridge shank chicken No.2），属蛋肉兼用型培育配套系。

一、品种来源

（一）培育时间及主要培育单位

温氏青脚麻鸡2号由广东温氏食品集团股份有限公司和眉山温氏家禽育种有限公司共同培育，于2015年通过国家畜禽遗传资源委员会审定（农09新品种证字第63号）。

（二）育种素材和培育方法

温氏青脚麻鸡2号是以安卡红鸡、福建闽燕青脚麻鸡、广西桂林大发青脚麻鸡、以色列卡比尔公司K2700隐性白羽鸡为育种素材，以生长速度、繁殖性状和外观性状为主要育种目标育成的三系配套系。

二、品种特征与性能

（一）体型外貌特征

1. 外貌特征　父母代成年公鸡冠红色，单冠，冠齿6 ~ 9个，喙黑，皮白，脚黑，肉垂鲜红色，耳叶白色或红白相间，颈羽黄麻色，背部、胸部、腹部、鞍部羽毛为金黄色或金黄偏红色，副翼羽和尾羽黑色并带墨绿色光泽。父母代成年母鸡冠红色，单冠，冠齿6 ~ 9个，喙黑色或黄色，皮白，脚黑，肉垂鲜红色，耳叶白色或红白相间，颈羽、背羽黄麻色，胸部、腹部羽毛为黄色或深黄色。

商品代成年公鸡，体型较大，体质结实，胸部丰满，背部平直，外形近似船形。喙黑色或栗色。单冠，冠大、红润且直立。肉髯鲜红。耳叶白色或红白相间，虹彩橘黄色。公鸡羽毛贴身、紧凑，头部、颈部、鞍部羽毛及蓑羽为金黄色或金黄偏红色，胸部、腹部羽毛及主翼羽红色，副主翼羽和尾羽黑色并带墨绿色光泽，尾羽上翘，肩部和背部羽毛为枣红色。脚胫为青黑色，皮肤为白色。商品代成年母鸡，体型中等，性情温驯。喙黑色或栗色。单冠，鸡冠发育较早，红润且直立。肉髯鲜红。耳叶白色或红白相间。羽毛贴身、紧凑，头部、颈部羽毛呈深黄色，背部羽毛以红底麻羽为主。脚胫为青黑色，皮肤为白色。雏鸡头部黄褐色，背部有三条明显线条（背部条为麻雀色），脚色为黑色。

温氏青脚麻鸡2号父母代成年公鸡

温氏青脚麻鸡2号父母代成年母鸡

温氏青脚麻鸡2号商品代群体

2. 体重和体尺　温氏青脚麻鸡2号父母代成年体重和体尺见表1。

表1　温氏青脚麻鸡2号父母代成年体重和体尺

性别	体重(g)	体斜长(cm)	龙骨长(cm)	胸宽(cm)	胸深(cm)	胫长(cm)	胫围(cm)
公	4 200.0 ±350.0	32.3 ±2.1	17.2 ±2.0	11.0 ±1.3	13.5 ±1.4	11.5 ±1.0	6.4 ±0.4
母	2 700.0 ±250.0	26.6 ±2.0	14.4 ±1.5	9.0 ±1.1	12.2 ±1.1	9.1 ±0.6	4.7 ±0.4

注：2022年10月由眉山温氏家禽育种有限公司测定300日龄公、母鸡各180只。

（二）生产性能

1. 配套系父母代　温氏青脚麻鸡2号配套系父母代生产性能见表2。

表2　温氏青脚麻鸡2号配套系父母代生产性能

开产日龄	开产体重(g)	300日龄蛋重(g)	66周龄入舍鸡产蛋数(个)	育雏期成活率(%)	育成期存活率(%)	产蛋期成活率(%)	种蛋受精率(%)	受精蛋孵化率(%)
160	2 150	55	198	99.3	97.8	94.1	95.2	92.8

注：2022年10月由眉山温氏家禽育种有限公司测定公、母鸡各180只。

2. 配套系商品代

(1) 生长发育　温氏青脚麻鸡2号配套系商品代70日龄上市，公鸡料重比为2.50 ~ 2.55，母鸡为2.65 ~ 2.70。商品代生长期不同周龄体重见表3。

表3　温氏青脚麻鸡2号配套系商品代生长期不同周龄体重（g）

性别	出壳	2	4	6	8	10
公	33	239	620	1 364	2 224	2 985
母	33	218	610	1 148	1 781	2 478

注：2022年4—7月由眉山温氏家禽育种有限公司抽测公、母鸡各180只。

(2) 屠宰性能　温氏青脚麻鸡2号配套系70日龄屠宰性能见表4。

表4　温氏青脚麻鸡2号配套系商品代屠宰性能

性别	宰前活重 (g)	屠体重 (g)	屠宰率 (%)	半净膛率 (%)	全净膛率 (%)	胸肌率 (%)	腿肌率 (%)	腹脂率 (%)
公	2 985	2 740	91.8	85.8	70.4	7.9	10.7	4.4
母	2 478	2 295	92.6	86.7	71.7	8.2	9.8	6.8

注：2022年10月由眉山温氏家禽育种有限公司测定公、母鸡各180只。

(3) 肉品质　温氏青脚麻鸡2号配套系商品代70日龄肉品质见表5。

表5　温氏青脚麻鸡2号配套系商品代肉品质

性别	剪切力 (N)	滴水损失 (%)	pH	肉色			水分 (%)	蛋白质 (%)	脂肪 (%)	灰分 (%)
				a	*b*	*L*				
公	38.9 ±3.5	4.4 ±0.08	6.4 ±0.2	3.2 ±0.3	28.9 ±2.8	39.4 ±1.8	72.7 ±0.01	22.1 ±0.003	4.7 ±0.003	1.12 ±0.01
母	36.2 ±3.2	4.4 ±0.003	6.2 ±0.2	3.4 ±0.3	26.0 ±2.5	41.0 ±2.7	69.6 ±0.01	23.1 ±0.01	6.0 ±0.005	1.15 ±0.01

注：2022年10月由四川农业大学测定公、母鸡各20只。

三、推广应用

温氏青脚麻鸡2号自2015年通过国家畜禽遗传资源委员会审定以来，在全国范围内进行了大规模推广应用，截至2022年，已推广至广东、广西、湖南、湖北、江苏、浙江、安徽、河南、山东、四川、重庆、云南、贵州13个省（自治区、直辖市），是温氏的当家品种之一，占温氏上市肉鸡的15%，满足了市场对屠宰型高效优质肉鸡的迫切需求。近五年已累计推广父母代种鸡1 410.80万套，商品代肉鸡7.99亿只。

四、品种评价

温氏青脚麻鸡2号种鸡繁殖性能优秀，商品代肉鸡肉质细嫩、营养价值高，具有山区"土鸡"的特色，生长速度快、饲料转化效率高、存活率高、抗病性强，经济效益突出。该配套系中红羽青脚的特征受到西南地区和华东地区人民的喜爱。

天府肉鸡

TIANFU COMMERCIAL LINES

天府肉鸡（Tianfu commercial lines），属肉用型培育配套系。

一、品种来源

（一）培育时间及主要培育单位

天府肉鸡由四川农业大学和四川邦禾农业科技有限公司共同培育，于2018年通过国家畜禽遗传资源委员会审定（农09新品种证字第77号）。

（二）育种素材和培育方法

天府肉鸡是以福建闽燕青脚麻鸡、广西青脚麻鸡、黑康蛋鸡和安卡红鸡为育种素材，以肉用性能、繁殖性能和外观性状为主要育种目标育成的三系配套系。

二、品种特征与性能

（一）体型外貌特征

1. 外貌特征　父母代成年公鸡体形呈元宝形，体质结实，喙黑色或栗色，单冠、红色、冠大直立，冠齿6～9个，肉垂红色，青胫、白肤，头部、梳羽及蓑羽为金黄色，副翼羽和尾羽为黑色，并呈现金属光泽，肩颈部羽毛为枣红色。成年母鸡体型圆润饱满，冠红色，单冠，

天府肉鸡父母代成年公鸡

天府肉鸡父母代成年母鸡

天府肉鸡商品代公鸡群体

天府肉鸡商品代母鸡群体

冠齿6～9个，喙黑色或黄黑色，肉垂鲜红色，青胫，白肤，羽毛黄麻色或黄褐色，头颈部、背部羽毛为麻黄色。

商品代公鸡单冠，肉髯和冠发达且呈鲜红色，头部、梳羽及蓑羽为金黄色，副翼羽和尾羽为黑色，肩颈部羽毛为枣红色，青胫，白肤，体型紧凑，胸部和腿部肌肉丰满；母鸡单冠，头颈部、背部羽毛为黄麻色，青胫，白肤，体型适中。雏鸡头部为黄褐色，背部有明显条纹（黑白相间），脚色为黑色。

2. 体重和体尺　天府肉鸡父母代成年体重和体尺见表1。

表1　天府肉鸡父母代成年体重和体尺

性别	体重(g)	体斜长(cm)	龙骨长(cm)	胸宽(cm)	胸深(cm)	胸角(°)	盆骨宽(cm)	胫长(cm)	胫围(cm)
公	4 591.3±105.6	29.7±2.9	16.4±1.4	10.2±0.8	11.0±0.9	112.3±7.9	10.6±1.0	13.6±1.3	6.1±0.4
母	3 308.2±67.8	24.5±2.3	12.8±1.1	9.1±0.5	9.9±0.8	106.5±7.9	9.1±0.6	10.5±0.8	4.7±0.3

注：2022年10月由四川农业大学测定300日龄公、母鸡各30只。

（二）生产性能

1. 配套系父母代　父母代生产性能见表2。

表2　天府肉鸡配套系父母代生产性能

开产日龄	开产体重(g)	300日龄蛋重(g)	产蛋数(个)		育雏期成活率(%)	育成期存活率(%)	产蛋期成活率(%)	种蛋受精率(%)	受精蛋孵化率(%)
			入舍母禽	饲养日母禽					
162	2 161	55.2	182.3	186.9	98.5	98.7	95.7	93.7	91.2

注：2022年10月由四川农业大学测定1 200只母鸡。

2. 配套系商品代

（1）生长发育　天府肉鸡配套系商品代70日龄上市，料重比公鸡为2.5，母鸡为2.6。商品代生长期不同周龄体重见表3。

表3 天府肉鸡配套系商品代生长期不同周龄体重（g）

性别	出壳	2	4	6	8	10
公	41.4	230.9	636.5	1 032.5	2 062.9	2 677.73
母	40.8	215.2	537.0	950.3	1 640.9	2 173.63

注：2022年4—8月由四川农业大学抽测公、母鸡各30只。

（2）屠宰性能 天府肉鸡配套系70日龄屠宰性能见表4。

表4 天府肉鸡配套系商品代屠宰性能

性别	宰前活重(g)	屠体重(g)	屠宰率(%)	半净膛率(%)	全净膛率(%)	胸肌率(%)	腿肌率(%)	腹脂率(%)
公	2 677.7±87.3	2 357.5±78.0	88.1±1.1	79.7±3.6	66.0±2.3	18.1±1.5	25.3±2.3	3.8±1.3
母	2 173.6±85.2	1 885.4±84.0	86.7±1.5	78.3±2.5	64.9±2.0	19.0±1.5	24.7±1.6	6.2±2.0

注：2022年8—10月由四川农业大学测定公、母鸡各30只。

（3）肉品质 天府肉鸡配套系商品代70日龄肉品质见表5。

表5 天府肉鸡配套系商品代肉品质

性别	剪切力(N)	滴水损失(%)	pH	肉色			水分(%)	蛋白质(%)	脂肪(%)	灰分(%)
				a	*b*	*L*				
公	36.3±2.9	3.8±0.4	6.0±0.1	5.2±0.4	7.9±0.4	51.5±4.8	74.6±1.6	21.0±0.9	6.4±0.3	1.2±0.07
母	34.9±3.1	5.5±0.5	6.1±0.3	5.3±0.5	8.1±0.6	48.4±3.5	73.3±0.3	22.2±1.0	7.0±0.3	1.1±0.03

注：2022年10月由四川农业大学测定公、母鸡各20只的胸肌样品。

三、推广应用

天府肉鸡配套系自2018年通过国家畜禽遗传资源委员会审定以来，已推广至广西、四川、重庆、贵州等地。培育单位四川农业大学联合企业，利用“高校+企业+示范基地”产业化模式推广品种。在四川广元建设了天府肉鸡原种场和四川省核心育种场，全面完善了天府肉鸡良种繁育体系。

四、品种评价

天府肉鸡配套系父母代种鸡繁殖性能优秀，商品代肉鸡生长速度快、饲料转化效率高、存活率高、抗病性强。该品种的培育丰富了我国优质肉鸡配套系资源库，也为更高效的优质肉鸡选育提供了新的育种素材。

大恒799肉鸡 DAHENG BROILER 799

大恒799肉鸡（Daheng broiler 799），属肉用型培育配套系。

一、品种来源

（一）培育时间及主要培育单位

大恒799肉鸡由四川大恒家禽育种有限公司、四川省畜牧科学研究院共同培育，于2020年通过国家畜禽遗传资源委员会审定（农09新品种证字第84号）。

（二）育种素材和培育方法

大恒799肉鸡是以四川大恒家禽育种有限公司2005年通过四川省审定的大恒S01系、S02系、S03系、S05系和D99系5个品系为素材，采用全基因组扫描、分子标记辅助选择等手段育成的全国首个商品代肉鸡可羽速自别雌雄的三系配套青脚麻羽优质肉鸡。

二、品种特征与性能

（一）体型外貌特征

1. 外貌特征 父母代成年公鸡体型大、单冠直立，冠齿6～9个，冠、肉垂、耳叶均呈鲜红色，喙平、浅灰色，青胫，白皮，羽色以红色为主，部分公鸡胸部有少量黑羽，尾羽发达、

大恒799肉鸡父母代成年公鸡

大恒799肉鸡父母代成年母鸡

大恒799肉鸡商品代群体

黑色并带金属光泽。成年母鸡颈部、躯干羽色均呈黄麻色，少量个体背羽为深麻色。单冠直立，冠齿5～9个，冠、肉垂、耳叶均呈鲜红色，喙平、浅灰色，青胫、白皮。

商品代成年鸡以青脚、母鸡麻羽、公鸡红羽为主要特征。公鸡体型大、冠高且大，冠、肉垂均呈鲜红色，羽色以红色为主，部分公鸡胸部有少量黑羽；母鸡黄麻色为主，部分为浅褐色。

雏鸡绒羽为黄麻色，头顶有深褐色绒羽带，背部有蛙状条纹背线，喙呈灰色，胫呈青色，皮肤呈白色。商品代雏鸡公鸡慢羽，母鸡快羽。

2. 体重和体尺　大恒799肉鸡配套系父母代成年体重和体尺见表1。

表1　大恒799肉鸡父母代成年体重和体尺

性别	体重(g)	体斜长(cm)	龙骨长(cm)	胸宽(cm)	胸深(cm)	胸角(°)	盆骨宽(cm)	胫长(cm)	胫围(cm)
公	4 188±171.4	30.6±1.6	15.6±0.6	10.2±0.8	12.9±0.9	114.7±6.4	14.9±0.7	12.3±0.6	6.6±0.2
母	2 893±125.1	29.6±1.3	14.5±0.9	9.5±0.4	11.6±0.8	103.9±6.3	9.7±0.5	9.5±0.6	4.8±0.3

注：2022年6月由四川省畜牧科学研究院测定300日龄公、母鸡各32只。

（二）生产性能

1. 配套系父母代　父母代生产性能见表2。

表2　大恒799肉鸡配套系父母代生产性能

开产日龄	开产体重(g)	300日龄蛋重(g)	产蛋数(个)		就巢率(%)	育雏期成活率(%)	育成期存活率(%)	产蛋期成活率(%)	种蛋受精率(%)	受精蛋孵化率(%)
			入舍母禽	母禽饲养日						
149	2 233	62.0	172.7	189.3	1.1	94.5	96.8	91.6	94.5	92.5

注：2022年由四川省畜牧科学研究院测定3个群体共计1 050只母鸡。

2. 配套系商品代

(1) 生长发育　大恒799肉鸡配套系商品代70日龄上市，公鸡料重比为2.25，母鸡为2.36。

商品代生长期不同周龄体重见表3。

表3 大恒799肉鸡配套系商品代生长期不同周龄体重（g）

性别	出壳	2	4	6	8	10
公	42.9±2.3	225.2±12.1	654.1±29.5	1 382.8±65.1	2 135.1±76.5	2 836.5±140.1
母	42.7±2.7	196.7±9.8	532.7±23.5	1 034.8±56.3	1 673.3±73.1	2 214.4±112.6

注：2022年7—9月由四川省畜牧科学研究院测定出壳公、母鸡各60只，其他周龄公、母鸡各32只。

（2）屠宰性能　大恒799肉鸡配套系70日龄屠宰性能见表4。

表4 大恒799肉鸡配套系商品代屠宰性能

性别	宰前活重(g)	屠体重(g)	屠宰率(%)	半净膛率(%)	全净膛率(%)	胸肌率(%)	腿肌率(%)	腹脂率(%)
公	2 836.5±140.1	2 585.5±128.5	91.2±1.8	84.0±1.8	72.1±1.8	18.9±1.1	22.0±1.6	1.3±0.3
母	2 214.4±112.6	2 004.2±108.9	90.5±1.4	83.1±1.4	71.0±1.7	18.3±1.5	20.4±1.5	2.4±0.4

注：2022年9月由四川省畜牧科学研究院测定公、母鸡各32只。

（3）肉品质　大恒799肉鸡配套系商品代70日龄胸肌肉品质见表5。

表5 大恒799肉鸡配套系商品代肉品质

性别	剪切力(N)	滴水损失(%)	pH	肉色			蛋白质(%)	脂肪(%)	灰分(%)
				a	*b*	*L*			
公	21.8±0.7	4.3±0.4	6.0±0.4	8.5±0.3	11.5±0.5	64.4±0.8	20.4±1.4	2.1±0.2	2.5±0.3
母	21.5±0.9	4.4±0.4	6.1±0.3	8.2±0.2	10.9±0.4	64.9±0.8	21.1±1.4	2.0±0.3	1.5±0.1

注：2022年9月由四川省畜牧科学研究院测定公、母鸡各32只的胸肌样品。

三、推广应用

自2020年通过国家畜禽遗传资源委员会审定以来，大恒799肉鸡配套系父母代种鸡在成都、绵阳、乐山、广元、泸州、巴中、自贡、宜宾、内江等省内21个市州得到广泛应用，同时推广到重庆、山东、河南、广东、广西等全国17个省（自治区、直辖市）。2023年四川省发布了地方标准《大恒799肉鸡配套系及饲养管理技术规程》（DB51/T 3132）。

四、品种评价

大恒799肉鸡配套系既保持了地方鸡种优质风味特点和独特外貌特征，又大幅提高了生产性能和生产效率，实现了生产效率与肉质性状的同步改良，突破了肉雏鸡羽速自别雌雄的难题，降低了制种成本。

天府农华麻羽肉鸭

TIANFU NONGHUAMA MEAT-TYPE DUCK

天府农华麻羽肉鸭（Tianfu nonghuama meat-type duck），是我国首个通过国家畜禽遗传资源委员会审定的麻鸭配套系。

一、品种来源

（一）培育时间及主要培育单位

天府农华麻羽肉鸭由四川农业大学、四川省畜牧总站和河南旭瑞食品有限公司联合培育，于2023年通过国家畜禽遗传资源委员会审定（农10新品种证字第13号）。

（二）育种素材和培育方法

天府农华麻羽肉鸭是以建昌鸭（白羽系、浅麻羽系）、樱桃谷鸭、四川麻鸭、山麻鸭等为主要育种素材，在杂交合成基础上，通过群体继代选育方法培育形成M、B、G等专门化品系，通过配合力测定筛选出的三系杂交配套系，配套模式为M♂ ×（B♂ × G♀）♀。

二、品种特征与性能

（一）体型外貌特征

1．外貌特征　天府农华麻羽肉鸭父母代成年公鸭体型较大，颈粗，喙、胫、蹼为橘黄色，喙豆、爪多呈黑色。头、颈上部羽毛呈翠绿色，颈部下1/3处有一白色颈圈；颈下部、前胸及鞍

天府农华麻羽肉鸭父母代成年公鸭

天府农华麻羽肉鸭父母代成年母鸭

天府农华麻羽肉鸭商品代雏鸭

天府农华麻羽肉鸭商品代群体（50日龄）

部羽毛呈褐色，翅膀羽毛基色为白色，缀有深褐色麻点，腹部羽毛呈白色；尾羽呈黑色，尾端有2～3根性羽向背部卷曲。成年母鸭喙、胫、蹼呈黄色，全身羽毛以浅黄麻色为主，头、颈部背侧为褐色，面颊及颈部前发羽毛为白色，颈下部、背部、胸部羽毛为浅黄麻色，翅膀、腹部及尾部羽毛以白色为主。商品代雏鸭绒毛以黄色为主，头顶、尾根有一有色羽斑块。

2. 体重和体尺　天府农华麻羽肉鸭父母代种鸭成年体重和体尺见表1。

表1　天府农华麻羽肉鸭父母代成年体重和体尺

性别	体重(g)	体斜长(cm)	半潜水长(cm)	颈长(cm)	龙骨长(cm)	胫长(cm)	胫围(cm)	胸深(cm)	胸宽(cm)
公	3 090.0±287.0	27.2±0.38	60.9±0.43	22.0±0.47	14.2±0.28	8.5±0.09	4.7±0.06	8.6±0.15	11.3±0.18
母	2 773.0±255.0	26.0±0.34	57.1±0.46	20.8±0.31	13.1±0.14	8.1±0.07	4.5±0.04	8.5±0.46	10.5±0.20

注：2022年由四川农业大学水禽育种场测定公、母鸭各30只。

（二）生产性能

1. 配套系父母代　天府农华麻羽肉鸭父母代生产性能见表2。

表2　天府农华麻羽肉鸭父母代生产性能

开产日龄	开产体重(g)	年产蛋数（个）	种蛋受精率(%)	受精蛋孵化率(%)	0～24周龄成活率(%)	25～66周龄成活率(%)
152	2 692	236.9	92.6	91.0	公鸭98.7/母鸭93.6	公鸭92.3/母鸭96.6

注：2021年由农业农村部家禽品质监督检验测试中心（扬州）测定。

2. 配套系商品代

(1) 生长发育　天府农华麻羽肉鸭商品代8周龄左右上市，料重比约2.6，不同周龄体重见表3。

表3　天府农华麻羽肉鸭商品代不同周龄体重（g）

性别	出壳	2	4	6	8
公	53.6±3.2	535.1±52.5	1 511.0±147.6	2 578.4±212.9	3 138.6±277.3

（续）

性别	出壳	2	4	6	8
母	53.8±3.0	539.9±52.2	1 487.9±136.3	2 474.7±246.4	2 837.1±270.7

注：2021年由农业农村部家禽品质监督检验测试中心（扬州）测定。

（2）屠宰性能 天府农华麻羽肉鸭商品代8周龄屠宰性能见表4。

表4 天府农华麻羽肉鸭商品代8周龄屠宰性能

性别	宰前活重(g)	屠宰率(%)	半净膛率(%)	全净膛率(%)	胸肌率(%)	腿肌率(%)	腹脂率(%)	皮脂率(%)
公	3 083.1±277.3	87.6±1.83	81.6±1.66	74.7±1.59	14.9±2.21	11.0±0.65	1.8±0.02	22.6±2.36
母	2 806.6±270.7	88.8±1.75	82.2±1.65	75.3±1.54	14.3±2.12	10.7±0.86	2.3±0.02	24.7±2.46

注：2022年由四川农业大学测定公、母鸭各30只。

三、推广应用

天府农华麻羽肉鸭配套系为三系配套组合，包含父本M系和B系，母本G系，在推广应用中主要以父母代的推广应用为主，用于商品鸭苗的生产。截至2023年年底，天府农华麻羽肉鸭配套系主要推广至四川、河南、云南、广西等地，累计推广种鸭10余万套。

四、品种评价

天府农华麻羽肉鸭具有生长速度快、繁殖力高、适应性强和肉质优良等特点。商品鸭屠体上有色毛囊残留少、屠体美观，符合屠宰型麻鸭规模化生产的需求。

天府肉鹅 TIANFU GOOSE

天府肉鹅（Tianfu goose），属中型肉鹅配套系。

一、品种来源

（一）培育时间及主要培育单位

天府肉鹅由四川农业大学、四川省畜牧总站等单位共同培育，于2011年通过国家畜禽遗传资源委员会审定（农09新品种证字第45号）。

（二）育种素材和培育方法

天府肉鹅是以四川白鹅、白羽朗德鹅为主要育种素材，在杂交合成基础上，以提升父本品系（P1）生长速度、母本品系（M1）繁殖性能为主要目标，经群体继代选育和配合力测定筛选出的二系杂交配套系，配套模式为P1♂×M1♀。

二、品种特征与性能

（一）体型外貌特征

1. 外貌特征　天府肉鹅父母代成年公鹅头部无明显肉瘤，颈部羽毛呈簇状，头颈较粗大，

天府肉鹅父母代成年公鹅

天府肉鹅父母代成年母鹅

天府肉鹅商品代群体（70日龄）

体躯较大且丰满，喙、胫、蹼以橘红色为主（少量个体为橘黄色），喙豆、皮肤、爪呈白色；成年母鹅头部有较小的肉瘤，呈橘黄色，头部清秀，颈部细长，体躯修长，喙、胫、蹼呈橘黄色，喙豆、皮肤和爪呈白色。

商品代雏鹅公、母鹅全身绒羽呈黄色，70日龄上市时全身羽毛白色，喙、胫、蹼以橘黄色为主，无明显肉瘤。

2. 体重和体尺 天府肉鹅父母代种鹅成年体重和体尺见表1。

表1 天府肉鹅父母代成年体重和体尺

性别	体重 (g)	体斜长 (cm)	半潜水长 (cm)	颈长 (cm)	龙骨长 (cm)	胫长 (cm)	胫围 (cm)	胸深 (cm)	胸宽 (cm)	髋骨宽 (cm)
公	5 214.7 ±323.6	31.7 ±1.3	77.0 ±1.8	30.7 ±1.1	17.9 ±0.5	8.5 ±0.5	5.4 ±0.3	9.3 ±0.3	11.0 ±0.6	4.9 ±0.4
母	3 809.0 ±224.5	27.4 ±0.8	68.2 ±2.0	26.0 ±1.1	14.6 ±0.7	7.1 ±0.4	4.8 ±0.3	8.5 ±0.4	9.3 ±0.3	4.8 ±0.3

注：2022年由四川农业大学水禽育种场测定公、母鹅各30只。

（二）生产性能

1. 配套系父母代 天府肉鹅父母代种鹅一般可利用3年。父母代生产性能见表2。

表2 天府肉鹅父母代生产性能

开产日龄	开产体重 (g)	43周龄产蛋率 (%)	年产蛋数 (个)	就巢率 (%)	种蛋受精率 (%)	受精蛋孵化率 (%)	育雏期成活率 (%)	产蛋期成活率 (%)
209	4 700	27.7	90.3	4.8	88.8	86.6	96.2	93.4

注：2022年由四川农业大学水禽育种场测定3个群体共615只母鹅。

2. 配套系商品代

（1）生长发育　天府肉鹅商品代0 ～ 10周龄料重比约为2.9，不同周龄体重见表3。

表3　天府肉鹅商品代不同周龄体重（g）

性别	出壳	2	4	6	8	10
公	103.0±14.1	505.5±47.7	1 448.5±139.7	2 845.7±276.7	3 863.3±377.8	4 057.5±366.6
母	106.3±12.1	473.1±45.1	1 489.4±114.9	2 500.0±237.2	3 322.3±324.8	3 636.5±334.5

注：2022年由四川农业大学水禽育种场测定各周龄公、母鹅各30只。

（2）屠宰性能　天府肉鹅商品代10周龄屠宰性能见表4。

表4　天府肉鹅商品代10周龄屠宰性能

性别	宰前活重(g)	屠宰率(%)	半净膛率(%)	全净膛率(%)	胸肌率(%)	腿肌率(%)	腹脂率(%)	皮脂率(%)
公	3 948.8±194.6	85.81±1.85	68.58±2.38	61.46±1.75	9.3±0.68	17.09±0.82	2.8±0.66	11.99±0.98
母	3 591.6±170.2	86.29±1.23	68.58±1.58	61.44±1.58	8.6±0.66	17.08±0.75	3.09±0.65	12.28±1.31

注：2022年由四川农业大学水禽育种场测定10周龄公、母鹅各30只。

三、推广应用

天府肉鹅配套系祖代饲养于四川农业大学水禽育种场，主要有父母代推广和母本M1系母鹅推广两种方式。父母代推广为天府肉鹅配套系的直接利用，主要用于生产商品代鹅苗。母本M1系母鹅可单独推广用于经济杂交。2011—2023年间，已在四川、重庆、河南、贵州、云南、海南等地累计推广种鹅100余万套。2021年农业农村部发布了农业行业标准《天府肉鹅》(NY/T 4050)。

四、品种评价

天府肉鹅是我国首个通过国家畜禽遗传资源委员会审定的鹅配套系，具有种鹅繁殖力强，商品鹅生长速度快、适应性强的特点，在我国肉鹅主产区均有推广和分布，促进了我国肉鹅生产的良种化水平和养殖效益的提升。天府肉鹅母系经多年的持续选育，繁殖性能优秀，几乎无就巢性，适合作为鹅良种培育的母本育种素材。

兔 概述

四川养兔历史悠久，据《唐语林校证》记载："蜀上旧无兔鸽。隋开皇中，荀秀镇益州，命左右买兔、鸽而往。今蜀中鸽尚稀而兔已聚。"后来兔在蜀地繁衍成功，数量大有增加，唐《册府元龟》提到："开元十五年四月彭州言白兔见"便是证明。明朝曹学佺《蜀中广记》载："蜀有白兔"，成都东华门明代蜀王府遗址出土的大量兔骨遗存也表明了四川在明代时期有着大量养兔活动。据《隆昌县志》记载，清乾隆四十年（1775年），隆中人烟辐辏，野兔绝少，人家间有畜皆白兔。到清光绪二十年（1894年）之后，兔皮开始行销国内外。

解放前，农民养兔除生产兔皮外基本上属于自给自足，主要以改善基本生活条件为目的，发展非常缓慢。解放后，政府号召农户发展家庭养兔，1959年四川省外贸局开始组织冻兔肉的加工和出口，促进了四川家兔产业的发展。改革开放以来，四川养兔业取得了长足的发展，1994年家兔生产正式列入四川省政府"八龙兴牧"的发展战略规划，兔养殖从家庭副业向专业化和规模化商品生产转变。1981—2003年四川省年家兔出栏量从688.9万只增加到10 587.2万只；2014年家兔出栏量达峰值20 528.7万只；2016年以来，家兔出栏量维持在1.7亿只左右。

四川是全国兔遗传资源最丰富的省份之一，几乎所有的品种（配套系）均有分布，同时，培育的新品种（配套系）数量在全国名列前茅。自2015年以来，四川省先后育成了川白獭兔、蜀兴1号肉兔和天府黑兔3个新品种（配套系）。同时，四川省拥有非常珍贵的地方遗传资源四川白兔。截至2023年，四川省建有国家级四川白兔保种场1个，省级兔核心育种场2个、种兔场13个，为四川省兔种业振兴和商品兔生产提供了种源保障。

四川白兔 SICHUAN WHITE RABBIT

四川白兔（Sichuan white rabbit），俗称菜兔，属小型皮肉兼用兔地方品种。

一、产地与分布

四川白兔原产于成都平原和四川盆地中部丘陵地区的成都、德阳、泸州、内江、乐山、自贡、江津（现属重庆）等地农耕发达的县乡，在四川省农区均有分布。中心产区为成都市大邑县、德阳市中江县，在四川其他地区和湖北、陕西等地也有零星分布。

产区地处四川盆地，位于北纬28°10′—32°25′、东经103°45′—105°43′，海拔250m～2 200m，属亚热带季风和湿润气候。气温东高西低，南高北低，盆底高而边缘低，等温线分布呈同心圆状。年平均气温16～18℃，最高气温40℃，最低气温-4℃；无霜期280～350d；年平均降水量1 000～1 300mm，最大日降水量达300～500mm。产区地处长江中上游，有金沙江、岷江等水系。土壤以紫壤和红黄壤为主。主要农作物有水稻、玉米、甘薯、油菜等，主要饲草料种类有饲用玉米、狼尾草属饲草、饲用燕麦等，饲草种植面积偏少。

二、品种形成与变化

（一）品种形成

四川白兔是古老的中国白兔从中原进入四川后，在优越的自然生态条件和因交通不畅而较封闭的环境下，经过长期风土驯化及产区群众自繁自养、精心选育而形成的地方品种。据清乾隆时期的《隆昌县志》（1775年）记载，隆中人烟辐辏，野兔绝少，人家间有畜皆白兔。可见农家饲养白兔已很普遍。1936年，刘国士、吴一峰在隆昌调查农村副业，报告称“农家饲养白兔最为普遍，其皮张价格涨跌不定，大约皮贵则肉贱，皮贱则肉贵”，视四川白兔为皮肉兼用兔。近年来，因兔皮价格低迷与加工受限，四川白兔以肉用为主。

（二）群体数量及变化情况

据2012年版《中国畜禽遗传资源志·特种畜禽志》记载，1985年四川省饲养四川白兔约145万只，1995年下降到50.5万只，2005年存栏3.2万只，多为杂种，仅泸州报告纯种存栏141只（公兔17只、母兔124只）。据2021年第三次全国畜禽遗传资源普查结果，四川白兔群体数量为1 474只，其中种公兔176只，种母兔574只。

三、品种特征与性能

（一）体型外貌特征

1. 外貌特征　四川白兔体躯小，结构紧凑，被毛白色。公兔头略显粗大，母兔头较为清秀。嘴较尖，颈部粗短、无肉髯。眼为红色。双耳较短厚而直立。背腰平直、较窄。腹部紧凑有弹性。臀部欠丰满。公兔睾丸发育良好，母兔乳头数4 ～ 5对，乳房发育正常。

四川白兔成年公兔　　四川白兔成年母兔

2. 体重和体尺　四川白兔成年体重和体尺见表1。

表1　四川白兔成年体重和体尺

性别	数量(只)	体重(g)	体长(cm)	胸围(cm)	耳长(cm)	耳宽(cm)
公	30	2 742.0±164.9	40.6±1.2	27.5±1.0	10.3±0.3	5.6±0.2
母	30	2 755.2±176.2	40.5±1.3	27.4±1.0	10.4±0.3	5.5±0.2

注：2022年4月由四川省畜牧科学研究院在大邑县测定。

（二）生产性能

1. 生长发育　四川白兔生长发育性能见表2。

表2　四川白兔生长发育性能

测定阶段	性别	数量(只)	体重(g)	体长(cm)	胸围(cm)
28日龄	公	30	430.4±53.3	—	—
	母	30	429.5±40.4	—	—
3月龄	公	78	1 420±30	30.42±0.47	22.22±0.33
	母	63	1 500±30	30.72±0.29	22.70±0.22

（续）

测定阶段	性别	数量（只）	体重(g)	体长(cm)	胸围(cm)
5月龄	公	46	1 920±40	36.74±0.33	25.09±0.23
	母	45	1 900±40	36.41±0.31	24.93±0.26
8月龄	公	33	2 350±50	40.30±0.27	26.20±0.28
	母	33	2 350±50	40.20±0.28	26.50±0.25
12月龄	公	24	2 740±60	40.80±0.39	27.50±0.34
	母	15	2 750±70	40.50±0.42	27.30±0.48

注：28日龄数据由四川省畜牧科学研究院在大邑县测定，3 ～ 12月龄数据引自2012年版《中国畜禽遗传资源志·特种畜禽志》。

2．繁殖性能　四川白兔公兔4月龄性成熟，初配月龄为4.5月龄。母兔3.5月龄性成熟，初配月龄为4月龄，大多数母兔发情周期6 ～ 9d，发情持续期2 ～ 3d，妊娠期平均为31d，繁殖性能测定结果见表3。

表3　四川白兔繁殖性能

胎次	数量（窝）	妊娠期(d)	窝产仔数（只）	窝产活仔数（只）	初生窝重(g)	21日龄窝仔数（只）	21日龄窝重(g)	断奶日龄	断奶仔兔数（只）	断奶窝重(g)	断奶成活率(%)
2	60	31.0±0.4	6.9±0.9	6.8±0.9	302.4±31.2	6.5±0.9	2 063.8±212.6	28	6.4±1.0	2 764.1±316.1	94.1±9.9

注：2022年6月四川省畜牧科学研究院在大邑县测定。

3．产肉性能　四川白兔84日龄产肉性能见表4。

表4　四川白兔产肉性能

性别	数量（只）	断奶日龄	断奶重(g)	宰前活重(g)	日增重(g)	耗料量(g)	料重比	胴体重(g)		屠宰率(%)	
								全净膛	半净膛	全净膛	半净膛
公	30	28	430.4±53.3	1 524.4±87.0	19.5±1.0	4 426.3±174.1	4.1±0.2	756.1±42.5	833.0±48.9	49.6±1.4	54.7±1.3
母	30	28	429.5±40.4	1 522.6±105.3	19.5±1.2	4 379.9±294.3	4.0±0.1	749.4±63.8	830.2±68.3	49.2±1.0	54.5±0.9

注：2022年4—6月由四川省畜牧科学研究院在大邑县测定。

四、饲养管理

四川白兔3月龄前可群养，3月龄后可单笼饲养，饲喂全价颗粒饲料。耐粗饲性强，能广泛利用牧草、花生秧、玉米秸秆等草粉加工的颗粒饲料。采用自然交配或人工授精方式繁殖，血窝配种能力强。兔瘟和球虫病是防疫重点。

五、品种保护

四川白兔主要采用活体保种。2006年四川白兔被列入《国家级畜禽遗传资源保护名录》，2009年对四川白兔开展抢救性保护，2012年被列入《四川省畜禽遗传资源保护名录》，2013年建立省级保种场，2017年该场被确认为国家级四川白兔保种场。截至2023年，国家家畜基因库和四川省畜禽遗传资源基因库采集保存有四川白兔冷冻精液、胚胎等遗传材料，作为活体保种的补充。

六、评价和利用

四川白兔具有性成熟早、耐受血窝、配种性能好、适应性广、抗病力强、耐粗饲和肉质鲜嫩等特点，是优良的育种素材。利用四川白兔作为育种素材，培育出了西南地区首个自主知识产权的肉兔配套系——蜀兴1号肉兔。四川白兔是生产高档兔肉产品的优质原料，可加大产品开发力度。2018年和2020年四川省分别发布了地方标准《四川白兔》（DB51/T 2536）、《四川白兔饲养管理技术规程》（DB51/T 2706）。

蜀兴1号肉兔

SHUXING NO.1 RABBIT HYBRID

蜀兴1号肉兔（Shuxing No.1 rabbit hybrid），属肉用型培育配套系。

一、品种来源

（一）培育时间及主要培育单位

蜀兴1号肉兔由四川省畜牧科学研究院培育，2020年通过国家畜禽遗传资源委员会审定（农07新品种证字第8号）。

（二）育种素材和培育方法

蜀兴1号肉兔的培育利用了欧洲大白兔、齐卡大型新西兰兔和四川省审定的齐兴肉兔等各具特色的中外兔种资源。蜀兴1号肉兔配套系采用三系配套：S86系是由欧洲大白兔选育而成的快速型专门化父系；F86系是由齐卡大型新西兰兔选育而成的高屠宰率专门化母系；D99系是由齐兴肉兔选育而成的连产性能好的专门化母系。三个品系均经过多年群体继代选育达到育种目标，再经配合力测定，确定配套模式。

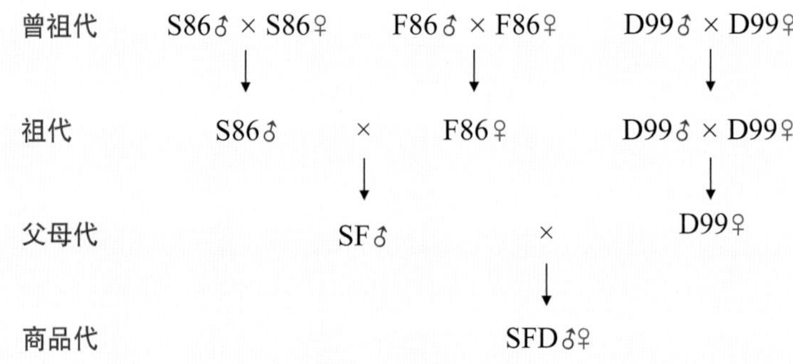

蜀兴1号肉兔配套模式

二、品种特征与性能

（一）体型外貌特征

1. 外貌特征

S86系：全身被毛白色、稍长，体型大，公兔头型粗壮呈方楔型、额宽，母兔头稍小，眼睛红色，两耳直立、长大且宽厚，骨骼粗壮、体躯宽深、背腰平直，腿臀发达，四肢粗壮结实，乳头4 ～ 5对。

F86系：全身被毛纯白色，体型中等偏大，公兔头型粗壮，母兔头略小，眼睛红色，耳长中等直立，体躯结合良好，背腰平宽，肌肉丰满，四肢强健有力，乳头4 ～ 5对，成年母兔大多有肉髯。

D99系：全身被毛白色，体型中等，体躯较小、结构紧凑，头型清秀呈纺锤形，眼睛红色，耳中等长、略偏薄、直立，颈部粗短、部分成年母兔颌下有肉髯，背腰平直、肌肉发达，臀部较为丰满，腹部紧凑，有效乳头4 ～ 5对。

父母代（SF）：公兔全身被毛白色，体躯大而紧凑，头型粗大呈方楔形，眼睛红色，双耳直立，较长且厚，颈部粗短，胸部宽深，背腰平直，臀部丰满，腹部紧凑，四肢端正，强壮有力，肌肉发达，睾丸呈椭圆形，两侧对称。

S86系成年公兔

F86系成年母兔

SF成年公兔

D99系成年母兔

商品兔

2．体重和体尺　蜀兴1号肉兔父母代成年体重和体尺见表1。

表1　蜀兴1号肉兔父母代成年体重和体尺

性别	数量(只)	体重(g)	体长(cm)	胸围(cm)	耳长(cm)	耳宽(cm)
公	30	5 144.2±256.6	58.7±1.6	35.8±1.5	16.1±0.6	8.2±0.6
母	30	4 269.0±211.3	50.2±1.5	32.1±1.3	13.3±0.7	6.8±0.3

注：2022年4月由四川省畜牧科学研究院在大邑县测定。

（二）生产性能

1．配套系父母代　蜀兴1号肉兔父母代生长发育性能见表2。

表2　蜀兴1号肉兔父母代生长发育

性别	数量(只)	35日龄重(g)	70日龄重(g)	84日龄重(g)	初配体重(g)
公	30	898.8±73.6	2 304.2±149.8	2 807.8±156.6	4 295.6±204.1
母	96	769.9±60.8	1 999.6±131.5	2 470.8±141.0	3 190.5±141.5

注：2019年4—11月由四川省畜牧科学研究院在大邑县测定。

蜀兴1号肉兔父母代公兔性成熟期为5.5月龄，初配年龄为6.5月龄；父母代母兔性成熟期为4月龄，初配年龄为5月龄，发情周期7 ～ 15d，发情期1 ～ 3d，妊娠期平均为31.3d，父母代兔繁殖性能测定结果见表3。

表3　蜀兴1号肉兔父母代繁殖性能

胎次	数量(窝)	妊娠期(d)	窝产仔数(只)	窝产活仔数(只)	初生窝重(g)	21日龄窝仔数(只)	21日龄窝重(g)	断奶日龄	断奶仔兔数(只)	断奶窝重(g)	断奶成活率(%)
2	60	31.3±0.5	8.5±1.1	8.3±1.2	495.5±57.1	8.0±0.5	2 834.0±256.2	28	7.9±0.5	4 692.8±423.3	95.8±8.1

注：2020年1—3月由四川省畜牧科学研究院在大邑县测定。

2．配套系商品代　蜀兴1号肉兔商品代70日龄产肉性能见表4。

表4 蜀兴1号肉兔商品代产肉性能

性别	数量（只）	断奶日龄	断奶重(g)	宰前活重(g)	日增重(g)	耗料量(g)	料重比	胴体重(g)		屠宰率(%)	
								全净膛	半净膛	全净膛	半净膛
公	30	28	597.1±44.7	2 281.3±162.6	40.1±3.4	5 119.5±376.4	3.0±0.2	1 165.5±104.0	1 275.2±108.7	51.0±1.4	55.9±1.3
母	30	28	593.9±53.7	2 269.8±155.3	39.9±3.3	5 236.1±355.0	3.1±0.2	1 152.6±95.5	1 264.9±103.0	50.7±1.3	55.7±1.4

注：2022年5—6月由四川省畜牧科学研究院在大邑县测定。

三、饲养管理

蜀兴1号肉兔对西南地区高温高湿的环境和相对粗放的饲养管理条件适应性较好，易于饲养，种兔单笼饲养，商品兔群养，饲喂全价颗粒饲料，饲料组成主要包括玉米、豆粕、苜蓿草、燕麦草等。饲粮营养水平参考农业行业标准《肉兔营养需要量》（NY/T 4049）进行配制，可采用自然配种或人工授精的方式进行繁殖，做好兔瘟、球虫病、巴氏杆菌病等常见疫病的防控。

四、推广应用

蜀兴1号肉兔于2023—2024年被遴选为四川省农业农村厅主导品种，在四川省被广泛推广应用，并被推广到重庆、贵州、云南和新疆等地，市场反应良好。2021—2023年累计推广父母代兔50万只。2023年四川省发布了地方标准《蜀兴1号肉兔配套系及饲养管理技术规程》（DB51/T 3131）。

五、品种评价

蜀兴1号肉兔是针对四川省独特的兔肉消费习惯和相对粗放的养殖方式培育的西南地区第一个具有自主知识产权的优质肉兔配套系，综合繁殖性能好，生长速度快，肉兔达2kg体重屠宰率高，抗逆性强、肉质好。蜀兴1号肉兔主要通过配套模式杂交生产优质商品肉兔，供给鲜活兔肉消费市场。

川白獭兔 CHUANBAI REX RABBIT

川白獭兔（Chuanbai Rex rabbit），属皮用型培育品种。

一、品种来源

（一）培育时间及主要培育单位

川白獭兔由四川省草原科学研究院和四川省天元兔业科技有限责任公司培育，于2015年通过国家畜禽遗传资源委员会审定（农07新品种证字第7号）。

（二）育种素材和培育方法

针对市场对獭兔体型大，被毛绒、密、较长的需求，以美国、德国引进的白色美系獭兔、德系獭兔为亲本，开展杂交选育。将经过多年持续选育提高的群体及扩繁场中选择体型大、毛密度高、细度好的优秀个体组建选育基础群，运用数量遗传学结合信息技术，采用群体继代选育法，开展定向选育，通过连续五个世代选育，培育出新品种川白獭兔。

二、品种特征与性能

（一）体型外貌特征

1．外貌特征　川白獭兔体型大，全身被毛白色，被毛短、平、密、绒，腹部与体侧部被

川白獭兔成年公兔

川白獭兔成年母兔

毛结合紧密，脚掌毛丰厚，枪毛少。头型中等，呈方楔形，公兔头型较母兔大，成年母兔肉髯明显。眼睛呈粉红色，两耳较大，直立呈V形。体躯结构紧凑，肌肉丰满，背腰平直，臀部发达，腹部结实钝圆，四肢健壮有力。成年公兔睾丸发育状况良好，有效乳头4对以上，乳房发育正常。

2. 体重和体尺　川白獭兔成年体重和体尺见表1。

表1　川白獭兔成年体重和体尺

性别	数量(只)	体重(g)	体长(cm)	胸围(cm)	耳长(cm)	耳宽(cm)
公	30	4 383.0±366.8	51.1±2.1	30.4±1.5	12.2±0.8	7.8±0.4
母	30	4 417.0±296.3	51.4±1.4	31.1±1.0	12.2±0.7	7.9±0.4

注：2022年10月由四川省草原科学研究院在大邑县测定。

（二）生产性能

1. 生长发育　川白獭兔生长发育性能见表2。

表2　川白獭兔生长发育

日龄	数量(只)	体重(g)	体长(cm)	胸围(cm)
35	863	812.3±57.6	—	—
91	505	2 724.0±228.5	42.4±1.6	22.8±1.3
161	383	3 821.0±197.6	49.1±1.3	28.4±1.1

注：2022年6—10月由四川省草原科学研究院在大邑县测定。

2. 繁殖性能　川白獭兔性成熟年龄公母兔均为4.5月龄，初配年龄为6月龄，发情周期7～15d，发情持续期1～3d，妊娠期平均为31.6d，测定结果见表3。

表3　川白獭兔繁殖性能

胎次	数量(窝)	妊娠期(d)	窝产仔数(只)	窝产活仔数(只)	初生窝重(g)	21日龄窝仔数(只)	21日龄窝重(g)	断奶日龄	断奶仔兔数(只)	断奶窝重(g)	断奶成活率(%)
2	60	31.6±0.6	7.5±1.0	7.3±1.0	382.1±40.5	6.9±0.9	2 178.7±302.3	35	6.7±0.9	5 044.6±858.2	92.2±9.7

注：2021年11月至2022年5月由四川省草原科学研究院在大邑县测定。

3. 屠宰性能　川白獭兔84日龄屠宰性能见表4。

表4　川白獭兔屠宰性能

性别	数量(只)	宰前活重(g)	胴体重(g)		屠宰率(%)	
			全净膛	半净膛	全净膛	半净膛
公	30	3 802.8±258.9	1 979.8±147.7	2 162.5±160.9	52.1	56.9
母	30	3 839.2±136.2	2 016.0±69.2	2 204.6±73.3	52.5	57.5

注：2022年10月由四川省草原科学研究院在大邑县测定。

4. 毛皮性能　川白獭兔毛皮性能见表5。

表5　川白獭兔毛皮性能

数量（只）	枪毛长(cm)	绒毛长(cm)	密度（根/cm²）	细度（μm）	枪毛比例(%)	皮板面积(cm²)
60	2.16 ±0.11	2.05 ±0.10	22 993.51 ±2 304.51	16.79 ±0.90	1.43 ±0.83	1 585.91 ±83.85

注：2022年10月由四川省草原科学研究院在大邑县测定。

三、饲养管理

川白獭兔普遍实行笼养，仔兔一窝一笼，幼兔逐渐分笼，公、母兔分笼饲养，青年兔、种兔一兔一笼。规模养殖场以全价配合颗粒饲料为主，小规模或散养农户以“青绿饲料+精料补充料”的饲喂方式，定时定量或自由采食，自动饮水。重点防控兔病毒性出血症（兔瘟）、二型兔瘟、巴氏杆菌病、球虫病等。

四、推广应用

川白獭兔被农业部列为2016年全国农业主导品种，推广到全国10多个省（直辖市），占全国獭兔良种覆盖面的50 %以上、四川95 %以上，到2023年共推广种兔30余万只，同时带动一批川白獭兔皮肉加工龙头企业，开发了“德华”川白獭兔裘皮、“乾沃”兔肉系列产品，实现了川白獭兔产业化，为农民增收、精准扶贫和乡村振兴做出了突出贡献。

五、品种评价

川白獭兔被毛绒密，枪毛比例特别低；体型大、早期生长速度快；产活仔数多、断奶成活率高；适应性强，是优质獭兔配套系选育和皮肉兼用新品种培育的理想素材。

天府黑兔
TIANFU BLACK RABBIT

天府黑兔（Tianfu black rabbit），属肉用型培育品种。

一、品种来源

（一）培育时间及主要培育单位

天府黑兔由四川农业大学、四川华恒农业发展有限公司和四川腾逸农业科技有限公司培育，于2023年通过国家畜禽遗传资源委员会审定（农07新品种证字第11号）。

（二）育种素材和培育方法

针对我国肉兔生产的特点和市场消费需求，以德国花巨兔、比利时兔和加利福尼亚兔为育种素材，通过3个品种杂交选育，选择体型中等、全身被毛黑色、繁殖性能好、生长速度快、产肉性能高、肌肉品质优的个体组建选育基础群，运用数量遗传学和分子生物学技术，采用群体继代选育法，开展定向选育，培育出天府黑兔新品种。

二、品种特征与性能

（一）体型外貌特征

1. 外貌特征　天府黑兔体型中等，全身被毛黑色、光泽性好，头轻、短、宽，眼睛黑色，耳大小适中，胸宽而深，背腰宽广，臂部圆宽，大腿宽深而长。公兔睾丸发育良好，母兔乳头4对以上。

天府黑兔成年公兔

天府黑兔成年母兔

2. 体重和体尺 天府黑兔成年体重和体尺见表1。

表1 天府黑兔成年体重和体尺

性别	数量(只)	体重(g)	体长(cm)	胸围(cm)	耳长(cm)	耳宽(cm)
公	30	4 692.4±342.2	53.7±2.6	34.5±2.6	12.7±0.7	7.4±0.2
母	30	4 567.2±321.8	52.4±3.2	33.2±2.5	12.5±0.5	7.1±0.3

注：2023年6月由四川农业大学在雅安市雨城区测定。

（二）生产性能

1. 生长发育 天府黑兔生长发育性能见表2。

表2 天府黑兔生长发育

日龄	数量(只)	体重(g)	体长(cm)	胸围(cm)
35	850	848.3±71.5	—	—
70	847	2 219.6±190.2	40.4±1.5	21.5±1.2
84	421	2 496.6±214.6	41.3±1.7	21.9±1.4
165	420	3 919.7±290.3	48.9±1.9	28.1±1.5
300	418	4 605.5±311.7	53.2±1.1	33.5±1.3

注：2023年6月由四川农业大学在雅安市雨城区测定。

2. 繁殖性能 天府黑兔性成熟年龄公、母兔均为4月龄，初配年龄为5.5月龄，发情周期7～15d，发情持续期1～3d，妊娠期平均为30d，测定结果见表3。

表3 天府黑兔繁殖性能

胎次	数量(窝)	妊娠期(d)	窝产仔数(只)	窝产活仔数(只)	初生窝重(g)	21日龄窝仔数(只)	21日龄窝重(g)	断奶日龄	断奶仔兔数(只)	断奶窝重(g)	断奶成活率(%)
2	60	30.3±0.5	8.0±1.1	7.8±1.0	475.2±40.0	7.6±0.9	2 824.4±319.6	28	7.4±0.7	4 237.1±545.6	92.5±9.6

注：2022年6月至2023年6月由四川农业大学在雅安市雨城区测定。

3. 产肉性能 天府黑兔84日龄产肉性能见表4。

表4 天府黑兔产肉性能

性别	数量(只)	断奶日龄	断奶重(g)	宰前活重(g)	日增重(g)	耗料量(g)	料重比	胴体重(g)		屠宰率(%)	
								全净膛	半净膛	全净膛	半净膛
公	30	35	859.5±67.9	2 518.6±219.8	33.9±2.4	5 810.4±388.9	3.5±0.1	1 357.1±124.4	1 462.1±132.9	53.9±4.3	58.1±4.6
母	30	35	843.4±71.3	2 490.7±214.2	33.6±2.5	5 763.2±369.7	3.5±0.1	1 332.1±128.6	1 438.1±130.3	53.5±4.7	57.7±4.9

注：2023年6月由四川农业大学在雅安市雨城区测定。

三、饲养管理

饲养方式采用笼养，育肥兔每笼2～3只，青年兔、种公兔和种母兔单笼饲养。规模养殖场以饲喂全价配合颗粒饲料为主，小规模或散养农户可以采用“青绿饲料+精料补充料”的饲喂方式，定时定量或自由采食，自动饮水。同时，重点防控兔病毒性出血症（兔瘟）、二型兔瘟、巴氏杆菌病、球虫病等。

四、推广应用

天府黑兔从2018年起，在四川眉山、资阳、巴中、成都、绵阳、自贡、宜宾、雅安、凉山等市州和山东、重庆、云南等地进行中试生产和技术推广，共推广种兔20余万只。带动建立了一批天府黑兔养殖和加工企业，开发了“爱吃兔”等兔肉系列产品，实现了天府黑兔的产业化发展。

五、品种评价

天府黑兔适应性好，抗病力强；易配种，配怀率高，窝产活仔数多，母性好；生长速度快，耗料低，屠宰率高，肌肉品质优。既是优质肉兔生产的理想素材，又可以作为优秀母本进行杂交生产。

齐卡肉兔 ZIKA RABBIT

齐卡肉兔（ZIKA rabbit），属肉用型引进配套系。

一、品种来源

齐卡肉兔原产于德国，是由德国齐卡(ZIKA)家兔基础育种场齐默曼博士与慕尼黑技术大学德姆夫勒教授于20世纪80年代初合作培育的肉兔配套系。由G系（德国巨型白兔）、N系（齐卡新西兰白兔）和Z系（德国合成白兔）三个品系组成，其配套杂交模式见下图：G系公兔与N系中产肉性能优异的母兔杂交生产父母代公兔（GN*），Z系公兔与N系中母性较好的母兔杂交生产父母代母兔（ZN），然后GN*与ZN杂交生产商品代兔。

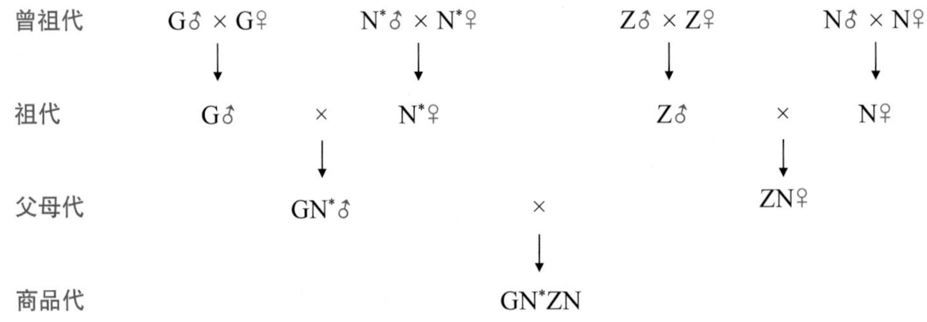

齐卡肉兔配套模式

1986年，原四川省畜牧兽医研究所与四川省出口商品基地公司联合，在国内率先从德国ZIKA家兔育种中心引进齐卡肉兔配套系曾祖代兔，结束了我国无家兔配套系的历史，饲养在四川省畜牧科学研究院种兔场。

二、品种特征与性能

（一）体型外貌特征

1．外貌特征 齐卡肉兔G系全身被毛白色，体型大，头型粗壮呈方楔形、额宽，眼睛红色，两耳直立、长大且宽厚，骨骼粗壮、体躯宽深、背腰平直，腿臀发达、四肢粗壮结实。

齐卡肉兔N系全身被毛纯白色，体型中等偏大，头型粗壮，眼睛红色，耳长中等、直立，体躯结合良好，背腰平宽，肌肉丰满，四肢强健有力，成年母兔大多有肉髯。

齐卡肉兔Z系属中型品种，全身被毛白色，体型中等，头型清秀，眼睛红色，两耳薄而直立，体躯紧凑，背腰平直，腹部平软。

齐卡肉兔父母代公兔，全身被毛白色，体躯大而紧凑，头粗大呈方楔形，眼睛红色，两耳直立，较长且厚，胸部宽深，背腰平直，臀部丰满，腹部紧凑，肌肉发达。

齐卡肉兔父母代母兔，全身被毛白色，体型中等，头型清秀呈纺锤形，眼睛红色，耳长中等、直立，部分成年母兔颌下有肉髯，背腰平直，臀部较丰满，腹部平软。

齐卡肉兔G系成年公兔

齐卡肉兔N系成年母兔

齐卡肉兔Z系成年母兔

齐卡肉兔父母代成年公兔

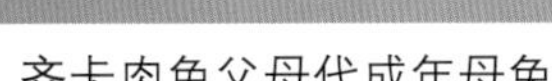
齐卡肉兔父母代成年母兔

齐卡肉兔商品代

2. 体重和体尺　齐卡肉兔父母代成年体重和体尺见表1。

表1　齐卡肉兔父母代成年体重和体尺

性别	数量(只)	体重(g)	体长(cm)	胸围(cm)	耳长(cm)	耳宽(cm)
公	30	5 144.2±256.6	58.7±1.6	35.8±1.5	16.1±0.6	8.2±0.6
母	30	4 306.5±187.1	50.5±1.8	31.9±1.7	13.9±0.7	7.1±0.5

注：2022年4—6月由四川省畜牧科学研究院在大邑县测定。

（二）生产性能

1. 生长发育　齐卡肉兔父母代兔生长发育性能见表2。

表2　齐卡肉兔父母代兔生长发育

性别	数量(只)	35日龄体重(g)	70日龄体重(g)	84日龄体重(g)	初配体重(g)
公	30	914.4±78.2	2 352.1±147.6	2 898.3±168.2	4 318.5±228.4
母	100	785.3±65.4	2 093.5±137.2	2 583.7±148.5	3 298.2±165.3

注：2020年3—10月由四川省畜牧科学研究院在大邑县测定。

2. 繁殖性能　齐卡肉兔父母代母、公兔性成熟年龄分别为4～4.5月龄、5.5～6月龄，利用年限分别为1.5～2年、2～2.5年，繁殖性能测定结果见表3。

表3　齐卡肉兔父母代母兔繁殖性能

胎次	数量(窝)	妊娠期(d)	窝产仔数(只)	窝产活仔数(只)	初生窝重(g)	21日龄窝仔数(只)	21日龄窝重(g)	断奶日龄	断奶仔兔数(只)	断奶窝重(g)	断奶成活率(%)
2	60	31.4±0.6	8.8±1.4	8.4±1.4	520.8±80.1	7.7±0.8	2 970.8±367.6	28	7.7±0.8	4 623.8±506.3	91.5±11.5

注：2022年3—5月由大邑县四川省畜牧科学研究院种兔场测定。

3. 产肉性能　齐卡肉兔商品代兔70日龄产肉性能见表4。

表4　齐卡肉兔商品代兔产肉性能

性别	数量(只)	断奶日龄	断奶重(g)	宰前活重(g)	日增重(g)	耗料量(g)	料重比	胴体重(g)		屠宰率(%)	
								全净膛	半净膛	全净膛	半净膛
公	30	28	608.5±56.7	2 317.6±193.9	40.7±4.0	5 554.9±478.0	3.3±0.2	1 149.7±120.6	1 258.9±128.6	49.5±1.6	54.3±1.7

（续）

性别	数量（只）	断奶日龄	断奶重(g)	宰前活重(g)	日增重(g)	耗料量(g)	料重比	胴体重(g)		屠宰率(%)	
								全净膛	半净膛	全净膛	半净膛
母	30	28	599.7 ±57.4	2 303.9 ±188.8	40.6 ±3.8	5 409.1 ±585.3	3.2 ±0.2	1 137.3 ±112.1	1 250.7 ±120.8	49.3 ±1.5	54.2 ±1.6

注：2022年5—6月由四川省畜牧科学研究院在大邑县测定。

三、饲养管理

齐卡肉兔适宜笼养，种兔单笼饲养，商品兔群养，饲喂全价颗粒饲料，饲粮营养水平参考农业行业标准《肉兔营养需要量》(NY/T 4049)进行配制，可采用自然配种或人工授精的方式进行繁殖。四川、山东等主产区流行性传染病有病毒性出血症、巴氏杆菌病与球虫病等，应做好相应的防治工作。

四、推广应用

自1986年从德国引进齐卡肉兔后，引种单位不断进行选育扩繁，并进行大规模推广，配套生产商品兔或杂交改良本地兔，大大提高了我国肉兔的生产水平。随着2008年伊拉肉兔的引进和推广，加上多年未引进新的血缘，齐卡肉兔生产性能下降，市场占有率逐年降低。

五、品种评价

齐卡肉兔是我国引进的第一个肉兔配套系，具有生长速度快、繁殖性能好、适应性强及饲料报酬高等特点，在我国肉兔杂交育种、品种改良及商品兔生产中做出了重要贡献。

蜂 概述

四川养蜂最早在《华阳国志》中就有记载，当时已将蜂蜜列为贡品。清代《隆昌县志》记载："养蜂取蜜皆用土法，置二、三月时，蜂蜜上市多"。民国时期《大竹县志》记载："蜜蜂家畜以桶，其聚散验家盛衰……"当时养蜂生产处于初级阶段，只有少数用于市场交易。西蜂引入始于1924年，当时一位川籍军官谢德堪，从国外引进意大利蜂和高加索蜂，创办养蜂场。

四川地形复杂，气候多样，蜜源植物丰富，适宜蜜蜂生长繁殖。据第三次全国畜禽遗传资源普查，四川省分布的中蜂包括阿坝中蜂、巴塘中蜂、北方中蜂、华中中蜂和云贵高原中蜂，采用定地和小转地生产。其中，阿坝中蜂和巴塘中蜂为四川省特有资源，二者均为高原型蜂种。

2022年，四川省养蜂数量为165万群，其中，中华蜜蜂94万群，西蜂71万群，蜂蜜产量6.5万t，养蜂规模和蜂产品产量均居全国前列。

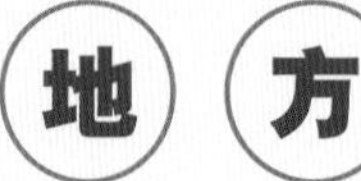

阿坝中蜂 ABA CHINESE BEE

阿坝中蜂（Aba Chinese bee），俗名大麻蜂、土蜂、阿坝蜜蜂，属产蜜型地方品种。

一、产地与分布

阿坝中蜂原产于四川西北部的大渡河流域上游的高原及山地。中心产区位于阿坝藏族羌族自治州的马尔康市。在阿坝藏族羌族自治州的金川县、小金县、黑水县、理县、松潘县、茂县、汶川县、九寨沟县，甘孜藏族自治州丹巴县等地均有分布。

中心产区位于北纬30°35′—32°24′、东经101°17′—102°41′，地处四川省西北部、青藏高原东南缘、横断山脉北端与川西北高山峡谷的接合部，是四川盆地向青藏高原隆升的梯级过渡地带，海拔2 000～3 500m。地貌以高原和高山峡谷为主。产区属高原寒温带半湿润季风的高山河谷气候，干雨季分明；春冬季空气干燥、昼夜温差大，夏秋季降水集中。年平均气温11.3℃，无霜期120～220d。年平均降水量711.7mm。年平均日照时数2 152h。水资源丰富，大小河流较多，流经的河流主要为大渡河上游的梭磨河、脚木足河等。森林面积168 000hm^2，森林覆盖率25.33%；草地面积225 100hm^2，林草综合覆盖率60%左右；耕地面积4 020hm^{2}左右。植被主要类型为常绿落叶阔叶混交林、常绿阔叶林、草甸、高山流石滩植被。蜜源植物丰富，主要分布在高原和高山峡谷地带，适宜种植的和野生的蜜源植物达1 000余种，以野生蜜粉源为主，主要有小檗科、藿香属、凤毛菊、密齿柳、球果石泉柳、轮叶马先蒿等野生植物，花期为4—9月份；辅助蜜源有桃、梨、苹果、紫苏、冬青，以及十字花科和禾本科的农作物，花期为3—9月。

二、品种形成与变化

（一）品种形成

阿坝中蜂起源于野生中蜂，在原产地高山高原封闭隔离条件影响下，经过漫长的自然进化和人类驯化，逐步形成了独特的地方品种。其饲养历史已有1 000年以上，在唐朝就有将阿坝蜂蜜作为贡品的记载。《马尔康县志》有记载，清朝乾隆年间，卓克基土司派人到灌县聘请养蜂人，在卓克基招蜂饲养成功，因蜂蜜色泽、口感、药用价值明显优于其他地区的蜂蜜，卓克基土司称之为"阿娃蜂蜜"，意为阿娃人自己的蜂蜜。"阿娃蜂蜜"汉译为"阿坝蜂蜜"，一直延续至今。2011年，阿坝中蜂被列入首版《中国畜禽遗传资源志·蜜蜂志》。

（二）群体数量及变化情况

据2011年版《中国畜禽遗传资源志·蜜蜂志》记载，2008年阿坝中蜂群体数量为3.3万群。据2021年第三次全国畜禽遗传资源普查结果，阿坝中蜂群体数量为3.55万群。

三、品种特征与性能

（一）体型外貌特征

1. 外貌特征　阿坝中蜂的三型蜂体色都为黑色，和其他蜂种比较，阿坝中蜂工蜂体色较深，个体大。

阿坝中蜂三型蜂

2. 形态指标　阿坝中蜂三型蜂形态指标见表1。

表1　阿坝中蜂三型蜂形态指标

	测定指标	平均数±标准差
工蜂	第四背板绒毛带宽度（mm）	1.127 3±0.024 4
	第四背板绒毛带至背板后缘的宽度（mm）	0.649 8±0.031 6
	第五背板覆毛长度（mm）	0.418 0±0.031 7
	后翅钩数(个)	18.43±0.71
	第二背板色度	2.65±0.90
	第三背板色度	4.21±0.54
	第四背板色度	3.69±0.79

（续）

	测定指标	平均数±标准差
工蜂	小盾片Sc区色度	1.55±0.44
	小盾片K区色度	1.12±0.35
	小盾片B区色度	1.63±0.61
	上唇色度	5.25±3.35
	吻长（mm）	5.234 0±0.039 3
	前翅长F1（mm）	8.772 2±0.082 3
	前翅宽Fb（mm）	3.050 7±0.035 4
	翅脉角A4	31.65±1.05
	翅脉角B4	109.72±1.72
	翅脉角D7	92.80±1.06
	翅脉角E9	20.50±0.58
	翅脉角J10	47.53±1.03
	翅脉角L13	14.36±0.71
	翅脉角J16	102.08±2.36
	翅脉角G18	88.41±1.22
	翅脉角K19	80.19±0.70
	翅脉角N23	82.56±1.80
	翅脉角O26	28.21±1.61
	肘脉a（mm）	0.561 8±0.015 6
	肘脉b（mm）	0.122 6±0.007 7
	肘脉指数(a/b)	4.698 9±0.328 3
	第三腹板长（mm）	2.541 3±0.030 6
	第三腹板蜡镜长（mm）	1.113 5±0.023 9
	第三腹板蜡镜斜长（mm）	1.995 9±0.049 2
	第三腹板蜡镜间距（mm）	0.279 4±0.021 1
	第六腹板长（mm）	2.360 2±0.033 5
	第六腹板宽（mm）	2.880 5±0.050 5
	第三背板长（mm）	2.009 6±0.028 4
	第四背板长（mm）	1.965 3±0.023 1
	后足股节长（mm）	2.514 4±0.029 2
	后足胫节长（mm）	2.939 7±0.041 6
	后足基跗节长（mm）	1.982 4±0.025 6

（续）

	测定指标	平均数±标准差
工蜂	后足基跗节宽（mm）	1.069 4±0.011
	体色	黑色
蜂王	体长（mm）	18.71±0.16
	初生重（mg）	159.11±13.04
	体色	黑色
雄蜂	体长（mm）	13.62±0.24
	初生重（mg）	132.95±7.02

注：2022年3—7月由四川农业大学动物科技学院测定。

（二）生产性能

1. 产蜜性能　受外界蜜粉源、气候等条件影响，蜂蜜产量变化较大，在正常年景，活框定地饲养条件下，一般取蜜为1～3次，多为成熟蜜，群均产量30kg左右。阿坝中蜂的蜂蜜品质较好，浓度高，含水量为18.0%～21.5%，还原糖总含量超过70%。

2. 繁殖性能　阿坝中蜂蜂王产卵能力强，育虫节律陡，群势发展快速，分蜂性弱，能维持较大群势等特性。在繁殖季节，阿坝中蜂蜂王日有效产卵量为800～1 200粒，维持最大群势达8～12足框蜂，年均分蜂1～2次。

四、饲养管理

阿坝中蜂主要饲养方式为定地饲养，占90%以上，少量蜂群为小转地饲养，以采蜜生产为主，使用蜂箱类型主要有中蜂标准箱、郎氏十框箱、郎氏七框箱、格子箱及浅继箱等。一般每年2月底开始春繁，5月进行育王分蜂，6月初至7月中旬进行生产取蜜，8—9月进行秋繁，10月至翌年1月进入越冬期。

五、品种保护

阿坝中蜂2006年被纳入《国家级畜禽遗传资源保护名录》，2007年被纳入《四川省畜禽遗传资源保护名录》，2014年阿坝中蜂保种场被确认为国家级阿坝中蜂保种场，2015年建立省级阿坝中蜂保护区。

六、评价和利用

阿坝中蜂的主要特点是工蜂个体大，蜂群群势强，产蜜量高，因此被大范围推广。2016年，阿坝中蜂杂交育种被列入四川省“十三五”畜禽育种攻关计划。2013年“阿坝蜂蜜”被国家质检总局批准为国家地理标志保护产品，2017年取得“阿坝蜂蜜”地理标志证明商标。2008年、2009年、2010年、2014年四川省分别发布了《阿坝蜜（中）蜂》（DB51/T 802）、《阿坝蜜蜂种蜂王》（DB51/T 1110）、《阿坝中蜂生产性能测定技术规范》（DB51/T 1734）、《阿坝中蜂饲养管理技术规范》（DB51/T 961）等地方标准。

巴塘中蜂 BATANG CHINESE BEE

巴塘中蜂（Batang Chinese bee），属产蜜型地方品种。

一、产地与分布

巴塘中蜂原产于甘孜藏族自治州巴塘县，中心产区为夏邛镇、甲英镇、莫多乡。在巴塘县地巫镇、昌波乡、中咱镇等9个乡镇和相邻的西藏芒康县加尼顶等乡镇均有分布。

巴塘县位于北纬29°02′—30°37′、东经98°57′—99°44′，处于青藏高原东南缘，甘孜藏族自治州西部，金沙江上游东岸河谷地带，四川、云南、西藏三省（自治区）接合部，地形随金沙江由北向南倾斜，呈北高南低、东高西低之势，全县平均海拔3 300m以上，中蜂产区海拔为2 240～3 400m。巴塘县属青藏高原气候，年平均气温12.6℃，年平均降水量467mm，无霜期184d，年平均日照时数2 450.6h，光热条件好，呈现冬暖、春干、夏凉、秋淋的气候特征，被称为“高原江南”。巴塘县境内河流属金沙江水系。林地面积309 801hm^2，植被以高山灌丛草甸为主，其次是亚高山灌丛草甸和森林草甸，其代表植被主要有白刺花、铁杆蒿、芸香草等。林果资源主要有苹果、梨、葡萄等。出产小麦、青稞、荞子、粟米、稻子、玉米、豆类等农作物。主要蜜粉源植物以农作物、果树、野生灌木、乔木等为主，同时还有大量野生花草蜜源植物。

二、品种形成与变化

（一）品种形成

巴塘中蜂是在其原产地高山高原封闭隔离下，经过长期自然选择和人为选择、独立进化形成的原产土著蜂种。在金沙江上游流域，由青藏高原横断山脉的沙鲁里山和芒康山阻隔形成了狭长的河谷地带，其河流支系在山脉间呈叶脉状分布，巴塘中蜂正是在四周封闭的高山峡谷等特殊适宜的生态、气候条件下，经过长期自然和人为选择、独立分化而形成的一个中华蜜蜂遗传资源。2024年巴塘中蜂通过国家畜禽遗传资源委员会鉴定。

（二）群体数量及变化情况

据2021年第三次全国畜禽遗传资源普查结果，巴塘中蜂群体数量为5 580群。

三、品种特征与性能

（一）体型外貌特征

1．外貌特征　巴塘中蜂是东方蜜蜂物种内个体较大的一个生态型。蜂王和雄蜂呈黑色，工蜂体型大、多呈黑色，腹节背板黑色绒毛带宽，肘脉指数低。

蜂王　　雄蜂　　工蜂

巴塘中蜂三型蜂

2．形态指标　巴塘中蜂三型蜂形态指标见表1。

表1　巴塘中蜂三型蜂形态指标

	测定指标	平均数 ± 标准差
工蜂	第四背板绒毛带宽度（mm）	1.215 1±0.060 2
	第四背板绒毛带至背板后缘的宽度（mm）	0.583 3±0.067 6
	第五背板覆毛长度（mm）	0.406 3±0.058 3
	后翅钩数(个)	18.41±1.72
	第二背板色度	0.79±1.22
	第三背板色度	3.29±0.59
	第四背板色度	2.97±0.18
	小盾片Sc区色度	0.84±1.00
	小盾片K区色度	1.24±1.56
	小盾片B区色度	1.46±1.49
	上唇色度	8.09±6.74
	吻长（mm）	5.383 5±0.134 5

（续）

	测定指标	平均数 ± 标准差
工蜂	前翅长F1（mm）	9.050 2±0.137 0
	前翅宽Fb（mm）	3.156 6±0.061 2
	翅脉角A4	32.91±1.65
	翅脉角B4	108.70±3.65
	翅脉角D7	95.78±2.42
	翅脉角E9	20.75±1.14
	翅脉角J10	46.13±2.34
	翅脉角L13	13.63±1.03
	翅脉角J16	98.06±3.91
	翅脉角G18	89.62±2.58
	翅脉角K19	79.11±2.42
	翅脉角N23	80.48±3.80
	翅脉角O26	31.81±2.98
	肘脉a（mm）	0.535 2±0.035 2
	肘脉b（mm）	0.171 2±0.020 9
	肘脉指数(a/b)	3.176 7±0.473 6
	第三腹板长（mm）	2.617 2±0.072 7
	第三腹板蜡镜长（mm）	1.160 1±0.057 4
	第三腹板蜡镜斜长（mm）	2.075 4±0.073 0
	第三腹板蜡镜间距（mm）	0.239 3±0.040 4
	第六腹板长（mm）	2.431 5±0.057 1
	第六腹板宽（mm）	2.906 6±0.080 8
	第三背板长（mm）	2.048 2±0.033 1
	第四背板长（mm）	1.996 7±0.030
	后足股节长（mm）	2.508 0±0.049 9
	后足胫节长（mm）	2.978 6±0.095 2
	后足基跗节长（mm）	1.994 8±0.052 7
	后足基跗节宽（mm）	1.070 3±0.042 5
蜂王	体色	黑色
	体长（mm）	18.58±0.41
	初生重（mg）	164.82±11.03

（续）

	测定指标	平均数 ± 标准差
雄蜂	体色	黑色
	体长（mm）	13.28±0.28
	初生重（mg）	129.53±5.31

注：2022年3—7月由四川农业大学测定。

（二）生产性能

1．产蜜性能　巴塘中蜂工蜂的个体大、吻长、采集力强，耗蜜量少，耐寒，善于采集种类多而零星分散的蜜粉源，以产蜜为主，因不同的饲养管理方式及蜜源条件，产量差异较大，传统木桶饲养一年取1次蜂蜜，年均产量5 ～ 15kg，蜂蜜水分含量17% ～ 21.2%。

2．繁殖性能　巴塘中蜂蜂王产卵力强，春夏季繁殖高峰期日均产卵量可达850粒，最大日产卵量超过1 000粒，繁殖生产期群势最高可达10足框以上。繁殖速度快，育虫节律陡。分蜂性弱，能维持强群，在大流蜜期间，可以达到14足框蜂而不发生自然分蜂。

四、饲养管理

巴塘中蜂的养殖模式处于传统圆桶饲养阶段，当地藏族人民世代养殖中蜂，养蜂历史悠久。主要由蜂农野外收捕和自繁自养，藏族人民房顶放置棒棒巢（空心树段），野外蜜蜂自来安家落户；或将空桶放在山岩避风雨处，待蜂群入住后，搬回自家屋顶饲养。饲养管理技术差，缺乏分蜂团收捕、越冬补饲等基本技术，导致蜂群自然分蜂、飞逃损失，一般每年3—4月底开始春繁，5—6月蜂群进行分蜂，9—10月取蜜，一般取蜜1次，11月至翌年2月蜂群越冬。

五、品种保护

2021年在巴塘县建立了巴塘中蜂县级保护区。

六、评价和利用

巴塘中蜂的主要特点是工蜂个体大，群势强，采蜜量大；蜂群蜂蜜产量高，抗逆性能好，在严寒冬季越冬性能优异，群势为2 ～ 3足框的蜂群即可在当地室外安全越冬，在生产上的利用越来越受到重视。饲养巴塘中蜂对当地经济发展具有促进作用，其优良基因在育种和品种改良推广方面均具有重要价值。

参考文献

阿尔阿布，2022. 美姑岩鹰鸡品种资源保护及开发[J]. 畜禽业，33 (10): 41-43.

艾鷖，文勇立，傅昌秀，等，2013. 金川多胸椎牦牛宰后肌肉矿物质、脂肪酸及肉色分析[J]. 食品科学,34(16):251-256.

艾鷖，文勇立，傅昌秀，等，2013. 金川多胸椎牦牛宰后肌肉色差(ΔE ~ *)、滴水损失率及肌纤维特性分析[J]. 畜牧兽医学报,44(4):649-656.

陈晓晖，吕学斌，何志平，等，2009. 藏猪不同生长发育阶段胴体性能与肉质特性研究[J]. 西南农业学报，22(2):470-472.

陈勇，王泰，陆勇，2017. 贾洛羊屠宰性能、肌肉品质及其营养成分研究[J]. 湖北农业科学,56(11):2096-2099.

陈瑜，王维春，张国俊，等，2008. 南江黄羊的高繁殖性能选育研究[J]. 草业与牧业,146(1):47-49.

陈玉刚，2019. 川南黑山羊饲养管理技术要点[J]. 畜禽业，30(7):39.

代舜尧，冯勇，潘晓玲，等，2020. 玛格绵羊品种调查[J]. 中国畜牧业 (8):51-52.

代舜尧，冯勇，涂永强，等，2020. 玛格绵羊12月龄屠宰性能测定[J]. 四川畜牧兽医 (3): 22-23, 26.

代舜尧，冯勇，涂永强，等，2020. 玛格绵羊品种来源及其种质特性[J]. 四川畜牧兽医 (1):47.

刁运华，2009. 四川畜禽遗传资源志[M]. 成都：四川科学技术出版社.

杜波，黄辉，谢辉，等，2018. 南方散养条件下旧院黑鸡生产性能及屠宰性能测定[J]. 黑龙江畜牧兽医(9):76-78.

俄木曲者，熊朝瑞，范景胜，等，2014. 简州大耳羊产肉性能世代选育进展及肉品质研究[J]. 中国草食动物科,34(3):9-12

范景胜，熊朝瑞，俄木曲者，等，2014. 简州大耳羊繁殖性能选育研究及遗传进展分析[J]. 畜牧与兽医,46(12):37-39.

方东辉，李绍琼，甘佳，等，2018. 平武黄牛遗传资源现状及保护[J]. 四川畜牧兽医，45(4): 19.

龚建军，吕学斌，陈晓晖，等，2009. 藏猪生长发育性能研究[J]. 西南农业学报，22(2):473-476.

龚建军，吕学斌，李正确，等，2009. 藏猪繁殖性能研究[J]. 西南农业学报，22(3):807-810.

官久强，谢荣清，付如勇，等，2015. 不同肋骨数金川牦牛产奶量和乳成分分析[J]. 中国奶牛 (Z2):17-20.

官久强，张海波，罗晓林，2019. 舍饲牦牛与犏牛生长性能、屠宰性能、肉品质和肌内脂肪沉积相关基因表达的比较分析[J]. 动物营养学报，31(6):2659-2665.

郭家中，孙学良，向秋楠，等，2022. 川中黑山羊基因组近交系数和选择信号分析[J]. 四川农业大学学报,40(5): 65-66.
国家畜禽遗传资源委员会，2011. 中国畜禽遗传资源志 · 家禽志[M]. 北京：中国农业出版社.
国家畜禽遗传资源委员会，2011. 中国畜禽遗传资源志 · 猪志[M]. 北京：中国农业出版社.
国家畜禽遗传资源委员会，2011. 中国畜禽遗传资源志 · 马驴驼志[M]. 北京：中国农业出版社.
国家畜禽遗传资源委员会，2011. 中国畜禽遗传资源志 · 牛志[M]. 北京：中国农业出版社.
国家畜禽遗传资源委员会，2011. 中国畜禽遗传资源志 · 羊志[M]]. 北京：中国农业出版社.
国家畜禽遗传资源委员会，2012. 中国畜禽遗传资源志 · 特种畜禽志[M]. 北京：中国农业出版社.
侯显耀，李祥，黎树民，等，2018. 南充黑山羊遗传资源介绍[J]. 四川畜牧兽医，45(4):2.
胡亮，孙伟，马月辉，2019. 藏系绵羊群体遗传多样性及遗传结构分析[J]. 畜牧兽医学报，50(6):1145-1153.
黄文春，2021. 川南黑山羊主要传染性疫病防治要点[J]. 畜禽业，32(5):129-131.
黄艳群，朱庆，杨志勤，等，2003. 四川山地乌骨鸡的肤色遗传变化规律初探[J]. 四川农业大学学报(1):39-42.
纪会，官久强，王会，等，2021. 亚丁牦牛和拉日马牦牛遗传多样性及遗传结构分析[J]. 草业学报,30(5):134-145.
蒋小松，罗才英，杨昌明，等，1989. 米易鸡矮脚性状的遗传性及遗传方式的测定[J]. 中国家禽(5):32-33.
赖松家，2008. 养兔关键技术[M]. 成都：四川科学技术出版社.
赖松家，崔恒敏，杨光友，等，2002. 天府黑兔新品系选育研究[J]. 黑龙江畜牧兽医(11):47-49.
李静，张仲友，王志全，等,2020. 简州大耳羊生产性能测定报告[J]. 四川畜牧兽医,47(8):27-28.
李娟，刘益平，张明，等，2009. 大恒优质肉鸡早期体重发育规律[J]. 四川农业大学学报，27(3): 345-349.
李诗洪，董为德，田珠光，等，1989. 建昌马生态适应性研究[J]. 四川农业大学学报，7(3):7.
李天海，2019. 四川会理驴的资源情况与保护利用[J]. 广东畜牧兽医科技,5(34):49-50.
李祥，侯显耀，李卓昭，等，2021. 南充黑山羊舍饲管理要点[J]. 畜禽业，2(3):26-27.
李祥，侯显耀，肖菼，等，2021. 南充黑山羊选育技术[J]. 四川畜牧兽医，48(7):42-43.
刘彬，沈林園，陈映，等，2020. 基于SNP芯片分析青峪猪保种群体的遗传结构[J]. 畜牧兽医学报，51(2): 260-269.
刘成铭，杨祎挺，甘麦邻，等，2023. 伍隍猪和内江猪拷贝数变异差异与嘴型全基因组关联分析[J]. 四川农业大学学报，41 (6): 1090-1097
刘光伟，赵燕英，王海，等，2015. 泸宁鸡不同饲养期屠宰性能与肉品质特性测定与分析[J]. 黑龙江畜牧兽医(5): 87-90.
刘贵平，巫英燕，查琳，等，2021. 内江猪保种养殖现状及产业发展建议[J]. 猪业科学，40 (5): 124-125.
刘亚东，王育伟，周玉刚，等，2023. 平武红鸡种质资源特性研究[J]. 当代畜牧(2):20-23.
龙艳丽，李地艳，杨琴，等，2011. 大恒优质肉鸡不同品系肉质风味物质比较分析[J]. 四川农业大学学报，29(2):266-268.
罗光荣，毛昌群，马定慧，等，2011. 热它牦牛的起源、资源特点以及传统饲养[J]. 草业与畜牧(4):58-59.
毛进彬，2019. 甘孜藏族自治州畜禽遗传资源志[M]. 成都：四川科学技术出版社.
毛进彬，毛旭东，王俊杰，等，2020. 亚丁牦牛的产奶性能研究[J]. 中国牛业科学(2):25-28.
毛进彬，毛旭东，涂永强，等，2020. 亚丁牦牛繁殖性能调查[J]. 中国牛业科学(2):81-83.
毛进彬，毛旭东，赵洪文，等，2020. 亚丁牦牛产肉性能研究[J]. 黑龙江畜牧兽医(8):149-151.
木乃尔什，申小云,2015. 凉山半细毛羊[M]. 兰州：甘肃科学技术出版社.
牛丽莉，赵叶，林涛，等，2021. 青峪猪的保护与利用[J]. 四川畜牧兽医，48(12): 40+3.
欧阳熙，王杰，王永，等，1994. 西藏藏山羊产品资源调查研究[J]. 西南民族学院学报：自然科学版(1):57-62.
潘泽滚，李志雄，2022. 藏鸡FoxO1基因多态性及与屠宰和生长性状的关联分析[J]. 中国家禽，44(4)，13-21.
濮家騄，田男锐，刘世仙，1956. 建昌马调查报告[J]. 畜牧与兽医(3):98-102.

普华才让，牟永娟，丁考仁青，等，2012. 贾洛羊种公羊引进甘加地区适应性观测研究[J]. 畜牧兽医杂志，31(3):1-2.
亓鹏，吴登俊，2017. 四川省两个绵羊群体遗传新资源的鉴定[J]. 黑龙江畜牧兽医 (23):119-122, 296.
邱莫寒，杨朝武，杜华锐，等，2018. 大恒优质肉鸡S06M系的选育进展[J]. 贵州农业科学，46(04):87-89.
任冰冰，王康环，蒋利，等，2014. 草科鸡MSTN基因多态性与其生长性状的相关性[J]. 贵州农业科学，42 (6):14-19.
任文仕，朱庆，杨琴，等，2011. 不同品系鸡肌内脂肪和肌苷酸含量比较分析[J]. 中国畜牧兽医，38(6):230-232.
任祥祯，1998. 通江县志[M]. 成都：四川人民出版社.
沙马尔克，2015. 美姑山羊遗传资源介绍[J]. 中国畜禽种业，11(8):67.
四川省畜牧食品局，1998. 四川省畜牧志[M]. 成都：四川科学技术出版社.
四川省甘孜藏族自治州白玉县志编纂委员会，1994. 白玉县志[M]. 成都：四川大学出版社.
四川省会理县志编纂委员会，1994. 会理县志[M]. 成都：四川辞书出版社.
四川省质量技术监督局，2015. 川藏黑猪配套系:DB51/T 2019—2015[S]. 成都：四川标准出版社.
四川省质量技术监督局，2015. 川藏黑猪配套系饲养管理技术规范:DB51/T 1971—2015[S]. 成都：四川标准出版社.
宋小燕，张增荣，杨朝武，等，2012. 大恒优质肉鸡S01、S05、S06、S08四个品系蛋品质的比较研究[J]. 家禽科学(7):8-10.
陶璇，梁艳，应三成，等，2021. 川乡黑猪杂交试验研究[J]. 中国畜牧杂志，57(S1):214-217.
屠云洁，陈宽维，沈见成，等，2005. 利用微卫星标记分析四川8个地方鸡品种遗传多样性[J]. 遗传(5):724-728.
王福明，2007. 金阳丝鸡的开发利用[J]. 中国畜禽种业(6):51+53.
王淮，付茂忠，易军，等，2019. 蜀宣花牛[M]. 北京：中国农业出版社.
王杰，王永，欧阳熙，等，2000. 藏山羊肉的品质研究[J]. 四川草原(2):50-53.
王言，吕学斌，杨雪梅，等，2023. 猪毛色基因MC1R的SNPs位点研究与应用[J]. 中国畜牧杂志(8):1-9.
王英，2019. 藏系羊养殖要点[J]. 养殖与饲料(4):38-39.
王育伟，周爱民，张晓晖，等，2020. 平武红鸡和罗曼蛋鸡的蛋品质与营养成分对比分析[J]. 四川畜牧兽医，47(3):29-31.
温启林，2022. 川南黑山羊遗传资源保护与发展研究[J]. 养殖与饲料，21(1):143-145.
吴锦波，何世明，李铸，等，2020. 三江牛屠宰性状的主成分分析[J]. 中国牛业科学，46(6):7-9.
吴世珍，1998. 民国通江县志[M]. 成都：四川人民出版社.
夏波，李小成，蒋小松，等，2009. 大恒优质肉鸡杂交性能测定分析[J]. 四川畜牧兽医，36(10):25-26.
徐刚毅，刘相模，黎云贵，等，1989. 雅安奶山羊生产历史和现状的调查[J]. 四川畜牧兽医(4):23-25.
严西萍，胡继伟，吴康，等，2024. 天府农华麻鸭体尺指标与屠体性状的相关及回归分析[J]. 中国畜牧杂志，1-8.
杨朝武，蒋小松，杜华锐，等，2017. 大恒优质肉鸡五个品系主要性状选育进展分析[J]. 黑龙江畜牧兽医(23):125-127.
杨世忠，林代俊，王毅，2012. 建昌马生态成因分析及适宜气候区研究[J]. 中国草食动物，32(1):3.
杨世忠，林代俊，王毅，等，2011. 建昌马的饲养技术[J]. 草业与畜牧(11):3.
杨雪，卿静，孙越鸿，等，2018. 川中黑山羊(金堂型)产业发展现状及对策[J]. 现代农业科技(9):247-249.
杨雪梅，顾以韧，杨跃奎，等，2021. 川乡黑猪选育研究[J]. 中国畜牧杂志，57(S1):194-199.
杨雪梅，顾以韧，杨跃奎，等，2022. 川乡黑猪生长发育研究进展[J]. 养猪(5):61-63.
杨雪梅，吕学斌，何志平，等，2009. 丫杈猪种质特性研究[J]. 养猪，106(5): 36-38.
杨祎挺，甘麦邻，刘杨，等，2022. 基于SNP芯片挖掘伍隍猪新遗传材料[J]. 中国畜牧杂志，59(8): 178-188.
易军，王巍，付茂忠，等，2018. 蜀宣花牛养殖技术手册[M]. 成都：四川科学技术出版社.
益西多吉，唐建华，宋天增，2016. 西藏各地方类群山羊种质资源保护与利用[J]. 畜牧与饲料科学，37(1):50-53.
余春林，蒋小松，杜华锐，等，2018. 沐川乌骨黑鸡生长曲线拟合与分析[J]. 黑龙江畜牧兽医(10):195-198+248.

喻世刚,王钢,廖娟,等,2018.羽速基因对沐川乌骨黑鸡肤色性状和体重的影响[J].黑龙江畜牧兽医(10):199-201.

张国俊,陈瑜,陈勇,等,2015.南江黄羊早期生长发育规律与产肉性能研究[J].现代畜牧兽医(9):28-31.

张国俊,2019.南江黄羊[M].北京:中国农业出版社.

张红平,王维春,熊朝瑞,等,2004.南江黄羊的种质特性[J].中国草食动物科学(Z1):113-114.

张军,吕佳,陈有才,等,2021.四川麻鸭保种工作进展[J].四川畜牧兽医,48(2):44-45.

张显成,徐成钦,2005.成都麻羊的历史渊源与性状特点[J].四川畜牧兽医(10):46.

张小玲,蒋小松,杜华锐,等,2006.优质鸡肌内脂肪(IMF)和肌苷酸(IMP)含量比较分析[J].中国家禽,28(13):19-21.

张晓晖,周爱民,王育伟,等,2016.北川白山羊品种资源的保护及利用[J].四川畜牧兽医,43(4):13-14.

张亚慧,王彦,李亮,等,2019.四川白鹅与西昌钢鹅肉质性状分析[J].中国畜牧杂志,55(5):124-128.

张运伟,2012.万源板角山羊生产现状与发展对策[J].四川畜牧兽医,39(8):11-13.

张增荣,蒋小松,李晴云,等,2017.金阳丝毛鸡保种群不同世代生产性能比较[J].黑龙江畜牧兽医(16):70-71.

赵洪文,谢荣清,安添午,等,2018.金川牦牛肉品质分析[J].黑龙江畜牧兽医(19):197-200.

钟肖,罗东,普天祥,等,2006.金阳丝毛鸡资源调查[J].畜禽业(18):31-32.

周爱民,俄木曲者,王育伟,等,2018.北川白山羊屠宰性能及肉品质研究[J].家畜生态学报,39(8):72-75.

周爱民,王育伟,张晓晖,等,2017.北川白山羊地方特色种质资源研究初探[J].黑龙江畜牧兽医(24):63-65.

周爱民,张晓晖,周玉刚,等,2022.北川白山羊提纯复壮选育及高效养殖技术[J].四川农业科技(12):70-72.

周明亮,杨平贵,吴登俊,2012.凉山半细毛羊的研究进展[J].草业与畜牧(11):53-57.

周绍铭,王世斌,王方庆,等,1982.四川省建昌黑山羊调查报告[J].四川草原(4):86-91.

周潇,杨世忠,陈益,等,2021.建昌黑山羊研究进展[J].草学(2):73-74+82.

周潇,杨世忠,林代俊,等,2017.建昌马的形成与发展[J].畜牧与饲料科学,38(12):3.

周玉刚,周爱民,刘亚东,等,2023.平武红鸡种鸡生长曲线拟合研究[J].现代畜牧科技(4):1-5.

朱庆,2019.旧院黑鸡[M].北京:中国农业出版社.

《四川家畜家禽品种志》编辑委员会,1987.四川家畜家禽品种志[M].成都:四川科学技术出版社.

《中国家畜家禽品种志》编委会,《中国羊品种志》编写组,1989.中国羊品种志[M].上海:上海科学技术出版社.

《中国家畜家禽品种志》编委会,《中国猪品种志》编写组,1986.中国猪品种志[M].上海:上海科学技术出版社.

《中国家畜家禽品种志》编委会,《中国家禽品种志》编写组,1989.中国家禽品种志[M].上海:上海科学技术出版社.

Li JJ, Zhang L, Ren P, et al, 2020. Genotype frequency distributions of 28 SNP markers in two commercial lines and five Chinese native chicken populations[J]. BMC Genet, 21(1): 12.

LIU B, SHEN L, GUO Z, et al, 2021. Single nucleotide polymorphism-based analysis of the genetic structure of Liangshan pig population [J]. Animal bioscience, 34(7): 1105-15.

LUO J, LEI H, SHEN L, et al, 2015. Estimation of Growth Curves and Suitable Slaughter Weight of the Liangshan Pig [J]. Asian-Australasian journal of animal sciences, 28(9): 1252-8.

SHEN L Y, LIU C D, ZHANG S H, et al, 2016. The complete sequence of the mitochondrial genome of Liangshan pig (Sus Scrofa) [J]. Mitochondrial DNA Part A, DNA mapping, sequencing, and analysis, 27(6): 4183-4.

致 谢

本志书是在四川省农业农村厅的领导下编写完成的。

本书的基础资料源自第三次全国畜禽遗传资源普查。各地畜牧主管部门、技术推广机构、专家学者和从事畜禽遗传资源保护、养殖的单位和个人，为本书提供了基础资料和照片，他们有：

周爱民 张鑫道 陈彬龙 汪德成 胡晓 陈栋 余春林 熊霞 赵洪文 杜丹
赖康 王遂宁 孙文强 任文仕 张凯 文斌 罗军 刘伟 尹华东 夏波
陈瑜 张麟 陈倩 林中珍 刘贺贺 胡深强 李培宁 龙云敏 任仕余 李颖
赵叶 牛丽莉 甘麦邻 张育贤 邝良德 郑洁 王巍 付茂忠 方东辉 袁蓉
张迅良 罗红权 卿静 苏健奇 李健华 李冬 刘邵龙 黄家陵 帅健 张军
李波 马永俊 尹星 汪勇 李泽强 代碌敏 韦进财 涂辉 周斌 石国林
张仪 古维刚 黄芳 刘星 李昭华 徐驰 费艳 刘芳 申洪兵 罗恺
张志光 雷陈浩宇 李槐菱 唐刚 黎纯 杨波 廖志敏 庞金柱 廖颜 黄钦柯
赵旭 蒲军华 沈杰 刘小雷 胡小蓉 侯显耀 蒋立锋 孔令茜 李广锦 阿农呷
代舜尧 付华龙 毛进彬 格桑 多楚 杨甲呷 伍晓君 牟桂娟 毛晓婷 李松明
马贵云 曹丰磊 阳武 田景玉 李刚 冉强 巴登郎加 泽拉哈木 马钰 水碧波
马庆 刘凌 王同军 李思辰 苏文林 苏珊 刘伦涛 甲木参扎西 鲁绒益西
八千张加 阿西伍牛 米晓华 周朝相 陈金华 袁腾飞 高雪 林辉儒 周全华 王莉娟
刘园 洪宁 张勇 高慧纯 王恒

编写组借此机会向上述单位和个人表示衷心感谢。

资源普查和志书编写时间跨度长、参与人员多，在编写过程中向我们提供帮助的人员可能会被遗漏，对此，我们表示诚恳的歉意。

《四川省畜禽遗传资源志》编写组